自動車産業における生産・開発の現地化　清 晌一郎 編著
Sei Shoichiro

car

EU　　USA　　CHINA　　KOREA　　　　　　　　　　JAPAN

社会評論社

はしがき

　本書は、日本学術振興会による私立大学研究高度化資金の補助を受け、2006年度より2010年度までの5年間、関東学院大学大学院経済学研究科で実施してきた社会連携研究推進事業「グローバリゼーションの進展と地域産業基盤の活性化に関する研究」を構成する3つのプロジェクトのうち、第一プロジェクト「自動車部品産業の国際競争力と地域産業基盤に関する研究」に関する研究成果の一部をとりまとめたものである。

　本研究事業の第一プロジェクトは、「自動車部品産業の国際競争力と地域産業基盤に関する研究」というタイトルのもとにグローバル化の著しい自動車産業を取り上げ、その地域産業基盤の変化について考察することを課題とした。周知のように、自動車産業は高度経済成長期以降一貫して日本の製造業の中軸的存在であり、特に1990年代半ば以降、電機産業が次第に国内経済への影響力を低下させる中でその役割を一層高めてきた。言い換えれば日本経済は過度に自動車産業への依存度の高い経済構造に変化してきていたのである。とはいえ90年代以降の自動車産業における生産力の海外移転は急速であり、特に2000年代に入っての中国の急成長の中で、自動車部品産業や関連中小企業への影響が懸念されるところであった。

　2006年度に本プロジェクトを開始するに際して、具体的な分析対象と方法について検討を行った。しかし当時の自動車産業はアメリカ市場の好調、中国の急成長に、欧州・日本の堅調という状況の中で、トヨタ自動車が1兆6000億円もの利益を上げるなど、絶好調を謳歌していた。1990年代には外資との

提携や世界最適調達との関連で様々なテーマに取り組んできた自動車部品業界でも「何の問題もない」と豪語するほどの状況だったのである。この中で我々は本プロジェクトのテーマを「開発の現地化」に絞り込んだ。このテーマは以下の2つの点で、日本自動車産業・同部品工業の深部にある問題点を照射するものになると考えたからである。

第一は、日本自動車産業のグローバル化の進展が、次第に生産・販売の現地化から開発の現地化に向かわざるを得ない客観情勢にあった。日本自動車産業の支配する生産は、全世界市場6,500万台の3分の1にも達する勢いであり、アメリカ市場でのシェアの拡大は現地開発をますます重要化させていたし、中国市場の急伸はここでも開発の現地化の要請を高めずにはおかないことが予測された。事実、中国政府は第10次5カ年計画で研究開発センターの設置と自主ブランドの開発を最重要課題に掲げるに至ったのである。加えてインド市場の急成長はこの課題に一層の重要性を与えることになった。中国よりも更に小型のコンパクトカー開発の要請は、世界中の自動車メーカーにまったく新しい条件での新モデル開発を求めることになったのである。

第二は、「開発の現地化」というテーマが、日本的生産方式の海外移転可能性に関する議論に新しい視点を提供できるのではないかと考えたからである。一般に日本自動車産業の海外生産を考える場合、物を製造するという視点から見るとほとんど問題は解決されているといえる。北米での部品購買はほぼ98%という水準で現地化を達成し、人の現地化、設備の現地化なども進んでいる。しかし個々の仕事をつなぐ様々な「仕事」、すなわち個々の仕事の領分ではなく、相互の協業のあり方には深刻な問題がある。それは分業と協業のあり方に問題を解く鍵があると思われるのだが、その際、生産現場に限定するだけではなく、より広範囲に見渡すことは意味があると考えられる。ほとんど生産ラインに人がいない自動化生産、次から次に新規開発をしないと売り上げに結びつかない市場競争、こうした時代における協業と分業の仕組みを分析する際、開発や生産技術の担当者たちの役割はますます重要になってきており、これらを含めた全体的な検討が有意義であると考えたからである。

しかし開発の現地化というテーマは、今までの研究ではほとんど目にした事のない分野であった。開発スケジュールを中心とした各国の開発システムの国際比較の分野はともかく、開発そのものの海外移転を検討することは、ごく限られた例を除いてない。また開発の分野というのは、自動車メーカーにとっても対外的に公開することは少なく、インタビュー調査にも様々な困難が予想された。当時のある自動車メーカーの幹部は以下のように述べている。「開発というテーマそのものについて、我々はごく限られた研究者に対して、ごく限られたスケジューリングの範囲に限って公開したことしかない。ましてや開発における部品メーカーとの関係については、ほとんどが企業秘密に関連するものであり、これについてお話しすることは難しい」。このような状況の中で開始された我々のプロジェクトの5年間は試行錯誤の連続であった。㈳日本自動車部品工業会、㈳日本自動車工業会にお願いして日本の3社について北米現地開発のお話を伺い、また自動車部品メーカー各社のご協力をいただいて開発の現地化について考え始めた矢先に、2008年、サブプライムローン問題に始まるアメリカ金融危機が勃発、我々が計画していた出版計画は事態の変化を把握するために延期を余儀なくされたのである。

本書に収録された論文の多くは、既に2007年–08年の段階で書かれたものをベースにしており、これを今回の出版のために加筆修正し、さらに何本かを新規に追加した。時期的にはやや幅が広くなっており、また対象も北米、欧州、中国と広範囲にわたり、その上に取り上げる内容も自動車メーカーの開発、部品メーカーの取り組みから労働分野に至るまで、多様な角度からのものである。このようなテーマの拡散は、現在のグローバリゼーションの現実を考えると多かれ少なかれ不可避的なものであるが、この中で本書が一貫して取り上げてきたのは、「日本的生産方式（生産や開発における日本的な仕事のやり方）の優位性とその海外移転可能性」である。開発現地化について研究成果はまだ端緒的なものではあるが、現状報告と切り口の提示として現段階で取りまとめて出版することにした。

なお、本書の執筆にかかわるインタビュー調査には、実に多くの企業や個人

からのインタビューにご協力いただいた。いちいちお名前は記さないが、心より感謝申し上げたい。

2011年2月

　　　　　　　　　　　　　社会連携研究第一プロジェクト責任者
　　　　　　　　　　　　　関東学院大学経済学部教授　清晌一郎

自動車産業における生産・開発の現地化

目次

はしがき／3

序　　現地化の諸相と各章の要旨 ──────── 清晌一郎・11
　　　1　現地化の諸相／11
　　　2　現地化のパラドックス／14
　　　3　本書の各章の要旨／16

第1章　北米における開発現地化を支える
　　　マネージメントの諸問題 ─────── 清晌一郎・21
　　　はじめに／21
　　　1　開発の現地化と生産の現地化／22
　　　2　現地開発における開発と生産技術・工場とのコラボレーション／27
　　　3　開発エンジニア育成による「人の現地化」／45
　　　4　現地開発におけるサプライヤー・カスタマー関係／64
　　　おわりに／76

第2章　欧州日系自動車・同部品メーカーにおける
　　　開発現地化への取組み ─────── 青木克生・79
　　　はじめに／79
　　　1　日本自動車メーカーにおける欧州現地開発の必要性とその実態／81
　　　2　日本自動車メーカーＡＢ社の取組み／86
　　　3　日本自動車部品メーカーにおける開発現地化への取組み／92
　　　4　日本自動車部品メーカーにおける開発現地化をめぐる諸問題／97
　　　おわりに／111

第3章　海外進出の生産マネジメントへのインパクト ── 田村豊・115
　　　──日本型管理分業への着目とその評価
　　はじめに／115
　　1　日本型管理分業への分析仮説の提示／116
　　2　日系企業の事例──部品メーカーと完成品メーカー／134
　　3　調査の結果と評価
　　　　──MJタイプへの転換か：グローバル化への対応／154
　　おわりに／160

第4章　日韓中国進出企業の生産の現地化 ── 小林英夫・金英善・169
　　はじめに／169
　　1　分析視角／170
　　2　日本企業の中国進出の歴史と現状／172
　　3　韓国企業の中国進出の歴史と現状／183
　　4　日系企業の部品調達システム／194
　　5　中国における現代自動車の部品調達システム／210
　　6　日韓両国企業の中国生産現地化の特徴／216
　　おわりに／218

第5章　中国民族系自主ブランドの製品開発を支える
　　　自動車設計会社──────────── 遠山恭司・曹玉英・223
　　　──イタリア・カロッツェリアと中国民族系設計会社
　　はじめに／223
　　1　民族系自動車メーカーの生産・モデル展開／224
　　2　中国民族系メーカーの製品開発／232
　　3　設計・エンジニアリングの欧州アウトソーシング
　　　　──イタリア・カロッツェリアへの依存／235
　　4　中国民族資本の独立系設計会社──上海同済同捷科技有限公司／243
　　5　開発能力の不足を補完するエンジニアリング・サポートビジネス／253

おわりに／260

終　章　開発・生産の現地化と
　　　　日本的生産方式の歴史的位置 ────── 清晌一郎・269
　　1　日本的生産方式の意義と歴史的位置
　　　　＝バイパスとしての日本的様式／269
　　2　世界史の局面転換、日米関係の変化と日本的生産方式／272
　　3　職種区分を超えた働き方＝分業と協業の機能と日本的生産方式／279
　　4　おわりに＝日本的生産方式の将来展望／289

執筆者紹介／298

序　現地化の諸相と各章の要旨

清晌一郎

　1970年代以降、日本製造業が海外生産を拡大するに付随して、日本において常識化していた製造にかかわるさまざまな手法が、簡単には海外に適用されないことが次第に明らかになってきた。対象となる範囲は、日本製造業の国際競争力の源泉と目されたQCD（品質・コスト・納期）管理のみならず、日本企業のもう1つの国際競争力の源泉として追加された開発の分野もその範囲に含まれていることも次第に明らかになりつつある。

　いわゆる「現地化」という言葉は、海外生産における生産諸要素の現地化＝ローカライゼーションの推進を意味しているが、それは海外生産の発展段階に応じて次第に量的に拡大し、内容的に深化する。海外での現地生産の初期には、単なる生産諸手法の移転であった「現地化」が、次第に雇用と調達の全場面に拡大され、最終的には本国の社会システムと移転対象国の社会のあり方にもかかわる問題に発展する。1970年代末から、欧米企業及び日系トランスプラントの実態調査を実施してきた筆者の経験の中では、概ね以下のような手順をとって問題が展開した。

1　「現地化」の諸相

　日本企業の海外生産の初期には、5SやQCサークルのように、生産現場の

労働者管理にかかわる問題が出発点であった。欧米流の職種別雇用のもとで雇用した労働者に改善提案を求め、時間外でのQCサークルの実施を求めたが、当然のことながら欧米の労働者は雇用契約以外の追加的要求には応じない労働者であることが問題となる。日本企業の海外でのオペレーションが拡大するにつれて、これらの要請を、雇用契約の段階から事前に組み込み、これに同意した労働者のみを雇用するという取り組みが行われた。その結果、トヨタ自動車とGMのジョイントプロジェクトであるNUMMIでは、労働組合の側が積極的に、我こそが日本システムを実践できる協力的な労働組合だと売り込みを図る事態となった。フランスでも1980年代半ばには一部で企業内組合が結成され、いわゆる欧米的ではない労使慣行が散見されるようになった。

現地化の推進は、生産過程の現地化の程度と対応して次第に複雑な様相を見せるようになる。1980年代初頭の在欧日系電機メーカーの場合、当初、複雑な部品は日本から送り、最終組立てだけを行っていたS社・ブリッジエンド工場では、80年代に入ってブラウン管生産の現地化を図った。その際にフライバックトランスの内製化に伴って機械工の新規採用が不可欠になるなど、組立工以外に次第に雇用職種が複雑化、その結果賃金構造も複雑化せざるを得ない状況に陥った。その上複雑化した生産過程の合理化を計るために自動化設備を導入すると、設備メインテナンスに求められる作業が多様化し、他方直接労働者の労働内容は単純化、賃金の引き下げができない以上、他職種とのバランスをとるために賃金が上昇を始める。現地化は、現地オペレーションの絶え間ない負担の増大を伴うものである。

内製化によるオペレーションの複雑化を避けつつ、現地化を進めるためのもう1つの有力な方法は、部品の現地調達である。しかしここではさらに深い社会システムのギャップに直面する。日本レヴェルの品質管理水準を要求するとそのコスト支払いを求められ、看板スタイルの納入を要求しても、小ロット生産を拒否され、部品の引き取りを求められる。阿吽の呼吸の下請け生産は理解されず、日本の何倍も詳細な図面を渡さなければ製品は保証されない。50V、1mAのスペックで発注した部品を、80V、1.5mAで加速試験していた日本の

電機大手M社は、耐久性加速試験の内容をサプライヤーに公開する羽目に陥り、サプライヤーから「M社さんも人が悪い。それならそうと早く言ってくれれば作ったものを。ただし値段は高くなりますよ」と言われた。M社の担当者は「イギリスに行ってつくづく日本の下請けのありがたみが身にしみてわかりました」と述懐している。

　問題は人の現地化でも発生する。日本人現地駐在員を送り込むときの人件費は、現地で人を雇う場合の何倍にもなる。直接労務コストをいくら節約し、部品調達でいくらコスト削減しても、管理コストが法外に大きくなってしまう。しかし人の現地化＝現地のローカル人材の雇用でも問題は深刻である。契約労働時間を越えるとさっさと帰ってしまう、会社を辞めるときに関連書類を自宅に持ちかえってしまう。前述のM社の現地責任者は言う。「購買に人を雇ったが、サプライヤーの要求を聴いて値上げ提案ばかりしてくる、一体どこの社員かわからない」。こうして雇用の複雑化をとるか、あるいは部品調達の面倒を覚悟するか、最初は二者択一、そして結局はその両面での複雑さを受け入れざるを得ず、現地化は、現地社会のシステムを際限なく受け入れることになる。

　1980年代初頭の、電機産業のカラーTV生産で直面した現実は、それから30年以上経過した現代の自動車産業にとっても、依然として深刻な問題である。カラーTV生産よりもはるかに複雑な自動車生産では、雇用される労働力の量も質も、そして職種の構成も比較にならないほど複雑である。同じ製造業でもLight Manufacturingである電機産業と、Heavy Manufacturingである自動車産業とでは重量感が異なる。この自動車産業で、少なくとも米国においては、部品の現地調達率が98％を越える水準にまで達した。この間の各メーカー及び業界関係者の苦闘は筆舌に尽くし難い。1980年代前半には、ほとんど不可能に思われた生産の現地化の大事業は、殆ど完成に近いところまで到達していたのである。

2　現地化のパラドックス

　しかしこの大事業は、最後の詰めの段階で、2つの大問題に直面しつつある。1つは、北米における日本車のリコール問題に象徴される「現地化のやり過ぎ」であり、もう1つは、中国とそれに続くインドの自動車産業の成長に伴う「日本システムの無力化」である。中でも2009－10年にかけて発生した日本車のブレーキシステムでのクレーム事件は、極めて現代的な課題を我々に提起した。これは本書の直接に問題にする「開発の現地化」のパラドクシカルな問題構造に深く関わっている。すなわち、1980年代初頭から日本企業の海外現地生産で取り上げられてきた「日本的生産方式の海外移転」が、実は開発の現地化においても依然として問題の中核に位置し、しかも現在に至るまで、日本的な開発・生産の手法を海外移転することは困難であるだけではなく、現地化が進むにつれて却ってより深く、非日本的手法が逆浸透して、問題を深刻化させる可能性があるという点である。

　北米進出日系企業は各社とも同様であるが、部品購買も組立工程も、生産に関わる分野はほとんどを現地化している。その際に現地購買品の試作・テスト・評価のプロセスから開始されて、ボディ開発、北米モデル開発にいたるまで、次第に開発のより深い部分が現地化されつつある。それは単に「現地で買う」、「現地で作る」ということ以上に、部品を日系進出部品メーカーではなく、アメリカ部品企業から買うこと、また試作・開発の全過程をアメリカ人エンジニアに任せ、さらにモデル開発責任者までをアメリカ現地のエンジニアに任せるという決断にまで進む。

　今回のリコールに関わる部品＝アクセルペダルについていえば、アメリカのサプライヤーが納入している部品は全量がリコール対象であったのに対し、日本市場向けの部品を納入している日本サプライヤーの部品には1つもリコールが発生していない。この場合、米国サプライヤーの販売価格は60－70％程度の低価格だったといわれている。もちろんカーメーカーとの開発と生産に関す

る契約内容に照らし合わせれば、恐らくサプライヤーの責任に属する問題は出てこないであろう。しかし、アクセルペダルのような単純な部品で65％もの低価格を提示された場合、購買担当者はその低価格の原因をどう評価するのか。日本でのあるインタビューには、「このような低価格にするためには、使用原材料の質を落とすなどの方法以外に考えられない」との発言がある。「永年、この部品を作ってきた経験からいえば、少なくともある水準以上の材料を使用し、ある水準の加工をしなければその品質は維持できない」とも述べる。

　問題は、そのような製造業者のノウハウに基づく判断を、米国サプライヤーが持っていたかどうかである。今回のケースはたまたまの見落としによって生じたものであるのかもしれないが、いずれにしてもサプライヤーの低価格提示が製造業者としてのノウハウにきちんと裏付けられていたかどうかが問題になる。他方で問題になるのはカーメーカー自身の購買部門で、果たして低価格を提示された購買担当者が、その合理性、品質上の信頼性をきちんとチェックしたかどうかが問題になる。適正な判断ができる担当者ならば、当然低価格の裏面にある品質問題を予感できるはずであり、実際に日本における常識では、恐らくそのような問題は見逃されない。しかし低価格購買を要求されたアメリカの購買部門にとっては、低価格購買が問題であり、品質のチェックは品質部門や開発部門の責任である。もちろんエンジニアは何回ものテスト・評価を行い、何の問題をも発見しなかったのである。

　製造業の分業関係における仕事の区分と、契約における責任のあり方は、もの造りの結果に深く関わっている。「アメリカにおける仕事の仕方と日本でのそれとが異なる」、それは単に個々人の働き方ではなく、人と人の協業の仕方、分業の仕方が異なっていることを意味しており、契約の基礎になる、個々人の責任範囲の明示という精神は、境界領域における空隙を生み出すことにつながりかねない。「現地化」のパラドックスは、実はこの協業と分業のあり方、契約と責任の範囲に関する考え方の違いが深く関わっている。本書で取り扱う「開発の現地化」問題は、自動車・同部品産業を中心にして、これらの諸問題の現代的な諸相を伝えようとするものである。本書の各論文の要旨は概略、以

下のとおりである。

3 本書の各章の要旨

①清晌一郎「北米における開発現地化を支えるマネージメントの諸問題」（第1章）

清論文は、日本企業の海外オペレーションが最も進んでいる北米での開発の現地化を取り上げ、その現実の姿と問題点を掘り下げている。本書の冒頭で、問題の現実の姿を提示するため、論文というよりは、あえてインタビューノートの取りまとめという形式を取っている。海外生産における開発と生産と工場の密接な関係、生産と開発の現地化が表裏の関係を持って相互に分かち難く結合している現実を提示した上、開発と生産相互のコミュニケーションのあり方、開発エンジニアの人材育成、開発におけるサプライヤーとの関係などの問題点を指摘する。その結果、現地化が進むほど、現地の社会関係を取り込み、ますます複雑化してゆくパラドクシカルな問題構造が顕在化してくること、それは「現地化のやり過ぎ」という新しい議論にも結びつくことを指摘している。

②青木克生「欧州日系自動車・同部品メーカーにおける開発現地化への取組み」（第2章）

青木論文では、豊富なインタビュー調査を背景に、欧州における日系メーカーの開発プロセスの現地化を検討する。まずは欧州市場の特性とその中での日本メーカーの位置づけを分析することにより、日系メーカーの直面する困難性と開発プロセス現地化の必要性について指摘している。その上で日系自動車メーカーの開発現地化について、コミュニケーションスタイルの相違、サプライヤーとの関係などの諸問題が提示され、また部品メーカーでは責任範囲の日欧間の相違、PMの役割、設計変更コスト、個人主義と集団主義、クロスファンクショナルな理解、設備の硬直化、現地要求と本社設計との相反、現地での拡販ニーズなど、大変示唆に富む、興味深い問題点を列挙してゆく。また現地では欧米

社会に対応した変容が進むほか、開発期間短縮に伴うデジタル化、従来型開発システムからの転換のほか、日本的システムに欧米的な側面を組みこむことの必要性が指摘される。

③ 田村豊「海外進出の生産マネジメントへのインパクト――日本型管理分業への着目とその評価」(第3章)

田村論文は、日本企業の現地化の特質について、標準作業と分業構造のあり方に注目した議論を展開している。議論の焦点は生産技術と製造現場との連携と分業のあり方に置かれ、日本の特質を、生産技術とは区別される製造技術部門が独特の重要性を持って機能している点に求め、西欧型、日本型、スウェーデン型に区分する。また製造技術部門の移転の困難を軸として、従来の日本型からの変容を指摘する点に、本論文の主張がある。議論の前提として、小池和男氏の「知的熟練論」とその変容、野村正実氏の批判を踏まえた上で、これらに対する中岡哲郎氏の小池批判(小池説は個人を単位として熟練をとらえるが、日本の製造現場では個人が工場の組織集団に包摂され、組織の管理の網の目に組み込まれている)を基盤とした立論である。

④ 小林英夫・金英善「日韓中国進出企業の生産の現地化」(第4章)

小林・金論文は、日韓両国の対中国進出における現地化対応の国際比較である。前提として藤本隆宏、丸川知雄両氏の所説を検討し、中国では市場の広大さから、垂直分裂型・オープンアーキテクチャー型と垂直統合型・クローズドアーキテクチャー型の両者が、市場セグメントに応じて長期にわたって並存するのではないか、という仮説を立てる。前半はトヨタ・ホンダ・日産3社の対応を比較し、系列維持型とオープン化の方向がせめぎあう現状が報告され、後半では韓国の現代自動車とそのサプライヤーを取りまとめる現代モビスという特殊事例を紹介する。

⑤ 遠山恭司・曹玉英「中国民族系自主ブランドの製品開発を支える自動車設計会社――イタリア・カロッツェリアと中国民族系設計会社」(第5章)

遠山・曹論文は、第10次5カ年計画で提示され、急速に進みつつある中国の自主開発を支える外国設計会社と民族系設計会社と、それにエンジニアリン

グをサポートする日系企業の関連をそれぞれ並行的に調査した結果を分析した論文である。既に李春利、李澤建などの各氏が指摘しているこの問題を踏まえ、イタリア・カロッツェリア、中国民族系設計会社、日系金型メーカーへのインタビューを通じて、それぞれがどのように、ローエンド市場で低価格で販売を伸ばしている自主ブランドの形成に寄与しているかが検討されている。以上の分析は、躍進する中国自動車産業における開発が、実は何によって支えられているか、その実態の一端を鮮明に照射している。

以上、本書の各論文はいずれも日本型生産システムが、開発に関連した海外オペレーションにおいて直面するさまざまな問題点を探り出して論じている。日本自動車産業がグローバル化を展開してゆく上で、ローカライゼーションがどのように進んでいるか、その際、日本的な仕事のやり方が果たして移転可能であるのか、また今まで対先進国自動車産業との競争において有効な手法として機能してきた日本的な方式が、インド・中国が主要な競争の場となる今後のグローバル競争の中でも有効に機能し続けるか否か、これらの問題関心を持ってインタビュー調査を実施し、その一端を切り取って論文として提示することを試みたのである。

この作業がうまく行われたかどうかは、読者の評を待つしかないが、問題の焦点になっている日本的な仕事のやり方（トヨタ生産方式に代表される日本的生産方式、日本的生産システム）をどう定義づけ、歴史の中に位置づけるかが、何より根本的な問題である。すなわち本書が取り上げている「生産と開発の現地化」の様々な問題点の検討に際して、「我々は歴史の大道を歩んでいるのか、あるいは蛸壺にはまったのか」（T社T工場長）について、それぞれの執筆者の視点から何らかの照射を行い、問題を浮き彫りにすることが本書の具体的な課題だといってよい。

また分析内容に引き寄せていえば、「開発の現地化」は2つの側面を持っていると考えられる。1つはそれぞれの市場に対応する製品投入とそれを支える戦略としての開発の現地化であり、もう1つは、そのような製品開発の現地化をいかにしてスムースに問題なく実現するかという、いわば戦術としての開発

の現地化＝開発マネージメントに関わる問題である。企業経営の正面に浮き出てくる前者の問題は、研究者にとってはなかなか判断の難しい分野である。それは各企業の戦略に関わる問題であり、結果からの分析では常に企業の判断よりも何年も遅れたものになりやすい。それゆえ、本書では、戦略的な意味での開発に現地化については最小限として、実際の分析は、開発マネージメントの現地化に関わる部分を中心に編成している。

第1章　北米における開発現地化を支える　　　　マネージメントの諸問題

清晌一郎

はじめに

　市場に適合したタイミングの良いモデルの投入と、それを具体化する開発の現地化は、日本自動車産業のグローバル戦略の中軸に位置するものである。この場合に留意すべきはこの「戦略」が単なるアイデアの提示ではなく、日本自動車産業のもっとも国際競争力の強い部分、すなわち日本的生産方式によるQCDDの優位性に裏打ちされていることである。一般に「戦略」という言葉を使う場合、競争相手の強いところでは対抗せず、むしろ相手の弱点を突いて優位を占めるというニュアンスがある。その意味で常に「戦略」という言葉には脆弱性が付きまとうが、ここで取り上げている開発現地化は、圧倒的な優位を誇る日本自動車産業の実力＝開発マネージメントに支えられて初めて可能な戦略ということができる。

　本章では、日本自動車産業の海外現地生産が最も本格的にビジネスを展開し、それ故に巨大な利益源泉となっているアメリカ市場における、日系自動車メーカーおよび部品メーカーの開発と生産の現地化を取り上げて、その現状を報告する。その中心となるのは、実際に開発業務を遂行する場合に、果たして日本で行われているようなマネージメントのあり方の移転が可能であるのか否か、すなわち開発マネージメントの現地化問題である。この分野における先行研究について述べれば、日本的生産方式の現地化をテーマとした研究は、筆者の現

地調査をはじめ、数多くの研究が存在するが、その特徴は、基本的に日本的方式の移転には何らかの困難性がつきまとっており、そのまま日本以外の国々に移転することは難しいという点にある。安保哲夫氏のグループによる実態調査と分析における適用と適応の区分提示はこの問題意識にあったし、藤本・武石両氏による欧米型と日本型とのハイブリッドへの収斂という見解もそうであった。筆者も、日本型システムの海外移転は不可能だという見通しを持っており、その観点からの調査研究を続けてきたのである。日本企業の海外現地生産が開始されてから20－25年の実績を踏まえた現時点で、果たしてこの問題がどうであったかを改めて考える必要があろう。

　我々が対象とする開発の現地化については、これを特定のテーマとして取り上げた研究は見当たらない。その意味で、開発の現地化を果たしてどのように取り上げるか、その範囲を果たしてどのように設定するかも問題である。開発の現地化には2つの側面があり、その1つは製品投入・経営戦略の問題として捉える側面、すなわち戦略としての現地化問題があり、もう1つは実際の開発業務をいかにして効率よく遂行するかというマネージメントとしての現地化問題とに分けて考えることができる。本稿では後者の、マネージメントとしての現地化の問題を取り上げ、その現実についてできる限りインタビューノートに忠実に整理し、討論の素材を提供したい。

1　開発の現地化と生産の現地化

　さて本稿のテーマである「開発の現地化」は、海外現地生産に際しての「生産の現地化」に引き続く新たな課題であり、そのマネージメントの巧拙は、グローバル企業の多国籍経営の死命を制する重要課題である。この議論に入る前にまず、海外現地生産における図面移転の全体像を概念化してまとめ、開発マネージメントの全体像を確定しておきたい。なぜならば、設計と生産の分かち難い関係性が、海外現地生産の場合には、鮮明にその全体像をあらわすからで

ある。

　ただし、ここで注意しておかなければならないのは、このような議論の設定そのものが日本的な問題把握に根ざしているという限界性である。一般に日本企業における各担当セクションの業務内容をフローチャートにして現すと、開発、生産技術、品質、生産管理、購買など、各セクションのチャートは、いずれも開発から生産製品の出荷まで何らかのかかわりを持ち、ほとんど共通といってよい形になる。これは欧米型の業務範囲の限定とは根本的に異なった日本型の仕事のやり方の特徴であるが、それ故に日本企業の海外トランスプラントのオペレーションにおいて、その現地化の可能性が常にテーマとして取り上げられてきたし、我々研究者の問題認識も同様に、日本企業の思考・行動様式を前提として構築されてきた。本稿における「開発の現地化」という問題意識そのものが、「日本的な仕事のやり方の現地化」という限られた問題意識であることを確認しておきたい。

1.1　現地生産における設計図面移転

　以上を前置きとして、具体的に海外生産における一般的な設計図面の移転について確認しておこう。図1は海外生産が行われる場合の、本国におけるカスタマー・サプライヤー間の開発から生産にいたる過程、および進出先現地におけるカスタマー・サプライヤー間の開発から生産にいたる過程を示している。海外生産が開始された直後の初期段階では、日本において開発されたモデルが海外生産に移管されるが、海外におけるオペレーションは、ごく初期的なKD生産の場合は部品まで全て本国で作り、現地では組み立てるだけである。しかし進出先国の要請は、現地の雇用から次第に業務発注に拡大し、ローカライゼーション＝現地化が進むことになる。その進行度合いは、まずは現地での部品購入の比率、現地での人材登用の量的・質的な拡大の程度を見ることが当面、簡明な指標であろう。これに対して設計・開発がどのように関わるかを述べれば、概ね以下のように考えることができる。

① 現地で部品購買を開始する場合、現地の資材・部品などの全ては設計の意図に沿って、必要な機能・性能・耐久性・精度などを満たしているかどうか、実験・評価を必要とする。現地で試験研究設備を設置するまでは、この作業は本国の設計・開発部門の仕事になる。

② 現地購買をする場合には、現地企業のスペックとの調整が必要になる。これには鋼材の厚みが、日本ではmm単位であるのに対し、アメリカではインチ単位であるから、それだけ考えても全ての図面が完全に書き換えになる。全ての資材・部品について、同じ問題が発生する。

③ 現地素材の精度基準が日本の精度と異なる。例えば鋼材の厚みだけとっ

図1　量産モデルの現地化に関わる自動車メーカーと部品メーカーの関係

日本国内拠点	技術移転	海　外　拠　点	
自動車メーカー 　プラットフォーム開発 　バリエーション開発 　試作・評価 　設備設計・製造 　量産開始	⇒ 図面の移転 ← 現地製品・部品 　　テスト・評価 ⇒ ＯＫ	自動車メーカー現地法人 　現地バリエーション開発 　現地図面作成 　現地製品・部品受け入れ 　現地設備設計・製造	量産開始
↑↓ デザインイン 　　ゲストエンジニア		↑↓ 現地デザインイン 　　現地ゲストエンジニア	↑納入
部品メーカー 　基本部品開発 　モデルに沿った開発 　バリエーション開発 　設備設計・製造 　量産開始	⇒ 図面の移転 ← 現地素材・設備 　　テスト・評価 ⇒ ＯＫ	部品メーカー現地法人 　現地バリエーション開発 　現地図面作成 　現地素材・設備テスト 　現地部品の確定 　現地設備設計・製造	量産開始

出所：清［1990］p.198-202 より作成。

ても、日米の工業規格は8－9％のばらつきをいずれも認めているが、日本で実際に使われているのは±1－2％のバラつきに抑えられている。材料のこれだけのバラつきは、生産現場における製造品質に直結するから、本国からの輸入材を使うか、あるいは現地財を使って生産技術で解決するか（設備や工法を変更する）、設計構造を変えることで対応するか、さらに日系鉄鋼メーカーと現地企業との技術提携か、JVを設立するなどの対応が迫られる。設計・開発部門はこれらの処理のすべてに関わることになる。

④ 設備設計・設備製造は、製造業の最も重要な技術内容を構成している。通常、設備設計は製品図面がリリースされた後に開始され、最終製品が立ち上がって初期流動管理が終わるまで、2－3カ月から半年くらいまでを管理対象としている。これらの間、問題が発生すれば生産技術で対応するか、設計部門で対応するか、これらの調整が必ず必要となる。また設備設計そのものが、現実的な製品開発では「作れる図面」作りとして最も重要な要素であり、その意味で設備設計・製造は開発行為の重要な要素である。

以上要約すれば、現地購入の素材や構成部品、あるいは日系サプライヤーが現地の設備で生産した部品の場合も、すべての図面が現地向けに書き換えられ、現地部品はテストされ、実車に組みつけられて試作と評価が行われる。自動車メーカー、サプライヤーおよび両者の間で行われるこのような図面の書き換えと部品の再評価は、当然のことながら自動車メーカーの内部でも行われるが、その際に、設計の現地化以前に、単なる「海外生産の開始」であっても、設計部門は当該車両の全設計図面を見直し、試作品をテスト・評価するあらゆる仕事に関わらなければならない。もちろん評価の対象には製品だけではなく、金型や冶工具などの設備関連も含めて、あらゆる生産設備は量産のはるか以前に品質や工程能力が確認され、作業者が実際に作った量産部品がテストに合格するか否かも確認される。

1.2　開発現地化の諸段階

　以上のようなプロセスを経て生産の現地化が進み、北米市場における現地調達率はほぼ98％水準にまで達したのであるが、その歴史的な発展過程は相互に入り組んでいるものの、概ね以下のように考えられる。
　① 現地におけるデザイン開発、テストコース設置など
　② 現地生産の開始、図面の現地化、部品調達率の向上
　③ 設備の現地化、次第に日本開発から現地での設備開発へ
　④ 人の現地化、開発・購買・生産技術・生産管理・品質
　⑤ 試験研究・テスト・評価の現地化、設備投資
　⑥ 現地でのモデル開発、開発部隊の拡大
　⑦ 現地でのプラットフォーム開発

　上記のプロセスの中で、「開発の現地化」の現状についていえば、①はもちろんであるが、②、③、④が進められ、現在は⑤の段階に突入しつつあるものと考えられる。すなわち現地生産の開始し平行して活動してきた開発部門であるが、現地でのモデル開発（ボディ開発）が拡大するにつれて、「開発の現地化が急速に進んだ」と理解されて、問題になっていく段階である。⑥のプラットフォーム開発の現地化については、相当先の段階である。各社の発言を見ると、Ｔ社、Ｈ社ともに、「3年、5年はともかく、10年という将来には具体化したい課題だ」と述べ、また「現地メーカーに匹敵する販売規模になってきている以上、現地でプラットフォーム開発を行ってもおかしくない段階だ」と述べている。

　さて、上記の⑤、モデル開発が現地で進められる今日の段階にあって、果たして日本型の開発システムの現地化＝移転はどこまで可能なのか、それはいかなる問題性を提起しているのか、この2点が本章の具体的な課題である。

　しかしこの「戦略」の基礎には、日本企業が鍛え上げたカスタマー・サプライヤー関係、生産技術と製造ノウハウ、そしてそれを支える人材がある。これ

らの諸問題は、戦略的課題というよりは、その戦略を支える基礎力＝実力、あるいは基礎体力の問題であり、マネージメントに関わる部分である。そこでこれら3つのテーマについてインタビュー調査をベースに問題のあり方を整理して示しておきたい。

　以下、第一に日本型の開発システムを特徴づける設計・開発部門と生産技術・工場部門との関係、第二に開発におけるカスタマーとサプライヤーとの関係、第三に現地における開発エンジニアの育成が「開発現地化」をマネージする場合の重要な課題となる。

2　現地開発における開発と生産技術・工場とのコラボレーション

　自動車の開発業務の範囲は、一般に考えられているよりも相当広い範囲をしており、コンセプト、企画、生産、SOP（販売）と大きく段階が分かれて流れている。その段階のどこまでが開発かというと、一例として、ドイツB社では「生産が立ち上がってから3－6カ月までが開発だ」というほどに広範囲である。このプロセスには非常に多くのセクションが関係しており、その間の分業と協業のあり方、業務展開の計画性が問題となるが、中でも重要な問題が設計・開発部門と生産技術、そして工場との関係である。そこでまず、開発における設計図面の流れについて、T社のケースを紹介しておこう。

　「図面には大きく3つのフェーズがある。1つは初期図面（われわれは設計構想と呼んでいる）、これは車のコンセプト、サイズ、性能、材料が決まってくると、どういうコンセプトで図面を書こうかという段階で計画図と呼ばれる。これは大きな枠組みを決める段階であるが、その段階から後工程とコンカレントが始まってくる。次にデザイン（スタイリング）の段階がある。今度はデザインに対して現物を造り込んでいく段階となる。

ここでは相手との擦りあわせがあったりするが、この段階の図面は原図（原寸大の図面）と呼ばれる。これは一番重要な実際の作図の部分であり、ここでコンカレントは集中的に行われ、ほぼ仕上げていく。続いて部品の図面を CAE で評価したり、現物で評価したりという、評価のサイクルを回す最終ステージとなる。このフィードバックを図面に反映したものは正式図と呼ばれている。正式図が出た段階では価格計画等の見通しは全てでている。インターナルな正式な呼び方では、構造計画と FE 原図（サイマルエンジニアリングの初期原図）、原図となる。最近ではプロトタイプをなくすケースがあるので、原図と正式図がほぼイコールというケースがある。また最近では構造計画から 3D 線を描くケースがある。

　実際は 3D 線を書く前の断面計画が重要であるが、それがおろそかにならないようにしている。最終的な判断はカンやコツではなく、全てデジタルでデータを取ってから行うようにしている。最近ではものがなくても FEA で全てデータは取れる。reliability は OK か、safety は OK か、といったことをデータで確認していく。経験のあるエンジニアは、ぱっと見ただけで図面の完成度が判断できる。そのようにして最後の段階に行く前にふるいにかかるようにしてある。これは図面 DR（design review）を頻繁に行うプロセスである。それはビジュアル的な部分であり、細かい強度などについてはデータをとるしかない。図面 DR をしながらとんでもないものになっていないかを見つけ出すことを、早い段階で若いエンジニアができるよう、重要視している」（T 社）。

　この流れの中で、設計・開発エンジニアと設備エンジニアリングおよび工場との関係をどのように構築するかは、開発の現地化を成功裏に推進する上での最大問題である。各自動車メーカー、部品メーカーがどのような取り組みをしているか、開発・エンジニアリング・工場の間のコラボレーションの内容について検討を開始しよう。

2.1　開発と生産技術・工場との関係

　開発の現地化が進む情勢の中で、日系自動車メーカー、部品メーカーでは、設計・生産技術・工場の相互の連携の緊密性が一層重視されている。設計・開発部門と生産技術・工場部門との連携がどのような形で行われているか、ひとつの極限ともいうべきＴ社の発言を見ると、「生産技術が開発に入り込んで図面を一緒に書いているような状況であり、故に図面を売るという行為はない」（Ｔ社）とまで言い切るほど、密接な関係にある。

　具体的に開発プロセスを見ると、日本でもアメリカでも、最初は開発・設計エンジニアがイニシアティブをとって開始されるが、モノがある程度できてくると、日本とアメリカで違いが出てくる。アメリカの場合は、それから先の仕事の分担（境界線）がはっきりしているため、開発・設計エンジニアは「図面描いて設計すれば、仕事が終わり」であって、そのあとは、生産技術のエンジニアが「どう生産するか」を考えるという具合に、明確に区分されている。事情はドイツでも同じであって、例えばＶ社の場合を見ると、「設計・開発部門で図面ができるとそれを生産サイドに投げてそれで終わりで、非常に手離れが良い。もともと社内では開発エンジニアは高い位置にあり、生産サイドがそれに文句をつけることは難しく、設計変更にまで持ち込むのは稀有の例だ」（80－90年代のＶ社でのインタビューによる）という状況であった。それに対して日本企業の特徴は、役割としては分業しているが、実際に仕事をするときには開発と生産技術との連携を強め、ものづくりと開発を一体化して進めるという点にあり、これが日本企業の強みとなっている。従って、日系自動車メーカーは、開発の現地化に際しても開発・生産技術・工場の３者の連携を重視し、それぞれが対等・平等かつ単なるコミュニケーションを超えて、自由に相互浸透する組織として現地における活動を組織することが課題となってくる。

　「Ｈ社では、伝統的に日本と同様に研究所とエンジニアリングと工場を

別会社としているが、自由・平等・信頼のもとに何でも言い合える関係で、ある意味独立してある意味では一緒であるといってよい。労働条件、労働協約、給与基準はまったく同じで、今まで生産技術の立場でものを言っていたエンジニアリングの社長がある日突然研究所の社長になったり、研究所の社長であった人が突然工場の社長になったりと、人事交流を含めて3つの会社で回っている。開発の中で造るところはエンジニアリング（生産技術）の役割であり、研究所側のデザインと工場側のものづくりとの間をどう繋げ、具現化していくかが仕事。ある部分は研究所にデザインを変えることを頼み、ある部分では製造側の工場のほうには今までとは違った設備を入れて欲しいとお願いする」（H社）。

「H社では、『DE融合、EE競争』という言葉を使っており、開発部門Dとエンジニアリング部門Eは仕事をしてものづくりをどう具現化していくかを考え、今度はエンジニアリング部門Eと工場部門のEが早期に連携して量産設備、金型を入れてゆく。ここがコンカレントに動いているのが特徴である」（H社）。

「T社の場合は、テクニカルセンターと北米工場統括会社工場とが別会社になっていたが、2006年4月1日に統合された。その狙いは、設計と製造を近くすることによって効率的な開発、迅速な意思決定を目指すとともに、拠点間のノウハウを横展開して共有すること、また間接部品を一元管理しスリム化をし、効率的なリソースの利用をすることにある。新会社はオペレーションセンター（工場）、プランニングセンター（間接）、テクニカルセンター（開発）という3センター制をとっている。

もちろん日系企業でも、特に現地における両者の分担を相当明確になっているケースはあり、「図面を書き換えられる権限を認めてはいない。ただし工程設計は工場サイドで行う。工程改善の要望は、設計に対して要求書が上がってくる、実際にものを造ってみると問題があり、図面を直して型を直すなどは、立ち上がりプロセスの中で日常的に出てくる」（K社）と述べている。しかし

いずれにしても欧米企業と比較すると、日本企業の場合には両者の関係は相互浸透的であり、「開発エンジニアは、自分が設計、開発したものがうまくできなかったら自分の恥だと思っているから生産技術の方にドンドン入り込んでくるし、できるまで面倒を見なくてはならないと考えている」(D社)。また、生産技術のエンジニアも開発エンジニアに対して、「設計としては良いかもしれないが、これでは実際に作れないとか、こんなふうに設計が複雑だとコストがかかるから変更したほうが良い、と文句を言う」(N社)ような、相互浸透的な関係にある。

　開発と生産との関連についてもう一歩踏み込むと、確かに製品に関する技術がほぼ確立されていて、作り方もそう変わらないものについては、両者の連携はそれほど早い段階からは起こらないが、画期的な次期型製品で、「今までとは考え方も方式も全然違う」というようなものであれば、相当初期の段階から、開発エンジニアが「作ること」を考えながら設計する。結局はアイデアがどんなに良くても、「作れるかどうかを考えて、無理だと判断されたものについては諦める」(N社)のであり、アイデアの良し悪しを考える時には、同時に「作れるかどうか」ということも考えているので、その時点から「どんどん生産現場に行ったり、生産技術屋に行ったり、試作屋に行ったりしながら、アイデアを説明し、相談して、作れないとなればもう一度考え直す」という過程を、何度も何度も繰り返すことになる。一般に欧米企業の開発では両者の関係は必ずしも緊密ではないが、その理由の1つは、欧米企業の開発がルーティンの、今まであった設計をベースにした物しか作らないため、手離れが良いという側面も見受けられる。「本当に設計をしようとし、また特に新しいものを開発しようとするときは、絶対に作ることを考えてやること」(D社)が必要であり、その意味で製品技術やアイデアは本質的に生産技術の基礎の上で成り立つという基本点を抑えることが重要になるのである。

2.2 現実の設計変更とその手続き

　日本企業の実際の車両開発の中では、設計図面が確定する段階、テストとして造る段階、量産に移行する段階それぞれに、図面は現場に行けば、相当手を入れられるのが一般的である。なぜならば生産工程には作り勝手も含めて、設計変更の良いアイデアがあるからである。日本企業では設計変更件数はアメリカ企業に比べて一般に多い。それは実際の量産に至るまでの間にさまざまな改善提案が出て設計が変更されるからである。具体的にどのような変更案件が出てくるのかを挙げてみよう。

　① 設計段階で部品を一体化したほうが良いと考えても、実際に工場に言ってみるとそんなに大きくて重いものは組みつけられない。設計段階で調整しなければならない。
　② 金型が出来上がったものの、熔接がうまくいかない場合、熔接ガンを直したほうがいいのか、金型を直したほうがいいのか。経済的にはどちらがいいのかのやり取り。
　③ 現場を見ていない人の図面の場合、金型の仕様に合わない寸法の部品、マシンスペックに合わずできない、旧型の２－３倍の人を要する複雑な工程、という図面。
　④ 型を造った後に生じる問題だけでなく、千台、１万台と造り始めたときに生じる問題もある。これらは、最後は開発のところに戻ってきて検討するケースが多い。
　⑤ 電子の世界では、ソフトのバグを見つけることができず、後段階で見つかってしまった場合、そのソフトをあるとろから全て作り直さなければならない。
　⑥ スタンピングの絞りについて、この形のものを絞れるか、この厄介な形はどのような工程で、何工程でできるのか、設計では手に追えず、生

産サイドに聞くことになる。

このように、開発部門が造ったものを試作し、パイロット生産、量産ラインに順次流してみてうまくいかなかったときは、図面を変更するか設備機械の選択を迫られるが、そのどちらを選ぶかは投資の効果もあってケースバイケースとなる。例えば、形状変更という判断になった場合は設計部門に図面変更を依頼するが、金型の変更は非常に大変なので、そこに至るまではEG（エンジニアリング）なり、工場サイドは金型を変更しないでできる方法を考えることになる。一般に小さい設計変更だったら、生産サイドで図面を変えたほうが、効率が良いことになる。

開発部門が実際の生産現場で何が要求されているかを知らずに作図した場合、製造・組み立て段階でさまざまな問題が起こることになる。従って設計側は、実際の生産工程・組立ラインでの動きや生産要件を知った上で、どれくらいのものなら良いのかを判断するのが課題になる。この点に関してT社は次のように言う。

「設計サイドで生産要件は全て持っており、生産工場に拠らなくても生産要件は決められる状況にあり、逆にこれが標準化されているために、『設計にあわせて工場の側を変えてゆく』ことも可能になっている。すなわち組み付けの順番やどこから組みつけていき、最後はどういう部品を組み付けるか、溶接工程の順番など、生産要件の根幹の部分はT社の中で全て統一され、標準化されている。従って基本的には標準要件に対して設計が要件を満たしているかどうかが大きな議論になる。その際に開発エンジニアが生産要件を全て熟知しているかといえば、なかなかそうはいかないのが実状であって、グレーな部分については設計では手に負えず、その道のプロに聞くしかない」（T社）。

これらの生産側の諸条件を踏まえた「設計要件」を、開発部門がどれだけ

バックグラウンドとして持っているか、またそれがどれだけグローバルベースで貫けているかというところが非常に重要なことになってくる（H社）。それは一面ではコンピュータなどでグローバル管理、開発のバーチャル化に向かうが、他面では生産システムや工程設計のグローバルな統一化、生産システムの標準化という議論にも結びついてくる。K社はこの問題について以下のように言う。

> 「これまでは問題が生じた際、世界中で生産技術と設計がそれぞれ別々にチューニングを始めていた。しかし最近は、生産技術が自らのfunctionとしてグローバルに見始めるようになった。実際に見てきて皆が気づき始めるようになった。これは図面を超えたレベルのものを結果的には生産技術が持たなければならないということであると思う。当社の場合、すべての工場のノウハウを生産技術として1カ所に集め、グローバルに流していいのかどうかの判断をもやることにした」（K社）。
>
> 「設計側では、生産技術をいかにして反映するか、という問題として考えている。最後には設計がそこまで入れた図面、あるいはQA（quality assurance）表——図面には書けないもの造り上のキーポイント（ここの公差は守らなければならないといったこと）——をしっかりと作っていく。QA表には品質の勘所が書かれているが、それを作るのは開発であり、われわれが日本のものをトランスファーする際に勘所を握り、それを翻訳してグローバルに回している。ただし全部は書ききれないので、工場では最低限どこを守ればいいのか、を書くことになる」（K社）。

このように製造技術を図面に落とすところは、従来基本的に日本側でやってきていた。しかし現地開発が求められる段階では、コミュニケーションの問題、時間がかかるなど様々な障害が一気に拡大する。「生産現場を見ていない人が図面を書いていては現場サイドからみてもいい図面かどうか疑問がある」（T社）から、その意味で現地生産の場合でも設計部門が常駐してすり合わせを行

うことは不可欠である。ましてや開発を現地化することになると、開発と生産サイドの調整はより重要な役割を担うだけではなく、競争が激化している中ではコスト低減と品質向上と支える決定的に重要な機能ということになる。

開発・エンジニアリング・工場3者の緊密な連携の必要性は部品メーカーでも同じであって、「現地では開発と量産は隣同士なので、お互いの声をダイレクトに聞く」ことを進め、「開発の初期段階で現場の声を聞くイベントを行う」など、「積極的に意見を吸い上げて最終的には造りやすい仕様に仕上げる」(U社)ことが開発側の役目であるとともに、「そういう場面にアメリカ人を巻き込み、人を育ててプロダクション側とアメリカ人同士でコミュニケーションをとれるようにする」(U社)ことは、現地開発を進める上での最も重要なマネージメントの課題である。

2.3　コスト低減と開発・生産のコラボレーション

近年のように競争が激化し、コスト低減が開発の最重要問題となっている情勢では、設計と製造の調整から生まれるコスト削減効果が非常に大きなウェイトを占める。コストに関していうと、製造過程との連携によって「いい図面」ができない限り、品質や日数、コストを守ることは不可能であって、その意味で、「図面描きは入社1年目から可能であるが、その図面をどうやって目標コストに合わせていくか」(T社)、目標品質にきちんと合わせていくかという時に、結局は生産技術や工場の実状を理解し、またサプライヤーの能力や実態を把握しているのといないのでは、大きな差が出る。

開発エンジニアのこのようなノウハウについて、進出企業はいずれも「経験値」という言葉で呼んでいるが、その意味するところは、単なる〝技術的〟な問題ではなく、個々の企業で作っている製品、あるいは使用している設備機械体系など、生産の現実的な要件を知り、造り勝手だとか顧客の品質の保証を守る基本スタンスを確立しなければ、設計開発部門も生産活動の戦列に加わることはできない、ということである。サプライヤーとの関係でも、一般に構想設

計の段階でターゲットプライスを提示しても、サプライヤーからの見積もりが200％を超えることが珍しくないという事情（清［1993］）は、このような設計開発段階におけるエンジニアのスキルの重要性にも関わっている。

現地進出した日系部品メーカーにとって、開発の現地化はコスト低減と品質向上の決定的な手段であり、そのメリットは非常に大きいことがインタビュー結果から看取される。生産の上流は開発であるので、造りやすさ、安定品質、仕様ということについてのフィードバックがやりやすくなり、究極的にはコストダウンへと繋がることになる。この点に関しては、大手部品メーカーはともかく、中堅部品メーカーにとっては、「コストダウンの取り組みが開発の分野まで遡及していなかったために、開発と生産とが共同でコストダウンに取り組むことが弱かった」（U社）のが現実であり、開発の現地化を契機として一層のコストダウンの可能性が広がることになる。

ただし、その場合でも開発エンジニアの側でコストを削減する決まった手段があるわけではない。日本でもこれまでの経験を踏まえて試行錯誤でやってきたのであるが、このようなグレーなシステムは、日本では良くてもアメリカでは通用するかどうかは疑問である。他方、だからといって完全にマニュアル化することにも当然、問題はある。完全にマニュアル化すると、決まった考え方しかできなくなってしまうが、開発においては、様々なことを想像したり、アイデアを創ったり、という側面が重要である。そのような仕事を遂行するのに、果たしてマニュアルという発想が適合するかどうかという問題である。この点に関していえば、1980年代以降、欧米で日本的生産方式の移転が試みられた際に、看板方式やチームワーク、あるいは長期取引など、さまざまな日本型の「スタイル」が取り入れられたが、結局は本質的な部分は移転しなかったという経験を考える必要がある。この点に関して、D社は次のように言う。

「ノウハウの移転も大事だが、それよりもノウハウの奥底にある考え方・哲学が、本当に移転できているかどうかが大事だと思っている。短期間でも『こうやれ』と指示すればその通りやるし、できるが、その本当の意味

> が分かっていなければ、教えた日本人が帰った瞬間にやらなくなってしまうので、本当に彼らが自分からやるようにするために、その根っこのところまで分からせようと考えている」(D社)。

　ここでいう「根っこのところ」というのは「製造業の実力」と置き換えても良いだろう。歴史的にいえば、欧米企業が1960年代以降、過剰生産と対外進出の中で国内の開発・生産体制を空洞化させ、形骸化させてきた結果が、現在の欧米企業の「伝統的・形式的」な様式を生み出した。

　「アメリカ流の分業システム」はアメリカ企業の伝統のように思われているが、1960年代まではアメリカ企業でも「エンジニアリングを学んできても、実際の生産工程と生産品目について熟知し、適切な開発とエンジニアリングのノウハウを蓄積しなければ生産の戦列に加わることはできない、と夜に日をついで鬼気迫る特訓を行っていた」(S電工内部資料、中井川正勝著) との報告があり、また70－80年代の「エクセレント・カンパニー」も企業内部にそのような真剣さを持っていた。

　すなわち現在の空洞化したアメリカ企業の現実が「伝統的」なものではなく、「アメリカの伝統は1960年代以降崩壊し、その再建に困難を極めている」と考えることが妥当であろう。

　またその視点から現地の日本企業を評価すれば、日本での蓄積を基礎に、米国で新しい発展のための基礎を確立しており、さらに全世界の市場で成長を続けている。その限りでは日本企業のノウハウは欧米に移転できる可能性を広げており、現在のように日本市場が停滞を続けている状況下では、日本のノウハウが空洞化し、むしろアメリカの日系トランスプラントの中で、新しいノウハウが蓄積されてゆく可能性が高いかもしれない。この点に関して、D社も以下のように言う。

> 「アメリカのD社は日本とまるで一緒である。そういう文化を日本からそのまま持ち込んでいるし、ローカル（現地人）のエンジニアにも『良い

図面を描いて出すだけでは終わりではない。それが本当にモノとして生産されて、品質良くきちんと作れて、コストも目標通りにできて、それで初めてあなたたちの仕事は終わる』という教育をしているから、アメリカ本社のエンジニアもよく生産工場に行くし、生産工場からもエンジニアが来ている。だから、少なくともD社では、日本とほぼ同じように、クロスオーバーして、両方の機能が重なり合ってやっているし、エンジニアもそういう意識をもっている。たぶん、日本のカーメーカーもそういうふうにやっていると思う。製品別にいるディレクターが、はっきりそのような考え方をもっていて、アメリカ人の部下にも『そういうふうにしなさい』と伝えている」(D社)。

2.4　設備設計と工場生産への移行

　本章の冒頭に「開発」の範囲について、量産が立ち上がってから3－6カ月までを考える(ドイツB社)と一例を示しておいたが、その中で設計図面を作成するだけではなく、生産設備の設計と開発もきわめて重要な課題である。それ故に日系各社は、エンジニアリング部門を充実し、独立した会社にしたり、工場の生産技術として厚みを持たせるなどの取り組みを進め、その上で今日のように開発と工場をつなぐなど、開発・工場と対等なセクションとして生産技術(エンジニアリング)部門を位置づけている。

　設備設計と製造の分野では、自動車メーカーよりも部品メーカー側の対応が難しい面がある。特にボディ関連企業の人員配置を見ると、デザイン設計が10－20人に対して、設備設計・設備製造が200－300人という企業が数多く見られ、実際の生産活動にかかわる部隊としてはきわめて重要な任務を負っている。この場合、日常的な改善やメンテナンスは現地で行い、大規模な工場やラインの増設は日本からの応援を得て行ってゆくとしても、日常的なエンジニアリング部門の配置はなかなか難しい問題になる。部品メーカーの事例を挙げ

てみよう。

「設備については、枯れた製品については現調化が進んでいる。つまり仕様を決めてこちらからアメリカのメーカーに発注している。しかし製品開発が急速に進んでいて短期間に値段もサイズも10分の1になってしまうような製品については、設備の開発が追いつかないので日本でやるしかない」(NS社)。

「設備設計・設備開発はアメリカにいる。生産技術は米人主体で20人の中に日本人は2人。米人が日本に行き、早い段階で仕様を見て、戻ってきてこちらで設備仕様を決めている。以前は全て日本の設備であり、日本人もかなりいた。現在は現地の設備も増えてきており、簡単なものについては自分たちで作っている。設備は市販のものではなく、部品だけ買って、全て当社専用のものを作り、使っている」(YU社)。

「設備の準備に入る前に設計との間で擦り合せる。このような設備仕様で、今後も含めてサイズはここまでにしたいので擦り合わせをしよう、ということになる。設備の仕様を決めても次の年に製品の仕様が変わっては何にもならない。設備もプラットフォームと同じで、将来を含めていくつかのバリエーションで使えるものを開発する必要がある。そのためサイズは将来も含めてこれ以上大きくはならない、ということを設計と検討する。一点一点投資をしていては会社が成り立たなくなる」(NS社)。

「設備の検討段階では暫定図に基づいており、その段階からどのように造ってゆくかを考えないと間に合わない。ある程度仕様に反映できるものは造りの方から仕様に反映し、こうすればもっとコストが下がる、品質も安定するという提案も行う。主導権という意味では、客先に近い開発の方が持っている。生産技術側も意見を言うが、提案のメリットが少ないのであれば、工数がかかるから彼らもあまり真剣にはやってくれない。変えるにしても小分けにするのではなく一度に言わなければならない。1つ図面を起こすだけでも彼らにとっては大変である。いずれにしても図面が確定

するまでの間のことである」(NS社)。

　現地開発が始まると、生産設備のあり方に対応して、車両開発の際に地域ごとの条件を読み込んだ開発が必要になる。Ｔ社の場合は、生産要件が全社統一的に整理され、設計要件として完備しているので、このような対応は容易だが、一般にはなかなかできることではない。従って設計工数を減らす上でも、生産設備のあり方についてグローバルに統一するというアプローチも行われている。

　いずれにしても設計部門から提示された図面は、生産準備のための活動に引き継がれ、各段階におけるプロジェクト会議において了解され、最終的には100％のＯＫが出ないと立ち上げに移行することはできない。この開発期間の全体が大幅に短縮されており、「5カ月で車両開発をやった経験がある」(Ｎ社)という状態であるから、当然のことながら完成図面ができるまで設備開発や生産準備を待つことはできない。その意味で生産技術側は暫定図で走り始め、生産準備の作業と設計図面との照合・擦り合わせをしながら、ある段階では工場設備を直し、ある場面では設計図に反映させるというインターフェースの役割を果たしてゆくわけである。

　「プレスものについても、日本で図面まで開発し、ここからはアメリカ、中国、タイとなった場合、1つでNGがでると全てがNGとなってしまう。日本の場合、工場に設計から来た図面を指導する人間がいる。作業手順書や仕様書については、多種のオペレーションにおいてこう組みなさい、違っていたらはねなさい、という基本的なことが記してある。これらは設計と工場の技術との間でグローバルに展開する前に解決していかなければならない問題である。それは図面に移しておかないと、ローカルに出したときにすべて同じ問題が生じることとなってしまう。そこが今のグローバル展開の中でトヨタのようにうまくいっているメーカーと、われわれのようにまだこれからというメーカーがある」(Ｋ社)。

「工場の方は設計が出した通りにできているかということで、ものを測り保証しなければならない。その2つが合えば、デザインテストとものとが合うということになる。設計図面を実現するための工程設計、および部品で何を保証しなければいけないかを指示し、工場はこれをベースに工程設定を行う。これは設計と工場のインターフェースまでであるが、作成するのは生産技術における quality assurance のメンバーである。ここのコミュニケーションはかなり面倒くさい。昔は結構いい加減であった」（K社）。

　「このような開発から生産への流れは、プロジェクトを管理する会議を節目として、工程の大きいところは指標で管理されていくことになる。そこの会議体で『100％の OK がでないと立ち上げはできない』仕組みになっている。グローバルプロジェクトの場合、その会議体の審議者については、日本の QA デパートメントの人間が来て参加している。開発においては、自分の開発が実験結果までをも含めて全てアプルーブできたかということを工場の生産準備会議に出し、工場の VP がみることになる。それと平行して品質の部隊が、最終的な立ち上げ品質がアプルーブされているかどうかを確認する。このような一連のプロセスの中で責任の所在はシフトしていく」（K社）。

　「開発の現地化」というテーマは、上述したような意味で、新しい設計図面に対応する設備設計や設備製造のプロセスをも現地化の程度を高めることを意味しており、その意味でも設計開発と生産技術・工場とのコミュニケーションレヴェルの引き上げが求められる。これらのプロセスの中で、製造ノウハウの吸収は、製品開発の段階、もしくは量産試作段階でエンジニアと製造現場のエンジニアが交流する中で常に生まれてくることになる。

　「工具試作検討会、量産試作検討会、品質保証会議といったいろいろな名前の、1日5時間とかの会議があって、そのどこかで製造ノウハウの吸

収をやっている」(D社)。

　こうしてさまざまな機会の中で、コミュニケーションを通じて結果的に製造ノウハウの吸収が可能になってくる。このコミュニケーションのあり方は重層的であり、機能別にではなくて、全部のものが相互に関連している。

　開発が工場段階に入ると、設計図面に対して作業仕様（設備条件）を入れたり、新しい設備を開発するいわゆる標準作業書という形に展開されるのであるが、コラボレーションなりオーバーラッピングで作業を進める製造現場と設計との間で、製品設計に対して見直しがかかるというのは量産試作に入っても当然あるし、試作段階で設計図面を変えるということもある。その意味でドイツB社のように、開発は量産開始後3－6カ月までという広い範囲にわたることになる。以上の開発プロセスの中で、図面が正式に決まって以降の変更は、いわゆる設変（設計変更）となる。これは顧客から直すように指示が入る場合もあるし、サプライヤー側からからある段階で「これでは作るときにものすごく手間かかる。ここを変えるとつくりやすくなるしコストも下がる」といった提案もある。一般的には設計が決まると設備設計、設備製造が開始され、設備系が流れてくる。すなわち設備の方を手直しするから、設計はいったん手を引くが、そこで固定するのではなく、「設備は変えられないから設計を変えてくれ」というケースと、それに対して「設計は変えられないから設備を変えてくれ」というリアクションがあり、双方の摺り合わせは量産開始後まで継続されることになる。

2.5　開発のバーチャル化への取り組み

　近年、開発のバーチャル化、あるいは開発支援ソフトの開発が注目されている。この目的の1つは、日本自動車産業の全世界2,200万台の生産に対応する車両開発の仕事が著しく肥大化している上に、開発の現地化によって現地にも開発体制を構築することが求められ、開発コスト低減と人材不足への対応が求

められている点にある。

　開発のバーチャル化は、過去の開発のデータを集積し、トラブル情報や関連するノウハウをもソフトに取り組んだ上で、既に技術的にも熟成している既存の製品開発の工数を一気に削減することが目的となっている。しかしその利用には2つの問題がある。その第一は、既存の開発情報を取りまとめ、全て一本化し、また標準化しなければならない。そのためには既存のバリエーションを縮小し、主要機種に絞り込んだ上で、ソフトとして一般化を図ることになる。結論からいえば、既存の製品に関しては、仕様とサイズをインプットすれば、そのまま熟成図面が出てくることが最終の狙いになろう。

> 「物ができてからのトラブルをなるべく少なくし、開発部門が世の中に出したい、難しいデザインを具現化するため、上流のほうになるべくパワーをかけたい。難しい提案をどうやって作るかという生産技術の新しい開発部分にパワーを入れていきたい。開発が世の中に送りたい、カスタマーが本当に欲しがっているデザインを、そのまま世の中に送れるような生産技術の強化をしていきたい」(H社)。
>
> 「開発スピードを上げていくためには、徹底したIT化を考えている。日本のグローバル開発拠点とやり取りする情報のスピードを現在の100倍ぐらいにまで高める必要がある。モジュールをここでレイアウトし、日本に送って解決を依頼する場合、10ギガバイト程度を送るのに一晩かかってしまうが、それを瞬時に送る、あるいは解析を中国でやってこちらに返してもらうまでに、システムの質とスピードを上げたい。そう考えると日本のIT化の規模はこれまで考えていたものの100倍くらいになってしまう。それに対応するインフラや人をこちらでどうやって揃えるかも問題になる」(K社)。

　しかしながら、バーチャル化も簡単にはいかない。ある部分はできてもある部分はできないが、現在各企業で試行錯誤を続けている。また新しいものを作

り出す場合には、やはり人間労働に依存するしかなく、コンピュータは利用できないという点も各社の共通認識である。

> 「ボタンを押してできるようなところからは新しいものは生まれてこない。経験のあるものしかコンピュータに覚えさせることはできない」（N社）。
> 「素材と原理が分かっても完璧にはできない。ある部位はできたとしてもある部位はできない。今までゼロからやっていた図面のプロセスの失敗からいうと大分改善できた。設備の例でいうと、熔接ロボットの機種が変わっても熔接範囲がそんなに変わらなければ、そのイメージである程度調節し、図面を読み込んでそのロボットの熔接ポイントに自動的にアドレスが行くようなシミュレーション的なものはできる」（H社）。

開発のバーチャル化については、すべての企業で積極的に取り組んでいるわけではない。「開発のツールとしてのCAD/CAMやCAEのシステムは使うが、「当社には開発のバーチャル化という思想はない」と述べるD社の現実についていうと、コンピュータ・IT技術の一番の問題は、顧客ごとに違うCAD/CAMの仕組に、D社の設計システムで作った設計図を変換して送るために工数を取られる点にある。「余力がないし、そのニーズはない」と述べるD社の場合も、単に余力がないのではなく、むしろそれだけの仕事をこなせる開発エンジニアを育て、開発の総合力量を強化することを重視している。ただし、開発業務の拡大で人員がタイトになっているのは事実で、D社も「人を育てるのを重視してきたが、規模が世界に広がりすぎてしまって育てる側の人が少なくなっているのも事実で、ちょっと大変な面はある。しかしその伝統を捨てる気はないし、そのまま続けていきたい」（D社）と述べている。

2.6 開発の現地化を支えるシステム作りと実力の蓄積

「開発の現地化」という取り組みは、以上述べたように、単なる〝図面作成〟ではなく、設計・開発と生産技術・工場のコラボレーションによってはじめて可能になるものであり、その中でとりわけ、開発エンジニアと生産技術エンジニアのコラボレーションは最も重要な位置を占める。その移転は、「日本でやってみて、それが他のところでもやれるようならやる」（各社）ということであり、日本的システムをいきなり海外に移転するといっても非常に難しい。基本的には日系各社のアメリカ本社では、アメリカ主導で何か変えるイニシアティブを考えている面も見られるが、少なくとも現在の段階で考える限り、「まだ技術の厚みがないから無理」（H社、T社）というのが共通の見解である。「すごいというものはやっぱり技術の厚みがあるところから出てくる」（D社）のであって、大手はそれなりに厚みを持っているが、それでも開発の原理的なもの基礎研究、応用的なもの、そのような部分でアメリカが日本を逆転してリードするということはありえないと判断している。「アメリカの優秀なエンジニアは本当に優秀だから、そのポテンシャルは十分あるとは思うが、突発的にできるものではないから、それをビジネスベースでやれるだけのニーズと仕組をきちんと作っていかないと無理。今はまだ日本の本社ではそこまでは考えてない」（D社）という見解に示されるように、「開発の現地化」を支えるシステム作り、あるいはそれを支える実力を蓄えることが、当面の最大課題であろう。

3　開発エンジニア育成による「人の現地化」

開発の現地化を考える場合、最も重要な問題の1つは、現地における開発を可能とするための人材の確保であり、これを日本から供給し続けることはコスト的にもマンパワーの面からも困難であるから、現地開発を支える現地の人材

を育成すること、すなわち「人の現地化」である。この問題については、2つの側面がある。その第一は、アメリカと日本との労働慣行、あるいは分業のあり方など、アメリカ社会の社会的慣行に関わる問題であり、第二は、それに対して日系各社がどのようなエンジニアを育てようとしているか、社会的慣行に関わらず、経験年数が少ないアメリカ人エンジニアに対する教育の問題であり、第三は、そのような教育を行う仕組みが実際にどのように設計されているかである。

3.1 日本とアメリカの社会慣行の違いとその解決

　現地エンジニアの育成を考える場合、出発点として確認しておく必要があるのは、アメリカにおける社会慣行、文化的伝統、あるいはビッグ3やアメリカの企業で行われてきた社会システムのあり方と、アメリカに進出した日本企業の求める人材の考え方に、そもそも「文化的」といってよいほどのギャップが存在することである。この問題はさまざまな場面で現実の問題になるから、内容を整理しつつ、確認しておこう。

　アメリカ人エンジニアの思考方法については、伝統的に Excuse を言わず、自分の失敗を認めない性向があるということは、昔から指摘されている。単純な問題であるが、現地生産の初期の段階から問題となっており、開発の現地化が課題となった現在の段階でも、再び問題が指摘されている。現地ＮＳ社の幹部は以下のように述べる。

> 「現場には当然米人がいるので、工場とのやり取りはむしろ米人エンジニアの方がやりやすい。しかし、日本人がほとんどタッチしなくてもいいかというとそうではない。例えば、設計側と工場側の意見が違った場合、米人には譲らない場合がどうしても出てくる。アメリカでは自分を守れないとクビになるから、そういうメンタリティは止むを得ない面がある。図面変更でこちらのコストがかかっても工場がいい品質が守れるのであれば

良い、という判断を納得させるまでは時間がかかる。そのように大きな判断は、やはり日本人の方が大きな目で見やすい。その場合の教育は、日本人が上位に立って判断していくことをOJTで何回か経験してもらうしかない。教育すればついてくる。ただし経済効果をジャッジする時、日本人が常に優れているとは限らない。例えば、AとBと面でどちらを直せばいいかという問題で、日本人だと感情論的な面が出る場合がある。こういう理由でこう結論づけるというロジックの面ではアメリカ人のほうが日本人より得意な面がある。論理的な話であったら、アメリカ人の判断のほうがより明白で確かな場合もある（N社）。

米人エンジニアの定着についての問題は、アメリカ社会の仕組みそのものと関わっているため、容易には解決できない。それは会社間を移動しながらステップアップを考えていくアメリカ社会の中では当然のことではあるが、熟練（開発部門では開発エンジニアの熟練＝経験値）を必要とする日系企業にとっては解決しなければならない問題である。これは現地活動がまだ10年から20年程度の実績しかなく、内部昇進に道が必ずしも確保できていないという事情にも関係するし、またアメリカでは中小のサプライヤー企業にとって、必要な給与を準備できないという切実な問題とも関わっている。

「ステップアップのために優秀な人ほど会社を動き、それに伴って給料が5－6万ドルから8万ドルに上がるという世界で、対応は難しい。引き抜かれたら他から抜いてくるしかない。定着という点から見て米人の教育訓練には難しい部分がある」（YU社）。

「アメリカの優秀な人でも、日本の優秀な人に匹敵するということはないが、これから育てれば可能かもしれない。いずれにしても日本のAクラスに対応する人を採るとなるとよほどの高級を払わなければならない。1,000万以下で当社のAクラスを雇うということはまず無理と考えていい」（NS社）。

> 「エンジニアが集まらないという問題の6割は給料が要因であろう。あとは仕事が楽しいか、駐在員が次々に入れ替わってゆく日系企業が嫌である、日本本社にコントロールされているなどの理由もある。こちらでエンジニアの給料が上がっていくのは市場があるからであろう。生産技術の学卒でここに10年以上いる優秀なアメリカ人は、日本と直接にやりあうことができる。しかしここでは珍しい」(NS社)。

米人労働者にとっては、「時間内の労働」という意識も重要である。アメリカに限らず、全世界で「時間になったら帰る」というおなじ問題を抱えている。日本人にとって、この問題は2つの側面を持っている。1つは、日本企業の管理様式が〝目標管理〟(目標を与えてそれを実現するための方策は労働者に考えさせる)であるため、「現在取り組んでいる課題が終わらないと帰れない」ことになる。これに対して欧米企業の場合は、仕事の内容を分析し、必要な資材・設備を準備し、労働者の労働内容を確定して個別の仕事量ごとに人を雇う。結局日本企業は「出来上がる物を基準として管理を行う」のに対し、欧米企業の場合はマネージメントのシステムを確立して、その中で「人の仕事を確定し、それを管理する」という方式になる。さらにそれに付随する問題は、日本企業では年功的賃金体系が軸となって役員になってもそれほど高い給与ではないが、欧米企業の役員給与が高いこと、日本企業で期待するような「自ら積極的に働く」労働者は、日本以外の国ではカテゴリーギャップといってよいほどに給与水準が高いことである(NS社)。

> 「駐在員の人件費は現地エンジニアの倍ぐらいだが、アメリカ人にも日本人の日本の給料ぐらいは払っている。基本的にアメリカは賃金が高く、経営者については億が当たり前である。日本企業については、上に行くほど相対的に低くなる」(NS社)。
> 「アメリカ人でも7-8年いれば日本人と同程度にはなると思う。しかし仕事密度という点でいえば、アメリカでは時間になれば帰りたいという

考え方が基本である。自分の仕事を決まった期間内に完結しなければならないというマインドを持つような人はもっとハイレベルとなってしまう」（NS社）。

実際の働き方を見ると、アメリカ人エンジニアもよく働くが、特に野心が強く、上に行きたいという人は日本人以上に働くという評価である。そのモチベーションをまとめて見ると以下のとおりである。

① アメリカ人の場合、頑張って努力して成果を上げ、評価されれば、それは結果的にお金や肩書といった個人のメリットとなることが当然と考えている。それをしっかり評価すれば、しっかりと働く。
② 米人の働きぶりを本当にきちんと評価できているかどうか。日本人のボスが米人の部下をきちんと評価できていないところが多く、それが不満の最大の原因になる。「働かせすぎ」、「日本人はむちゃくちゃ仕事を与える」といった不満よりも、「きちんとやっているのに評価されない」といった不満の方が圧倒的に多い。この点は日本人の方が早く気づかないといけない問題であろう。

3.2　日本とアメリカにおける、エンジニアの社会的地位の違い

以上の従業員のモチベーションに関わる問題は、日本企業の現地生産が開始されてから、一貫して指摘されてきた問題であるが、今回の「開発の現地化」に関わる問題としてより重要な問題は、開発エンジニアと生産技術エンジニアとの社会的地位の違いである。一般に欧米企業では、企業内の職種の間に身分的ともいえる格差があって、一般には開発エンジニアが最も高く、最も低いのは購買、というのが通例である。一例を挙げれば、1980年代以降、BMW社が自社内の組織を見直した際、購買と開発を同じビルで机を並べ、ミーティングも一緒にし、購買人材確保のためにミュンヘン大学に「エコノミックエンジニア」という新たな学科を設置したほどである。開発エンジニアと生産技術エ

ンジニアの「身分的格差」は、当然のことながら開発とエンジニアリング、工場との連携にさまざまな問題を引き起こすことになる。まずその問題性を指摘しておこう。

① アメリカではエンジニアそのものの地位が日本より低い

　日本では理系そのものの地位が高く、優秀な学生が理系に行く。トップクラスは医学部、次が理工系という具合に日本ではエンジニアの社会的な地位が高い。しかしアメリカの場合、一番優秀な人はロースクールに行って弁護士になり、次がファイナンスに行って財務屋になる。エンジニアは中クラスである。つまり文化的にエンジニアを尊重する風土が、日本に比べてやや低い。

② 開発・設計エンジニアの地位が高く、生産技術者の地位が低い。

　日本ではT社のように生産技術のほうが威張っている会社さえあり、少なくとも同等である。しかしアメリカではエンジニアの中に身分格差があって、「優秀なエンジニアが開発・設計をやる」、「ちょっと劣る人は生産技術をやる」という差がある。これがアメリカ全体の競争力を弱める要因の1つである。

　このようなエンジニア間の身分的格差の存在は、欧米における品質水準の低下をはじめとする製造ノウハウの弱体化をもたらす。それは生産技術エンジニアの開発エンジニアに対する発言力が弱く、生産現場の現実の諸問題が設計・開発に充分に反映されないことを意味している。逆にいえば、開発エンジニアの力量はあるとしても、それを実際に生産に展開する際に、設計構想を生産現場で実現できないという欧米の弱点にも結びついてくる。すなわちアメリカ企業でも実験室の段階では日本企業と同程度の製品を作れるが、量産する技術がないのが特徴だと考えることもできる。欧米企業が必死に取り組んでも解決できない品質管理水準の低さ、あるいは特許件数は非常に多いにもかかわらず、製造ノウハウがないために放置されているという現実などは、いずれもこの問題に関連している。D社は具体的に以下のような発言をしている。

> 「典型例が、ディーゼルのコモンレールである。これは 1,800 気圧（2007 年現在、D 社の製品は最大 1,800 気圧。2008 年に 2,000 気圧の予定）といった高圧で燃料を噴射し、霧状にして燃費を良くしたり馬力を出したりするもので、当然その高圧に耐えられるものでなくてはならない。現在、これを作れるところは D 社と RB 社だけになってしまったが、実験室で 1,800 気圧といったクラスのものを作り出す力は、他の部品メーカーにもある。ただ、それを安定した品質で数十万個、数百万個と作っていく生産技術がない。それを持っているのが、D 社とドイツの RB 社だけだということである」。
>
> 「GM やフォードにはテレフォンエンジニア（現場に行かず、電話で全て済ます）と呼んでいる人たちが多いとは聞いているが、実際は現場をみたことがないので分からない」。
>
> 「GM、Ford、Chrysler としか付き合いがないアメリカのサプライヤーについては、造る前に全て確認して OK を出せるものを持ってきて下さい、といわなければならない。日本のメーカーについては、似た方向を向いているので、分かりましたということになる。アメリカのサプライヤーの態度は、問題がないようにはするが間違うこともあるさ、という世界である」。

従って、設計の現地化を行う際に、設計エンジニアと生産技術エンジニアとの壁を取り払い、平等の立場でコミュニケーションができるようにすること、さらにいえばアメリカ企業の弱点となっている生産技術の弱点を乗り越えるためには、生産技術の根本的な強化が必要になる。

> 「アメリカのエンジニアで出世するのは開発・設計エンジニアばかり。日本では生産技術エンジニアが非常に偉くなったりするが、そういうケースがほとんどないことが大きな問題である。日本的生産システムを取り入

れた結果、生産部分ではアメリカの文化もかなり変わったが、技術・開発の方ではまだそこまで行ってない」(N社)。

「通常のアメリカ企業では、会社によって差があると思うが、設計面と現場が大きく切れており、日系メーカーのようなクロスオーバーはない。しかしD社では米人エンジニアに『現場に行け』といっても抵抗感はなく、当たり前と思っている」(D社)。

この点についていえば、1950年代まではアメリカでも現場工員どうしがファーストネームで呼び合うほどに定着率が高く(BX社)、エンジニアは大学で学んだだけでは役に立たなくて、自社の製品と工場の設備を熟知しなければ生産の戦列に加わることはできない(WH社)という風潮が製造業者としてごく当たり前の状態があった。これが崩壊するのは1960年代以降の過剰生産と対外投資(多国籍企業化)でアメリカ国内が空洞化するからであって、アメリカの本来の伝統、あるいは製造業者としての本来の必要性からいえば、生産技術が重視されるのは当然のことである。また技術論の本筋から考えても、技術の中心問題は生産技術にあるのであって、開発の背景にあるアイデアは誰でも考えることができるが、問題はそれを製造できるかどうか、この点に技術的力量評価の核心がある。D社の以下の認識は全く正当なものである。

「アメリカでも今は失われているだけであって、元々はエンジニアが現場に行くことが当たり前だったと思われる。エンジニアのDNAからいえば、『自分の作ったものが、製品になっていく過程を見たい』という気持ちは、非常にナチュナルなものであるから、『アメリカ人エンジニアが、現場に行くのを嫌がっているのに、無理やりやらせた』という意識はあまりない。こうした物作りの考え方は、ドイツのB社も同じである」(D社)。

開発、設計、生産技術という具合にエンジニアが分化していることで、どのような問題が発生するかというと、一般論でいえば、「開発エンジニアが良い

ものを開発しても、いざ作ろうという段階になった時に、それができない」という問題が生じ、生産開始が遅れるか、あるいは最悪の場合はギブアップということになる。

> 「一番多いのは遅れることだ。普通だと、開発から生産開始まで、車だったら4年とか、部品だったら2年とか、大体のタイムテーブルがある。ところが最後の方にきて『できない』となったら販売開始が遅れるしかない。それは販売の減少につながり、機会損失を生み出す。最悪の場合は何度やっても作れず、断念せざるを得ないことになる。仮にできたとしても、コストが当初予想していた水準の倍以上かかることになる。そういったことが頻繁に起きることになる」（D社）。

ところで現地におけるエンジニアの現状を考えると、日本のエンジニアとはレベルが違うという点が指摘される。その内容には2つの側面があって、1つはエンジニアのクオリティーそのものが高いか低いかという問題であり、現地日系企業の評価では「たぶん日本、アメリカはほぼ同じで、ヨーロッパはエンジニアがものすごく少ないから平均的にはやや下がる。アジアが少し下がる」。もう1つは、地域ごとにやっている仕事の内容の違いに関係している。世界の各地域によって現地化のステージが違うので、アメリカでやっている仕事と、アジアでやっている仕事は違う。アジアに行ったらほとんどアプリケーションばかりだが、アメリカではアプリケーションが中心といっても、その内容が拡大して仕事の範囲が広くなっている。

アジアにおける「アプリケーションだけ」というのは、顧客単位での製品のモディフィケーションである。もちろん図面は描くが、基本的な構成も変わらないし、使っているものも変わらず、アプリケーションが中心で、ただ顧客の車の形に合わせて形状を変える。また、車の規定値（馬力など）が違うので、その調整が行われる。例えば、同じカローラでも、日本では大衆車だから足として使っているが、中国では高級車のカテゴリーに入るからエアコンの使い方

も異なる。当然顧客の費用に合わせて、そこをアプリケーションすることになる。

3.3 各社における人材育成の目標＝どのようなエンジニアを育てたいか

上述したように、日本企業が現地で求めるエンジニアは、「コンセプトギャップ」、「カテゴリーが違う」とすら考えられるような側面を含んでいる。しかしそれは別の側面から見ると、「もともと欧米にあったものづくりの精神」の復活を目指すものであり、「良いものを作るということはエンジニアのDNAに埋め込まれている」と指摘されるように、アメリカにおいて実現不可能な問題だとは考え難い。現実にかつて「エクセレント・カンパニー」と呼ばれた企業群では、必ずしも「伝統的なアメリカナイズされた行き方」が採用されていたわけではない。

日本企業が開発エンジニアに対して求めていることは、開発エンジニア内部、開発と生産技術、そして工場部門との連携であり、それを支える個々のエンジニアの働き方に壁を設けずに相互に浸透（クロスオーバー）し合って、開発効率を上げるという一点にある。具体的に各社がどのような言葉で述べているか、紹介しよう。

「T社の場合は、考えた人間が図面を書くという歴史があるため、エンジニアが細分化されてはいない。ソフトツールがCATIAになってから、モデラーを活用しているが、基本的には自分で絵をかける人間をエンジニアとして育てており、そのようなエンジニアが自分で生産サイドと調整をする。つまりものを造るということについて、形状が分かっていて、工程が分かっていて、どういう線を引けばどういうものになるのか、を非常に重要視している。このプロセスを省略することはできないし、サプライヤーに丸投げも絶対にしないようにしている。現地化をしても、ビジュアルで判断できるというようなエンジニアは育つと思っているし、実際に育って

いる。我々はそう信じてこれまでやってきている。そのために現地現物を徹底し、実際に工場に行ったり、評価現場に行ったり、口だけで説明させずものを持ってこさせたり、ものがない場合は図面を持ってこさせたり、ということを徹底的にやっている。経験のある人は固定観念があるので難しいが、新人の人たちは、T社はそういうものだと思ってくれる。そうしていくと、自分の中で部品の評価能力が出来上がっていくこととなる。つまり経験の裏づけのあるカンとコツというといえるかもしれない」（T社）。

「一方に横軸として車のプロジェクトがあり、他方に縦軸として、出図部門、テスト部門、材料研究部門などがある。縦軸はさらにファンクションごとに分かれ、それぞれ最終的に当社の図面として良いかどうかについて検図をする人がいる。このような機能軸で当社の図面として問題ないかどうかの判断が任せられるレベル（検図をして開発部門から工場に払い出しができるレベル）でいうと、10年－15年くらいの経験が必要だ。当社の勤続年数の概念で15年という人は、アメリカでは今のところいない。だから、どうしても検図の方は駐在員に頼らざるを得なくなる。経験値というのは、どれだけ色々な機種をやってきているか、どれだけさまざまなトラブルを解決してきているか、どういうところを見れば当社の図面として問題なく出せるか、などについて判断できるレベル。経験年数からいうと、責任を持って図面が出せるアメリカ人エンジニアの数はまだ少ない。つまり、アメリカ人だけで検図をしてOKを出せるところは比較的少なく、アメリカ人が図面を描いて、最終確認は日本人がやっているというイメージである」（H社）。

「将来的にも現地開発を増やしていくという計画。現在製品群それぞれに日本のAクラスのエンジニアを配置しているが、米人に完全に任せられる分野はまだない」。

「当社では日本的な考え方をそのまま持ち込んで、1人のエンジニアが実験もやれば、図面も描くし、考えもするというやり方である。アメリカ流に考える人、設計する人などをバラバラにするよりも、エンジニアが実

験まで全部やって、自分の目で本当の性能や特性を見極め、確認した方が良いし、そうするのがＤ社の文化であることを、アメリカ人もみんな理解しており、彼らもそういうふうにやっている。採用のときにそれを分かっている人を選ぶというよりも、逆に、優秀なエンジニアなら本当に自分が作ったとおりに動くか、性能が出るか、耐久性があるかといったことは自分の目で確認したがるものだ。この点にあまり違和感はないのではないか」（Ｄ社）。

「アメリカは元々、『ワーカーは何も考えず、マニュアル通りやればいい』、『品質不良は検査屋が解決すればいい』という文化だったが、日本が生産の分野を変え、今は『現場労働者が自分で品質をチェックし、解決する』という形になっている。このように、「モノづくり」の面では、だいぶ文化的な変化をもたらしてきた。しかし、技術・開発については、まだそこまで行っていないと考えている」（Ｄ社）。

以上のインタビュー結果に表わされているのは、いわば設計エンジニアにおける熟練度の問題であり、あるいは経験に基づく判断力のレベルの問題であり、またエンジニア分業の問題である。長年の経験があると、こういうことをするとこういう事象が生じてくるのでやめよう、という判断ができるし、そういう経験がないと同じ間違いを繰り返すこととなる。そのため技能伝承ということが日本でも話題となっているし、実際に経験（日本流にいえば勤続年数の長さ）の多いエンジニアで構成される開発部門は効率が高いことは、筆者の調査でもしばしば見ることができる。この開発における熟練は、実は設計開発の関連するさまざまなトラブルに関するノウハウの蓄積と、もう１つは開発に関連する多くの分野の人々とのコミュニケーションの能力の２つによって構成されると考えられる。その意味で、日本企業では考える人と図面を書く人を基本的に分けず、自分で仕様を考えて自分で図面を書くような方法がとられている。そうしないと、見落としやよく分からない部分というものが出てしまうからである。

後者の、開発に関連する膨大な人々とのコミュニケーション能力と調整の力量は、やはり開発能力の中で最大級に評価されるべき項目である。製造サイドとのコミュニケーションにおいては、オペレーターと face to face でコミュニケーションをしているような人たちすなわち班長、ラインリーダークラスとのコミュニケーションが重要であり、また他方では、部品開発を担っているサプライヤーの事情を理解し、配慮ができる開発エンジニアの重要性はいうまでもないだろう。

3.4　アメリカにおける人材確保と人材育成

アメリカでの現地生産で、日本企業の要求に見合う人材を確保することは、自動車メーカーでもそうであるが、特に自動車部品メーカーにとっては困難な課題である。全般的にいえば、米国で雇っているエンジニアの質は必ずしも悪くはないが、少なくとも経験の差はあり、日本人並みとはいかない状態にある。また規模の小さい部品メーカーでは、求められているエンジニアの水準から考えると、賃金水準が低く、確保に苦労している。各社の状況を概観しておこう。

> 「自動車メーカーでも人材の確保は苦労している。しかしアメリカの大卒エンジニアの図面を描くレベルは結構高く、ひょっとすると日本の大卒よりもレベルが高いという意見が多い。ただ構想などについては経験値が必要になる」(H社)。
> 「我々の狙いが分かるエンジニアをアメリカでも育てようとしている。しかしなかなか難しく、まだまだ育っていないから、かなり日本から支援を貰っている。特に生産についてはコア技術を日本で育て、アプリケーションだけを海外に出してきたという歴史がある。この育成は重点課題として考えている」(T社)。
> 「アメリカでは上物は比較的早くからやってきたが、これに対して足回りに近いところは最近になってやっている。そのため車体とエンジン系で

> いえば、車体のほうがエンジニアの経験年数が長い。どうしてもそういう差は出てくる」(H社)。
>
> 「本当に優秀な人は隣の自動車メーカーに行ってしまうが、優秀な人もいる。当社はインド人、ケニア人、中国人、ベトナム人など、多国籍軍といった感じである。工場との繋がりや複雑な調整、あるいは顧客とのやり取りは米人スタッフなしではできない。そういう意味で、特に日本人を理解している米人はかなり優秀である。当然そうでない人も、何人かはいる」(NS社)。

　人材を確保し、教育を行って育ててゆくことは、生産・開発の現地化を行って現地体制を充実させる上で最も重要な課題である。しかし先述したとおり、企業間を動くのが当たり前、と言う風土の中では、このシステムを構築するのは相当難しい課題である。実際に自動車メーカーの新工場が稼動するという発表があると、そのとたんに人が動き出す状況であるし、自分のレベルを知るためにもほとんどの人がリクルーターに登録している。その結果、他の日系企業に人を取られることもある。そういう場合には、米人エンジニアの中に伏在している不満やストレス（日本の事情でこちらの提案が不採用になるケース、ビック3が市場で使っているものをどうして使えないのかなど）がたまって辞めるケースも出てくる。これらの事情に対応し、人材を確保してゆくためには、内部昇進の仕組みと道筋を明確にする必要があるが、そのためには事業開始から数十年の継続によって各年代層に適切な人員配置を行うか、あるいは継続的成長と事業部門拡大によってポストを増やし続けるか、そのような対応が必要となる。これは比較的大規模なサプライヤーでないと難しい側面もあるが、実際にこのような取り組みを行っているD社の事例を挙げておこう。

> ① アリゾナのビジネススクールとタイアップして幹部社員用ビジネススクールを作り、年に1回、1週間、缶詰にして、幹部（上のレベル）教育をやっている。そこはアメリカ人だけではなく、ヨーロッパからも、ア

ジアからも、日本からも（教育を受けに）やって来る。今年は20人くらい来ている。その下のレベルでもやっている。人材育成に関しては金をかけており、それを彼らもだんだん分かってくれてきている。会社としてもできるだけ内部昇進させようとしている。

② エンジニアに関しては殆どが内部育成である。テクニカルセンターにいるエンジニアのうち、SVP、VP、ディレクタークラスの中で、初めからそのタイトルで雇ったものは1人もいない。全て内部昇進であり、中にはマネージャーぐらいから鍛えた人もいるが、ほとんどが平のエンジニアがスペシャリストで入社し、Manager → Senior Manager → Directorと上がってきた人たちばかりである。

③ 人事考課は去年までは日本とアメリカで別々だった。しかし2006年は日本の上のクラスにはアメリカで作ったものを取り入れ、これまでの日本の方式を打ち壊している。日本の肩書でいうと「部長」以上だけだが、対象者は英語で書かなければならない。全世界、グローバルグレードをつけていて、D社の全世界どこの拠点でもその仕事の重さとタイトルでグレーディングされている。

④ D社コンピテンシーは9項目あり、「部下の育成」、「コミュニケーション」、「戦略的な思考」など、要求される内容を全部具体的に列挙してある。「グローバルグレードAだったらこれくらいできなくてはいけない」という具合に、世界共通・グレード別に要求水準が書いてあり、それに対して、各人「100％できた」とか、「半分しかできていない」とか、一つ一つ評価される。

⑤ 部門間の移動を行う。例えば今年のケースでいうと、エンジニアとして、現在はディレクターを務めている人を工場の副社長として送り込む。これは「物づくりを本格的にやってこい」ということであり、たぶん彼は3年－4年間工場にいて、その後また研究所に戻ることになるだろう。そのときには当然、ポストも上がる。そういう優秀な人材を選んでやっている。

⑥ アメリカ本社にエンジニアとして入った人たちには、開発エンジニアを含む全員に生産技術・生産に関わる社内講習プログラムを必ず受けさせる。受けないとエンジニアとしてやっていけない。それは日本でも同じで、プレスなど生産技術の工程毎にコースがあって、自分の担当製品に関係する講習は全部受けている。この講習、1日で2つか3つ、1つが3時間か4時間程度である。

一般に欧米企業のマネージメントでは、部下を命令で動かして仕事をさせることが常識となっており、個々人の専門性が雇用の基盤になっている。それゆえに、「自分のノウハウを人に教えずに、自分の仕事を守る」ことは、その内容が陳腐化しているか否かにかかわらず、全世界的な常識である。これに対して日本企業の雇用構造は、年功賃金・終身雇用（長期雇用）を大きな柱として、雇用契約を結ぶのではなく「入社する」ことを通じて形成されてきた。近年、これを崩す傾向が強まっているが、依然として骨格は変わっておらず、とりわけ製造業においてはその重要性について認識する必要がある。こうしたギャップがあるアメリカでの人材育成には、さまざまな教育システムを適用したとしても、いわゆるOJTによる先輩から後輩への伝承が非常に重要な役割を果たす。いわゆる徒弟制度的なノウハウの伝授は、多少とも専門性があり、ノウハウが求められる職種では教育の骨格をなす。それは大工、鍛冶屋などの伝統的職業、工場における労働はもちろん、生産技術や開発などのエンジニアの仕事でも、また大学の教員や研究職の場合も同じであり、それゆえにゼミナールのような少人数での遺伝子 Semini の伝承が必要となるのである。

なお、このような「他人にノウハウを教えて人を育てる」というやり方は、日本ならば常に可能か、あるいは日本人の文化的特性かというと、決してそうではない。ある工作機械メーカーA社のケースを上げれば、近年、若手の社長に代わり、熟練のノウハウを次々にコンピュータに置き換えるのと並行して、完全な個人の業績だけで評価する人事制度を導入した。この企業では、かつては当たりまえだった部下の育成という慣習はすっかり破壊され、誰もが決

して人にノウハウを教えず、自分の業績を上げることに汲々とする状態に陥ったのである。

　この点に関して、上記D社の事例では、「上司の仕事の半分は部下を育てること」と位置づけており、グローバルグレードの中に人間を育てることが含まれている。OJTによる人材育成は日本企業のマネージメントの骨格になっており、今回の調査でも人材育成にたっぷりと時間をかけるT社の事例にも見られるとおり、このような企業では人を基盤とした企業の実力が形成されているといってよい。これと対照されるのは、組織力を最大限に生かし、また人間労働に替わるソフトウェアーの活用などの方向性であるが、いうまでもなく、新しいものを作り出していく基盤は常に個々の人間の取り組みの中にある。開発エンジニアだけではなく、生産技術、工場現場の熟練者の育成の全てが創造の基盤といわなければならないし、逆にそれ以外の方法で新しいものを生み出すことはできない。

　開発エンジニアの育成に関連して、部下の育成が重視されることは多かれ少なかれ日本企業では共通した取り組みになっており、各社のインタビューでも、こういった考え方は徐々に理解されてきている。アメリカ人は「部下を育てたら自分がクビになる」と嫌がるが、D社においては、「あなたが昇進するためには、あなたの部下を、あなたがいなくても代わりに仕事ができるように育てなければならない」と言い続け、実際にそういう昇進事例が出てきた結果、嘘ではないことが従業員に実感として広がっている。なお、現地で育ったアメリカ人エンジニアが完全に日本に移動になることは今のところなく、日本に大体2－3年いてまた戻ってくるのだが、将来的には日本にポストを得て移動というケースが出てくることもありうると述べている。

3.5　OJTによる日本人と米人の融合

　設計図がスペックを含めて全部描き上がると量産試作に入って、モデルラインを造るなどのプロセスに入るが、設計エンジニアはもちろんそこまで入り込

むことになる。図面を描いたエンジニアは作り方まで念頭において図面を描いているため、自分が「こういうふうに作れば作りやすくなる」と思っていたにもかかわらず、現場で「実際にはできなかった」となった場合は問題である。エンジニア自身、自分の思うとおりにできたことを確認して、満足がいくまでやらせることが必要になる。このような現実の取り組みは、実際の開発過程での取り組みの中で、OJTとして蓄積される。

　その際に組立・生産に関する情報は、開発エンジニア自身が自ら経験で積んでいくことと、生産技術の側から積極的に情報を入れるという2つの方向から蓄積される。具体的には設計・生産技術（工場）の打ち合わせの中で、設計がまずかったり、現場を知らずに変なことを言ったりすると、生産技術屋からクレームが出るが、それによって設計エンジニアは現場について学ぶことができる。他方、生産技術者の方も設計エンジニアに良い助言が与えられるかどうかで、自身の存在価値が問われることになる。その中で「物を作るということはこういう風にやるのだ」ということが理解されてくる。日系企業の共通の特徴は、「物づくりまで分かっていないと、エンジニアとして評価されない」ということにあり、日常業務の中でそれが自然と理解されてゆくことになる。その一例として、開発部門の中の米人と日本人の配置はさまざまに工夫されている。

> 「テクニカルセンターの長は米人のSVPである。その下の技術各部門のトップは全て日本人、その下にディレクターレベルの米人が1人から3人ついている。特に意図したつもりはないが、このように日本人とアメリカ人が交互に配置され、ノウハウ移転に貢献している。幸い知名度も上がって結構良いエンジニアが来るので、その中から人材を見きわめ、出張や逆出向もやらせている。優秀な人は2年か3年間、家族と一緒に出向させて、日本で勉強させる。実際にディレクタークラスには日本経験者が結構いる」（D社）。

このような教育によって育てられた人間が、他社に移動することはアメリカでは往々にしてあり、「腹は立つが、止めようがないので、仕方がない」状況にある。ただ、他社に行ったあと戻りたいというケースも出てくる。D社の場合を見ると、出戻りは一回までOK、二回目からは駄目であり、例えば、D社の営業のトップ（SVP）は、若い頃に一度、他社に行ってしまったが、その後、D社に戻り、SVPまで出世している。こうして最近では「D社は人間に投資する会社だ」ということが少しずつ理解されてきている。決してアメリカ企業のように短期間で昇進させるようなことがない代わりに、きちんと機会を与えるし、努力してその機会をモノにすれば、正当に評価されるから、昔に比べると出ていく数は少なくなっているとのことである。

3.6 「人の現地化」の可能性と困難

ヨーロッパは、総計1,500 - 1,700万台くらいの市場が十何カ国に分割されているが、アメリカ市場は1つの国で1,800万台であり、量産規模を見ると、アメリカは1車種50万台、ヨーロッパは10万台という差がある。しかしアメリカが大量生産向きの国であるかどうかを一概に決め付けることはできない。「空洞化した大量生産」は、日本メーカーの進出によって確実に変えられつつある。しかし生産の分野における変革を、開発過程まで展開し、さらにそれを構成するエンジニア一人ひとりのマインドにまで広げてゆくことには大きな困難がつきまとう。しかし進出先国の「文化」とまでいわれるこのような社会的仕組みを変えることは、2つの側面での妥当性によって支持されている。1つは、アイデアだけではなく、最終的に「作ること」を含めて完成させることは、エンジニアのDNAともいうべき当然の要求であること、第二は、日本において形成されたエンジニアの「日本的マインド」は、長期にわたる経済的成功＝高度成長によって支えられている。その意味で、世界市場に展開して成長を続けつつある日本企業にとって、その成長によってこそ人材を確保し、定着させ、育成して「エクセレント・カンパニー」を作りうる客観的条件がある

ということである。

　他方で、このような取り組みには障害も大きい。その最大の問題は、何よりも労働の視点からすれば、明らかに日本企業の労働密度が高く、自発的な積極性を求めるには賃金水準が低く、それを乗り越えて自らが学んでも企業外で通用するかどうかは保障されていない。今回のインタビューでは、このような人材育成の条件は少しずつ改善されつつあるが、依然として「任せることができるキイパーソンは育っていない」ことが共通の特徴として明らかになった。ものづくりを進めながら、同時に製造業を支える人材を育成する、この好循環をいかに実現してゆくかは北米だけでなく、日本でも、あるいは中国でも共通の課題といわなければならない。「日本企業の強み」として理解されているこのようなものづくりの基盤と、それに基づく戦略展開は、最終的にはこれにかかわる従業員（製造現場、熟練工、テクニシャン、生産技術、開発エンジニア、およびマネージメント）の全てに、何がベストの選択なのかを常に考えさせることから出発しているといってよい。それは単に、「大量生産をしているワーカーにものを考えさせるか、させないか」という範囲にとどまらず、開発と生産にかかわるエンジニアにも、車両開発にかかわるエンジニアにも、生産現場を管理する熟練労働者にも、同じようにいえることである。

4　現地開発におけるサプライヤー・カスタマー関係

　開発の現地化を考える場合、部品開発の現地化は最大問題であり、特に共同開発が進んでいる現在、どのようにサプライヤーが現地開発体制を構築するかは、自動車メーカーにとっても、またサプライヤー企業にとっても大きな関心事である。この問題について、自動車メーカー側の考え方と、部品メーカー側の取り組みについて、インタビュー結果をもとに整理してみよう。

4.1 サプライヤーの選択と北米サプライヤーの評価

車両開発の中で、コストの大きな部分を占める部品開発は最も重要な分野の1つであり、グローバル機種とアメリカの機種の関係の中で、現在でも現地で開発部門がかかわらなければならない領域が一定の割合で存在するが、最大関心事は具体的にどのようにカーメーカーとサブプライヤーとの共同開発が行われてゆくかである。この中にはさまざまな問題群がある。

まずサプライヤーの選択であるが、その能力そのものについては、アメリカメーカーでも優秀なサプライヤーはたくさんあり、特に購入部品の単位でいえばもちろん開発は可能であり、実際に車載のためのアプリケーションをも含めて日本メーカーも取引を行っている。例えば「シートについては、JCI、Magna、Lear 等がそれぞれ独自にシート骨格の開発を行っており、車に載せるためのアプリケーションもできるし、実際にもやっている。ただし内装関連のところは現地企業がなく不可能」(T社)である。その点ではアメリカメーカーの基礎力量は決して低くないし、例えば経営的に不調であるGMについても「さまざまな問題があって力量を発揮していないが、もし問題が解決されれば、非常に強力であって安閑とはしていられない」(H社) と評価されている。

では基礎力量があるから実際に米系サプライヤーとの共同開発が拡大していくかというと必ずしもそうではない。それは、実際の開発においては技術上の要請とコスト上の要請の非常に厳しい関係を解決することが課題となるからである。具体的にいえば「この図面を書いたので5ドルで造ってくれといってもできないケースは多々あるので、最初の開発の段階からなるべくサプライヤーと一緒にやっていかなければならない」(各社) のが現実であり、サプライヤーが早めに決まる場合にはコストを図面と一緒に造り込んでいく。その中で、原価低減のアイデアや工程の改善を調達と一緒にやっていくわけである。北米のサプライヤーの場合、「これはなかなかうまくいかない」のが現実であり、従って早めにインボルブしていくということはしている」(T社) と述べている。

北米サプライヤーの評価についての各社の発言は以下のとおりである。

> 「北米サプライヤーは新しい技術や大きな車について得意な技術を持っていることが多いのだが、付き合い始めるには大きな決意が必要だ。両者のギャップの一つ一つステップを踏んで理解してもらわなければならない。苦労したのに結果的に値段も上がってしまうこともありうる。H社は門戸を開いて、『ビジネスを一緒にやろう』といって進めているが、そんなに簡単なことではない」（H社）。
>
> 「コスト解析は開発と調達、生産技術が一緒に、常に現場で工程をチェックしながらやっている。米国サプライヤーも改善活動は受け入れるといっているが、価格交渉では難儀な局面も多い。経営者は短期的（2－3年）に結果を出さないと首を切られてしまうので、彼らにとっても大変難しい部分があるということは口には出さなくてもよく分かる」（T社）。
>
> 「求めている開発能力をサプライヤーに一言で説明したいができない。米国サプライヤーは『コストベースにあったものを、それなりの品質でやればよい』と考えてくるのだが、H社と付き合うと、色々なことをやらないと図面ができていかないことが、そのうち分かってくる。日系サプライヤーは長年付き合って来ているので、基本のところを改めて理解しあう必要がない」（H社）。

4.2 日系サプライヤーに求める現地開発体制

開発の分野については日系サプライヤーに一日の長があり、自動車メーカー側の考え方も、「やはり開発してほしい領域、開発を担当してほしいサプライヤーがいるわけで、その領域のサプライヤーに対しては、是非こちらの研究開発に則して、現地で開発を進めてほしいというお願いをする」（H社）ことになる。現地開発を行う場合のサプライヤー評価では、研究開発力を高く位置づ

けることになるが、その場合、評価基準は「QCDD の 4 つを基本にし、1 回ではなく、機種ごとに何回も仕事をする中で、PDCA（Plan - Do - Check - Act）を回しながら、サプライヤーを評価していく」(H 社)。従ってサプライヤーの選択に際しては、購入部品単位で処理できる範囲で欧米サプライヤーを使うという可能性もあるが、実際に技術・品質とコストの関係を調整しながら詰めるような場合には、日系企業の QCDD 開発力が高く評価されることになる。

　開発の現地化に伴ってどこまでサプライヤーの現地開発体制整備を求めるかは、部品メーカーの関心事の 1 つである。この点についてカーメーカーは現地開発に対応できる体制を取ることを求めているが、その内実については「個々の企業の事情もあり、できる範囲でとしか言えない」(T 社、H 社) のが現状であろう。発言を紹介すれば以下のとおりである。

> 「開発を日本と現地で調整しながらやるとしても、データのやり取りだけで解決できない問題があり、設計インテントなどを最初に伝えるようなところはやはり Face to Face が大切なのではないか」(H 社)。
>
> 「ほとんどのメーカーについて技術バックアップは本社で行っている。部品の実験をするのに日本でしかできない、という点はつらい。その際はものを送らなければならず、重くなればなるほど難しくなる。できればこちらでやってほしい」(N 社)。
>
> 「人によっては、こちらに駐在しながら日本に呼ばれて応援に行ったりすることもある。車の売り上げから見ても当社の売り上げから見ても北米市場を手放すことはできないので、当社は開発 A クラスを出さざるを得ない。日本で月間 1 万台出ればすごいことであるが、こちらではそのような車種は多数ある。シビック、アコードは 3 万台、オデッセイで 15,000 台、MBX 等では少ないといっても 6 - 7,000 台である。ここで 1 車種 6 年間というと非常に大きなインパクトとなる」(NS 社)。

　この点に関し、現地の日系サプライヤーも、「日本人が話を聞いてきて、そ

れを夜に日本にインターネットで問い合わせをし、翌朝情報を受けてもってカスタマーのところに行く、ということではダメで、開発部門に行ってその場で仕様対応をすることが必要になる。現地開発をしているのでアメリカは face to face が絶対的な条件となる」と現地化への取り組み方針を述べている。

このように現地でカスタマーの開発担当者と対応するには、その場で判断ができる「Aクラスの人材」(U社)を置くことが不可欠になり、サプライヤー側としては日本でも数の少ない開発担当者の中から優秀な人材を現地に貼り付けることになる。また現地に最小限の試験設備の投資を求められることになるが、それらを前提にしたうえで、「どういうやり方でカーメーカーの要求に対応するかはサプライヤー側の問題になるし、それ以上は要求しようがないという面もある。ないものは仕方がない」ということになる。

> 「臨機応変にやってもらえるのであれば、われわれはその場にいなくてもいいと考えている。問題が起きれば顔を突き合わして話した方がいいに決まっているが、これからはそのような時代ではない。日本に行こうがインドに行こうがきちんと仕事をしてくれるのであれば構わない。イギリスには部品メーカーが少ないので、ドイツやフランスのメーカーとテレビ会議で何のストレスもなくやりとりをしている」(N社)。

しかし現実的には開発の現地化を拡大していくと、それに従ってサプライヤーも現地開発体制を拡大せざるを得ない。そうするとカーメーカー側もさらに一歩踏み出すことになり、結局は最終的に将来の(10年という枠組みの中での)プラットフォーム開発が展望されることになる。さらにいえば開発の現地化がアメリカだけに終わらず、よりグローバルに展開する可能性も問題になる。「高賃金国での高機能開発という図式が今後いつまでもつのか、依然として第三国は生産という考え方にメスが入れられていない」と述べる企業もある。いずれにしてもサプライヤー各社も「開発の現地化」は時代の要請であり、またサプライヤー企業にとってもコストダウンの実現、受注能力強化の観点か

らも必要なものであり、短期的には二重投資になるとしても、長期的には不可欠なものと考えている。

> 「レジデントエンジニアについては、1社について2－3人ぐらいで、各社に入り込んで、自分たちで顧客承認図を書いている。日系車の開発は全て日本でやっており、現地はベースに対するモディフィケーションだけなので、それほどの負担にはなっていない。本格的現地開発が始まっていない段階では、それほどの負担感はない」(YZ社)。
>
> 「確かにフル稼働していない現状では二重投資の側面はあるが、長期的には不可欠であり、二重投資とは考えていない。客先へのサービスとしても必要と考えている」(D社)。

4.3　サプライヤーとの共同開発・リードタイム短縮

　現地におけるサプライヤーとの共同開発が進められた場合、グローバル購買・ベンチマーク導入の結果、技術と価格の調整は最大の難問になる。価格問題のスタートはベンチマークであるが、ベンチマークを絶対視して論理的に整合性のない発注を続けると、サプライヤーの疲弊につながる。ビッグ3の近年の購買政策についていえば、材料の高騰にもかかわらず、「コストダウンに応じないと注文は出せない」というので、サプライヤーの疲弊が見られる状況であり、実際にアメリカのサプライヤーが軒並み Chapter 11 に陥ったことがそれを如実に示している。しかし日系自動車メーカーのアプローチは必ずしもそのような形をとっていない。

> 「世界統一価格で勝負をしていきたいが、国によって技術力の違いがあるため、実際にはなかなか実現できていない。それでも部品一つ一つの工程や材料など、原単位ごとにバラしていくと、中国サプライヤーBと北

米のサプライヤーAのどちらが適正かという判断はできてくる。T社は全て原単位に分解してチェックし、材料や絞りの工程にまでたくさんの情報を持っている。この絞りの工程は4工程でやっているが、他では2工程でやっていますよ、という指摘はできる」（T社）。

「価格は『あるべき論はどうか』、『材料の高騰はお互いにリスク分担を考えよう』、『コスト下げるために例えばこういう手はどうか』といったことをやり取りする中で決めていくから、そう理不尽なことにはならないと思う。コストのブレークダウンなどは、相手にその気がないと、いくらいっても役に立たない。関係が深まってかなり分かってくれば議論することになるし、そういうケースは多い」（H社）。

「なるべく継続的な取引で進めたい。部品メーカーがどのように付き合えば良いかは、とても一言ではいえない。しかしいったん付き合い出せるようになれば、次もそれができるはずで、次第に分かってくる。自動車メーカーの要求にも変化があるし、サプライヤーの経営状態にも変化がある中で、1つの良い関係が続いていけば。これほど良い事はない。変化に耐えうる関係ということだ」（H社）。

なお、現地サプライヤーの開発リードタイムについては、「確かに10年、15年前までは根本的にリードタイムの差があって量産金型が1年かかるということは存在していたが、最近はそこもかなり近づいてきて、リードタイムにもあまり差がないのではないかと思う」（H社）という評価があるが、一般的にいえば、多くのサプライヤーは、日本と比べると北米の方が少し長く、その原因は金型製造期間の長さにあるというのが共通の見解である。しかし日本でトライアルをやって金型を船で持ってくると1カ月かかり、飛行機で運ぶと運賃が高くなるから、現地で解決するための対応が取られている。アメリカで型製造に3カ月かかる理由は、purchase orderが来ないと型鋼を注文しない、型ができた後には、first shot、second shotと何回も打ったあとに、これならどうかともってくるなど、そこで何週間ものタイムロスが影響する。「この分野の熟

練者なら一発目のショットでどこが悪いかが分かる」(N社) が、そういう熟練がないことが理由でもある。自動車メーカーとサプライヤーが一緒にやっていくと、どこに難しさがあるかをお互いに共通認識をもち、それだけで期間を短くすることができる。その意味では日系企業に依存するだけではなく、アメリカ企業との間でも解決しなければならない課題である。

リードタイム短縮と関連して、近年、世界同時立ち上げが議論されているが、同時立ち上げといっても若干のずれはあり、その際に先行して立ち上げる際にさまざまな問題が発生するが、その問題を次々に立ち上がる他国の生産拠点にどのように伝えて処理して行くか、非常に大変な問題となり、混乱がおきかねない。その問題処理の際には、いかにして事前に設計段階から問題をつぶしておくか、仮に発生した場合に問題を迅速に処理するために日本から人員を投入するなど、さまざまな形でのバックアップが必要である。この点も企業の実力が反映する問題である。

4.4　サプライヤーの決定とカーメーカーとのコンカレント開発

デザインイン、コンカレント開発は、カスタマーとサプライヤーの両者が関わる開発を効率化する上で、非常に有効な方法として、今や全世界の自動車メーカーで取り入れられている。元来日本で図面をもらって造っていたサプライヤーが、その後研究開発を始め、客先に提案をするようになったものである。現実の運営では、自動車メーカーに常駐するゲストエンジニアが図面の作成を担当する。この問題をめぐる事情は以下のようなものである。

① 元来は部品図面をサプライヤーの常駐エンジニアに書かせたもので、カーメーカーの設計工数の下請化という性格があった。従って設計工数低減にはなったが、近年はゲストエンジニアコストを自動車メーカーが払う方向に変わってきている。

② 部品サプライヤーの研究開発が進み、独自のノウハウが蓄積される一方、自動車メーカーが必ずしも部品技術の詳細を把握していないケースも出て

くる。このような場合にはサプライヤーに詳細設計を任せたほうが良い。
③ 設計開発の早い段階からサプライヤーのアイデアを取り込むと、開発における諸問題が早い段階から発見され、製品の熟成度が高まるほか、製品開発のリードタイムも短縮される。
④ 自動車メーカー側にもノウハウがあり図面もかけるが、コスト低減を突き詰めてゆく場合、サプライヤーの設備や得意な加工方法など、製造側の条件をより具体的に生かすことが重要になってくる。それはコストダウンに大きく寄与する。

以上述べたデザインインは、日本的開発手法として全世界に展開されているが、現在では、これと同じ流れが北米現地生産でも展開されている。具体的にいえば、開発の開始時点で部品ごとにレイアウトを取り合うので、「ボディの下廻りのレイアウトが決まるか決まらないかという段階で、客先に入っていかないと手遅れとなってしまう」（U社）のであり、近年のコンペでは、サプライヤーは図面化される前に3Dでレイアウトを作り、積極的に提案するようになっている。しかしこの段階でサプライヤーが決定しているわけではない。カーメーカーからオフィシャル・キックオフがあり、これに対し最終的には試作品を造り、コストを提案し、これらを比較した上でサプライヤーが選定される。これについてはカーメーカーも、「コンペを行った場合には、最後までなかなか決まらない」（T社）と述べている。しかし日系メーカーだからといって発注の一定部分が保証されるということはなく、開発経験やデータがあるから有利にはなるが、競合サプライヤー間で発注先転換は実際に起こっている。その際に現地開発能力は性能、コストと並んで判断要素の1つに入っているのが現実である。

> 「レジデントエンジニアとして送り込んでいる設計エンジニアが『次のモデルについて、どうもこういうことを考えているらしい』と自動車メーカーの意向を掴んできて、自社の技術の中で、これは利用できそうだと思えるものを見つけたら、それを提案しにいく。このようにして相互の信頼

関係ができたら、お互いに情報を分かち合うようになる。これが日本のカーメーカーと部品メーカーの関係の強みであったと思うが、今はアメリカでも、少しずつそういうふうになっているという感じがする」(K社)。

「T社、H社については、サプライヤーと一緒に様々なことをやってくれている。それに対しビック3は力関係でくる。こうしたから言うとおりやれ、といった具合である。最近フォードはようやくそこの部分に気づき、まだ終わっていない現行モデルの次期型について、改善のためのアイデアが欲しいと、サプライヤーの声を多少聞き始めている。N社については最近変わってきたところがあり、どちらかというとビック3に近い部分がある。当社はこちらで長くやっているので、最近の開発現地化の影響はあまりない」(D社)。

「ビック3向けのハーネスの開発については、こちらが主導でやっている。このような開発を主導する機能は日本にはない。欧米メーカーにも一般的な意味でのグローバルな開発本部はあるが、状況は相当ひどい」(YZ社)。

4.5　ビッグ3と日系企業の購買手法

　日本企業の開発におけるさまざまな要素の勘案（タイムスケジュールにおけるそれは藤本隆宏氏によって「オーバーラッピング」という用語で定式化されたが）は、開発の現地化においても重要な要素であり、しかもそれは開発と生産技術の間だけではなく、生産のあらゆる部面で起きるものであり、それが日本企業の競争力に直結している。モデル開発に際しては、技術的要請（スペックの満足）とコスト上の要請との間で問題が典型的に表れる。周知のように近年の自動車メーカーの値引き要請は日米問わず厳しい状態にあるが、現実的対応を見ると日本メーカーと欧米メーカーには大きな違いがある。それは、カーメーカーからの要請に対して、部品メーカー側からの逆提案を検討してベスト

な方法を選択できるかどうかという点に集約される。部品メーカーD社は以下のように述べる。

> 「値下げ要求にそのまま従うと赤字になるから、部品メーカーは設計・材質変更などさまざまな工夫をして、コストを下げる提案を行なう。これを調達担当が認めて設計エンジニアを説得することが第一、第二にコストが下がった場合、その成果を部品メーカーにも半分配分する。これならばメリットがあるし、自分たちの声も聴いてくれるから、サプライヤーは一生懸命にやれる」（D社）。

コストダウンに関する日本メーカーと欧米メーカーの手法はこの点で決定的に異なる。一般に欧米メーカーの分業の構造は、担当者ごとに決められた目標を達成することに必死であり、サプライヤー側の問題のあり方を理解し、カスタマー側の諸要素を相互に調整することはしない。その結果、「私は調達担当だから、設計のことは設計担当のところに行け」。設計は「コストのことは知らない。設計に問題はない」ということになる。その結果、部品メーカーは赤字になる以外にない。「どちらの仕事について一生懸命になれるかは一目瞭然だろう」（D社）というサプライヤーの発言は納得できるものである。

> 「設計仕様書を含めて、日系メーカーとビッグスリーの研究開発の厚みの差を考えると後者の方が薄い。それはもともとビッグスリーの発想が『部品屋の役目は作ることだけ。私たち（ビッグスリー）が全部設計して、図面を渡すから、部品メーカーはその通りに作ればいい』というものであった。これに対して、日本のカーメーカーは『こういうものを作ってほしいから宜しくお願いする』という形で、部品メーカーに任せてくれる。いうことはきちんといってくるし、要求水準も高いが、サプライヤーに対する態度の違いは大きい」（D社）。

この点で米国メーカーのサプライヤーに対する要求は、「やたらに品質を良くしろ、コストを下げろ」と非常識な目標値をいうだけで、部品メーカーの実状や設計の中身に合わせた現実的な目標値とはなっておらず、「本当に分かっているのか疑問」だという意見もある。これに対して日本のカーメーカーは高い目標は掲げるが、部品メーカーの実力などを勘案し、「ここまでは絶対やってくれ」、「ここからは頑張ってやれるならやってほしいが、そこは任せるという、ある程度フレキシブルな目標の言い方をしている。購買の人が物を知っていて、また部品メーカーを知っているからこそ、いえることである」（D社）。日系には若干の違いはあるが、ほぼ同じようにサプライヤーに配慮している、という点について、サプライヤーの評価は、ほぼ共通のものがある。

　なお、ビッグ3の態度は、企業によってだいぶ差があるが、最も日本的でないF社との取引では「購買・調達と、設計・技術の交流が殆どないから、全然情報を得られない」状態で、現実のビジネスの硬直化にもつながる。そもそも「問題そのものが分かっていない」（D社）という状況だが、これに対してG社の場合には、サプライヤーのことが分かって、配慮し、意見を聞いてくれるが、規模が大きすぎてトップの意向が伝わりきれない面がある。またC社の場合は、方針が激変しており、最近は改善されてきたが、もともとエンジニアのマンパワーが少なかったので、やろうと思ってもできない面がある。

　これを別の側面からいうと、競争に勝つために「サプライヤーにどういうミッションを与えて育てていくかどうか」というところが決定的な違いとなる。それが結局はカーメーカーにとってのメリットにもなる。それは自動車メーカーの購買政策の重要なポイントであるが、ただサプライヤーを育成するだけでなく、自動車メーカー側としては、「サプライヤーの方が技術があるという部分はお願いをしている。しかし全く分からないと部品の評価もできなくなるので、基本的にはエンジニアリングにインボルブさせていただき、全くの丸投げ＝空洞化にはならないように、購買か内製かにも注意を払っている」（T社）。

4.6　サプライヤーにおける開発現地化

　以上、開発の現地化にかかわるカスタマー・サプライヤー関係の中心問題は、設計図面の作成から量産にいたるまでの全プロセスを現地で対応する場合、何処までを現地で対応し、どこまでを日本本国で処理するかという一点にある。もちろん長期的には現地における開発と技術の陣容は求められるから、その点では意見の食い違いはない。しかしビッグ3をはじめ、多くの独自のカスタマーを持つ大手部品企業では独自の開発体制を持つ余力も意義もあるが、中堅以下のサプライヤーでは、本国の開発体制自体も手薄であり、その中から現地に対応できるAクラスの人材を貼り付けることは容易なことではない。

　この点に関して自動車メーカー側は、「現地開発への対応ができれば良いのであって、それが現地でやられていようと、本国のバックアップであろうと関知しない」というオフィシャルコメントを出している。しかし開発部門の要求は、「サプライヤーの体制ができてくれば、また一歩踏み出すこともあるだろう」ということになり、少なくとも現状の海外事業拡大基調の中では、サプライヤーの現地開発体制整備はそれなりに対応せざるを得ないということになる。結局この問題の最終的な評価は、カスタマーである自動車メーカーの開発購買が、どこまでサプライヤーの事情を理解し、サプライヤー育成を含めた体制整備に配慮するかにかかっているといってよいだろう。

おわりに

　本稿の結論として、日本的生産方式と開発の現地化の関連について述べておこう。周知のとおり、日本的生産方式は、1970年代の減量経営の中で確立した合理化様式であって、日本に独特な労働慣行と企業間取引慣行の社会関係の基礎のうえに、それを最大限活用する生産システムとして成立した。電機・自

動車など、大量の労働者と大量のサプライヤーを組織するいわゆる組み立て型（メカニカル・オートメーション）産業に典型的に見られたこのシステムは、それ故に、社会関係のあり方と深く関連し、また新しい技術体系としての自動制御機構にも接合し、他方でコンピュータネットワークシステムとも親和性を持っている。そしてその社会システムは、同時に、単なる生産だけではなく、開発から始まるこれらの産業の全体的なあり方にも深く関連を持つことになった。QCDDという用語に象徴される日本企業の優位性は、それが社会的背景を持ち、さらに技術的基礎を持ち始めるにいたって、欧米企業にはキャッチアップ困難なテーマとなったのである。

　このような社会システムに支えられたマネージメントとしての「開発の現地化」は、その意味では日本独特のものであると同時に、それがマニュファクチャラーのDNAに関わる正当なものづくりの精神を反映したものである限り、客観的妥当性を持ち続けざるを得ない。明らかな歴史的事実は、欧米においても1950年代までは（その余韻として1960年代までは）、このようなものづくりの精神が生き続けており、その後、まさに日本的生産方式が成立したその時期に、欧米のものづくりの精神とシステムが崩壊の道を辿ったのである。その根拠は成長の持続か、終焉かという点に求められるのではないだろうか。成長を続ける社会においては、雇用が安定し、資金が投入され、技術的な発展も可能になる。しかしいったん歯車が狂いだすと、全ては逆転する。これを再構築することは、ほとんど不可能に近い大事業である。

　2006年の統計に端的に示されるように、日本自動車産業の成長は海外に依存している。75％からやがて80％を超えようという海外市場依存度は、当然のことながら停滞する日本市場でのノウハウの空洞化と、成長市場におけるノウハウの蓄積を予感させる。10年という単位で将来を考えた際に、日本的生産方式は成長市場においてこそ、息づいてくるという可能性も考えることができる。しかし他方では、本稿で示したとおり、日本的な仕事のやり方、日本的生産システムが欧米社会の構成原理を転換することは困難であることも事実である。少なくともアメリカ市場での海外現地生産においては、日本企業は粘り

強くノウハウの移転を図り、市場での優位性を獲得した。その成果が今後も定着し、さらに中国・インドの新興市場にまで展開されうるのか、その帰趨が注目されるところである。

謝辞

本論文のベースになった北米インタビュー調査は、下記のように実施された。現地での企業訪問とインタビュー調査には、㈳日本自動車工業会および㈳日本

日程	参加者
2006年9月9日-9月20日	清晌一郎、中川洋一郎、田村豊、芳賀康浩、仁和誠司
2009年3月11日-3月18日	清晌一郎、田村豊、青木克生

自動車部品工業会にお世話になったほか、各社には大変にお世話になり、充実したインタビューを実施することができた。いちいち社名、担当者のお名前は記さないが、厚くお礼を申し上げたい。なおインタビュー調査参加者は、下記の本プロジェクト第一プロジェクトメンバー及び同大学院生である。

［参考文献］

清晌一郎［1990］「曖昧な発注、無限の要求による品質・技術水準の向上」中央大学経済研究所編『自動車産業の国際化と生産システム』中央大学出版部。

清晌一郎［1993］「価格設定方式の日本的特質とサプライヤーの成長・発展」関東学院大学経済研究所報第13集、p.50－62

第2章　欧州日系自動車・同部品メーカーにおける開発現地化への取組み

青木克生

はじめに

　世界47カ国年間約6,200万台（2009年）の自動車生産において、欧州18カ国は1,600万台とおよそ4分の1をカバーしている（FOURIN［2010］）。これは1,200万台の米州（北米だけでは870万台）を上回る数字ではあるが、欧州メーカーにおいても、世界同時不況の影響から生産台数の減少を余儀なくされている。西欧諸国（11カ国）については、07年1,700万台から09年1,200万台へと約30%減少し、中・東欧においても、07年620万台（9カ国）から09年470万台（10カ国）へと25%近くの減少となっている。しかしながら、欧州自動車市場においては、VW、ベンツ、BMWといったドイツ系、PSA、ルノーといったフランス系はもとより、GM、フォードといったアメリカ系、日本の大手3社（トヨタ、ホンダ、日産）といった様々なメーカーが生産拠点を有し、激しい競争を展開している。このような競争状況から、新しい技術トレンドの多くが欧州から生み出されている。そのようなことから、自動車業界の世界的なトレンドを見通す上で欧州の重要性は極めて大きいといえよう。

　その一方で、日本自動車メーカーによる海外進出動向に目を移すと、アメリカと比較して欧州進出の歴史は浅く、生産規模もまだまだ小さい。日本自動車メーカーにおける欧州の生産規模はアメリカ1国の約半分といったレベルである。アメリカと比べて規模の小さい欧州については、経営資源の限界から開発

現地化への取組みも後回しとならざるを得なかった、ということがこれまでの実情であろう。しかしながら、2000年以降、日本メーカーによる欧州市場のプレゼンスは上昇し、開発現地化への取組みも本格化の兆しを見せるまでになっている。

学術的な研究動向に目を移すと、自動車の開発プロセスそのものについてはこれまで多くの研究がなされてきている（たとえば藤本＆クラーク[1991]、延岡[1996]）。しかしながら、開発プロセスの海外現地化というテーマの研究は、筆者の知る限りこれまでほとんどなされてきてはいない。Morgan & Liker[2006]では、北米トヨタを対象とした開発プロセスの詳細な記述がなされているものの、日本の視点から北米における開発現地化に伴う諸問題に焦点が当てられているわけではない。とりわけ、欧州における開発現地化への取組みというテーマについては、今回のわれわれの試みが初めてといってもよいであろう。このような事情から、まずは欧州における日本自動車・同部品メーカーにおける開発現地化の現状とそれに伴う諸問題をできる限り明らかにしていくことが本章の目的となる。

本章のベースには、筆者を含む研究グループが2007年において欧州（イギリス、ドイツ、フランス、ベルギー）で実施した日本自動車メーカー2社、日本自動車部品メーカー10社に対するフィールドスタディーがある。これら12社に対しては、欧州事業所のダイレクター以上、あるいは実際の設計・開発エンジニア（セールスエンジニア、生産エンジニアも含む）に対するsemi-structuredインタビューが1社につき最低2時間以上（場合によっては複数回、5時間以上）実施されている。

以下では、まず日本自動車メーカーにおける欧州現地開発の必要性とその実態について考察し、次には、自動車部品メーカーの側での開発現地化の実態について概観する。さらには、日本的やり方（マネジメントスタイル、仕事の進め方等）と欧州的なやり方との間の差異に着目し、そこから導き出される日本メーカーが欧州開発現地化を展開する上での問題点をいくつか提示する。最後に、開発現地化をめぐる日本メーカーの今後の課題を示し、結びとする。

1　日本自動車メーカーにおける欧州現地開発の必要性とその実態

　日本自動車メーカーにおける欧州現地ビジネスがいまだ小規模にすぎないことはすでに述べた。まずは、その大きな理由であると思われる欧州乗用車市場の特性について考察する。図1は欧州乗用車市場（小型トラックを除く）における2009年新車登録台数のグループ別シェアを示している。およそ300万台で20%近くを占めるVWグループを別とすれば、欧州系、北米系の各メーカーが、およそ100万から200万台の販売規模でシビアな競争を繰り広げていることが分かる。これに対し日本車の販売規模については、トータルでも200万台強であり、シェアは15%にすぎない。ここから、日本車が30%近くを占める米州や50%以上を占めるアジアと比べると、欧州における日本車のプレゼンスがいかに小さなものであるかが分かる。

　具体的なブランドベースにおける2009年のシェアを示したものが図2である。日本メーカーの中では80万台を上回るトヨタが突出しているものの、この数字はVWやFord、Renaultといった100万台を超えるドイツ系、北米系、フランス系メーカーに及ぶものではない。日本メーカーでは2番手である日産の販売は30万台規模であり、相対的に量産規模の小さいMercedesやBMWといった高級車ブランドと比較しても20万台以上下回っている。ここから、日本メーカーが欧州市場で競争するには規模的にかなりのハンディキャップを負っている、ということが分かる。このような厳しい現状の一方で、日本車のシェアを時系列的に見

図1　欧州乗用市場における2009年新車登録台数シェア（グループベース）

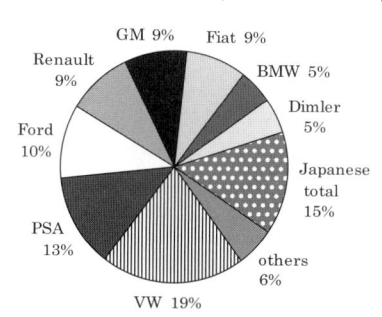

GM 9%　Fiat 9%
Renault 9%　BMW 5%
Ford 10%　Dimler 5%
PSA 13%　Japanese total 15%
VW 19%　others 6%

出所）European Automobile Manufacturers Association, *New registrations in Europe (EU27+EFTA) by manufacturer - 2009.*

図2 欧州乗用市場における2009年新車登録台数シェア（ブランドベース）

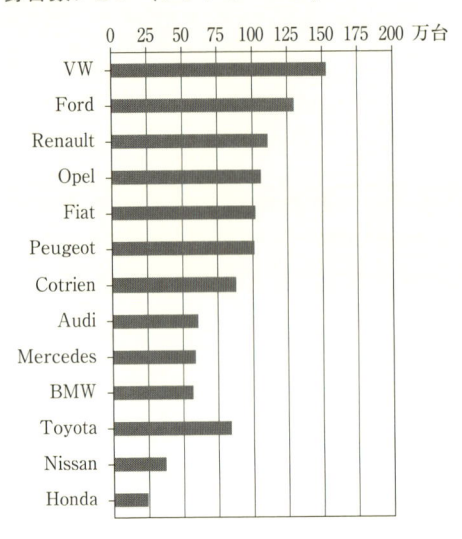

ブランド	万台
VW	
Ford	
Renault	
Opel	
Fiat	
Peugeot	
Cotrien	
Audi	
Mercedes	
BMW	
Toyota	
Nissan	
Honda	

出所）European Automobile Manufacturers Association, *New registrations in Europe (EU27+EFTA) by manufacturer - 2009.*

ると基本的には上昇傾向であることが窺える。停滞を続けていた日本車の欧州シェアは、2001年を底として2007へと上昇に転じている。2008年の世界同時不況により一時的にシェアを下げたものの、2009年には再び上昇へと転じている（図3）。

図3をみると、このような欧州における日本車のシェア上昇を支えてきた要因として、トヨタとホンダの2社による2001年以降の販売の上昇が大きく寄与してきていることが分かる。その一方で、日産は2003年以

図3 西ヨーロッパ乗用車市場における日本車の新車登録台数シェアの推移

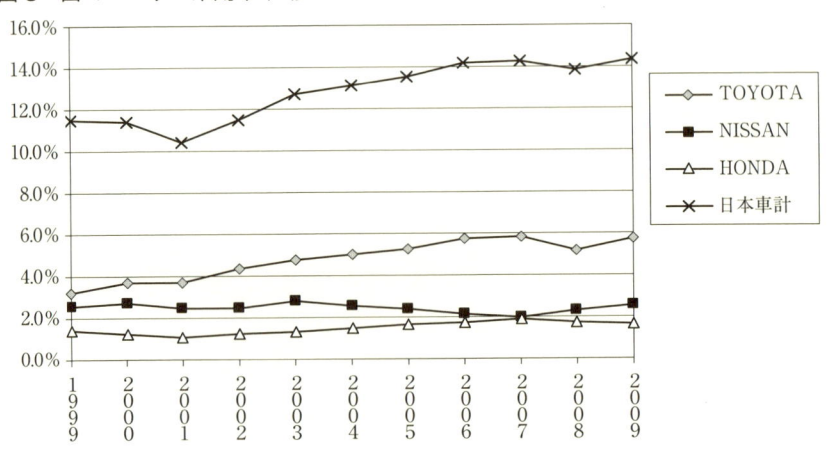

出所）European Automobile Manufacturers Association, *Historical series: 1999-2009: New Passenger Car Registrations by manufacturer.*

降シェアを落としてきており、苦戦を強いられていた。しかしながら、世界同時不況が生じた2008年以降においては、トヨタ、ホンダとは対照的に、日産のみが連続的にシェアを上昇させてきている。この日産の快進撃を支える要因として、2006年10月に販売開始となったQashqai（日本名デュアリス）の好調な販売実績を挙げることができる。トヨタやホンダにおいては、地域環境規制とのマッチングといった様々な問題により、世界同時不況が生じた2008年以降は苦戦を強いられている。

世界同時不況の影響が欧州における日本メーカーによる開発現地化の今後にどう作用するかについてはまだ不透明な部分が大きい。これを機に拡大を目指すというシナリオも考えられれば、成長の著しい中国やインドといったアジアへとシフトしていくというシナリオも考えられよう。しかしながら、1ついえることは、日本メーカーが今後とも欧州でのプレゼンスを高めていくためには、現地ニーズに合ったモデル開発に一層力を注いでいく必要がある、ということである。そのためには、開発現地化への一層の取組みが不可欠であるといえよう。実際、欧州で大ヒットモデルとなったQashqaiの開発についても、性能の現地化、コンセプトの現地化という部分に相当の力が注がれてきたという。現地開発・現地生産の拡大は、世界同時不況により欧州で特に大きな懸念材料となっている為替リスクのヘッジとしても大いに寄与する。以下では、世界同時不況以前の状況ではあるが、日本自動車メーカー2社（AA社、AB社）における、欧州開発現地化の実態と、その販売増加に対する貢献、についてみていく。

1.1 AA社

AA社は欧州全体で250人規模の開発体制を有しているが、ここは設計、試作を含む車両開発についての全面的な機能を遂行しているわけではない。AA社がこれまで欧州で販売してきた車種は、日本で開発して世界各拠点へと展開していくグローバルモデルが中心であった。このグローバルモデルは世界各拠

点のニーズ全てを幅広くカバーする必要があるため、必然的に欧州専用のニーズを十分に織り込むことはできなくなる。このような事情から、これまでのAA社の欧州における販売状況は満足のいくようなものではなかった。

　2006年に市場投入された新モデルは、欧州初の専用モデルとして開発されており、これまでの流れを一新する画期的な試みであった。これはスタイリング、プラットフォーム、サスペンション等において、日本や北米とは異なる欧州独自のものが採用されており、共通部品もボルトやナット程度しか採用されていないという。また、このモデルの開発に際しては、ディーゼルエンジンの開発にも本格的な取組みが行われている。これについてAA社の開発ディレクターは、「欧州独特のニーズをふんだんに入れ込むことができた」と語っている（AA社インタビュー2007年8月）。

　実際の開発業務は日本で実行される一方、欧州サイドでは商品企画、市場調査、部品の現地調達、完成車テストなどが実施されている。欧州専用モデルの開発に際しては、市場調査の結果や欧州特有のニーズをできるだけ早い段階で日本に落としこみ、そこからコンセプトが創造されてきている。以前と比べると欧州と日本との間のコミュニケーションも格段に増加したという。この欧州専用モデル成功の大きな要因として、フィージビリティープロセスにおける妥協の排除、ということが挙げられる。通常であれば、モックアップから量産へと移行する際には、造りやすさを考慮して現実的なスタイルへと変えられていくことになるのであるが、当モデルについてはモックアップから形がほとんど変わっていないという。これは造りサイドと開発サイドが協力し、妥協をせずに価値ある車を開発していった結果であるとされる。実際にこのモデルシリーズの2006年の欧州販売は、対前年比で34%増加している。

1.2 AB社

　AB社は欧州全体で900人規模の開発体制を有しており、ここがアッパーボディの開発を全面的に請け負っている。AB社の場合、戦略的にグローバルで

共通に使用するプラットフォーム部分は日本で集中的に開発し、アッパーボディについては欧州で地域のニーズに合わせて開発をしていく、という形となっている。AB社では2005年に市場投入されたモデルから欧州における現地開発を本格的に展開してきている。2006年に投入された新モデルについては、欧州専用モデルとして市場調査から設計、試作と全面的に欧州主導で開発を進めてきている。

この欧州専用モデルは、日本へも輸出されており、日本顧客もターゲットとなっている。しかしながら、低速で小回りの多い日本と、時速100－200kmで安定して走る欧州とでは、ステアリングのチューニングや乗り心地等において異なったニーズへの対応が必要となる。このモデルについては、日本と欧州との間で外観は同じであるが、ブレーキの効きやサスペンションの柔らかさ等の仕様は全く異なったものとなっている。AB社の開発組織においては、COE（Customer Oriented Engineer）という顧客の声を代弁する部署が大きな発言権を持つ形となる。この部署が顧客ニーズに応じた目標設定、実験検証の責任を有しており、そこを中心として性能の現地化、コンセプトの現地化ということが進められる。

AB社の開発ダイレクターによると、これまでは実験評価、市場評価の機能が欧州にあっても、それがなかなか日本に伝わらず苦労をしていたという。やはり、「現場にいないといくら大きな声で言っても伝わらない」、ということである（AB社インタビュー2007年8月）。それが新モデルについては、設計から実験までの全てが一塊となって欧州内で実施できたため、市場に足のついた開発を実践することが可能となったのである。実際、このモデルについては欧州のエンジニアが実験のために日本の北海道にまで出向いている。このモデルは欧州と日本の双方で予想以上の販売実績を達成しており、生産工場では量産開始からわずか4カ月の間にフル稼働の状況へと至っている。これは量産開始からフル稼働まで1年程度を要することが通常とされる欧州では異例な事態である。またこのモデルについては、量産開始から10カ月後には当初計画を大幅に上回る年産20万台体制へと生産能力を増強している状況である。

AA社、AB社双方の事例からいえることは、現地ニーズを織り込んだ欧州専用車の開発が販売増加に大きく貢献している、ということである。筆者の知る限りでいえば、欧州において開発現地化への本格的な取組みを進めている日本自動車メーカーは、AB社以外にあと1社という状況である。このメーカーについては、アッパーボディについて開発の後半部分を全面的に欧州で進めていくことを計画している。事業規模等を考慮すると、欧州における開発現地化からメリットを享受できる日本メーカーはまだまだ少ないといえよう。しかしながら、開発現地化と規模の拡大とは鶏と卵の関係にあり、欧州市場でのプレゼンスを上げていくためには開発現地化への取組みが重要な意味を持ってくる。以下では、欧州における開発現地化への取組みが最も進んでいると思われるAB社のケースについて、より詳細にみていく。

2　日本自動車メーカーAB社の取組み

2.1　開発現地化の現状

　AB社は欧州において20年近くに及ぶ開発業務の歴史を有している。表1に示されているように、最初は日本で開発された部品やシステムの現地化をサポートすることから始まり、現在ではアッパーボディの開発をスクラッチから

表1　AB社における欧州開発現地化の歴史的推移

時間軸	開発現地化のプロセス
過去　↓	・日本で設計・開発された部品やシステムの現地化をサポート ・初期段階からローカルなサプライヤーの要件、ブランドの要件を日本へとフィードバック ・日本の開発センター、日本の車体メーカーとの間での共同開発 ・日本、北米、欧州の開発センター間での共同開発（欧州ニーズに合わせたディーゼル車の開発、性能の現地化）
現在	・アッパーボディ開発の全責任を欧州で実施

全責任を負うまでに至っている。このような現地化の一方で、プラットフォーム共通化といったグローバル最適の部分も考慮する必要がある。そのため実際のプロジェクトについては、A、B、Cといったセグメンテーションごとにグローバルで1名のCVE（Chef Vehicle Engineer）が日本側で任命されることとなる。欧州側では、それに応じてD（Deputy）あるいはA（Assistant）CVEが配置されており、日本で開発されたプラットフォーム部分についても、欧州側で品質向上とコスト低減についての責任を負う形となる。

欧州でアッパーボディ開発の全責任を負うといっても、設計から量産準備に至る全ての仕事を現地で実施するわけではない。たとえば、金型や生産技術といった日本が強い部分については、戦略的に日本に大きく依存することとなる。実際、前述した新モデルにおける大型の外販ボディの金型については、日本が主体となり韓国で製造し、それを欧州に輸送してくる、という形となっている。これは、リードタイムの短縮等を考慮し、グローバルで最適なネットワークを利用した結果であるという。

試作前における部品間の誤差の修正、付属品のマッチング、組立性、部品の形状凍結といった作業についても、日本の生産技術センターで集中的に処理されることになる。このジョイントチェックと呼ばれるプロセスにおいて、各部品間の擦り合わせが行われ、問題点が一気に洗い出され、修正が施されることになる。この作業については、「このくらいの変更ではこのくらいの日程がかかる」、という勘やコツが必要となる部分があり、それを決められた期日に向けて優先順位を付けながら進めていかなければならない。このような擦り合わせのマネジメントは、藤本［2004］も指摘するように、日本が得意とする部分であり、日本の生産技術に戦略的に集約していくことになる。

一方、このような戦略を実行するためには、実際に生産が行われる工場の要件をグローバルで統合していく必要がある。そのような生産システムの統合なくしては、工場ごとに判断が変わることとなり、集約化のメリットが得られなくなる。そのためAB社においては、細かい部分における差異は残るものの、生産能力や生産工程は各工場間で基本的に同一化されている。実際の生産設備

については、ロボット等すでに投資したものの最適化という側面はあるものの、基本的には日本で標準化した設備をそのまま欧州に持ってくることになる。

サイマルテニアスな開発体制という点においても、基本的に日本の開発センターと同じ形となっている。設計、生産、購買、品質保証、コストエンジニアリングが一体となったチームが形成され、それぞれのメンバー間でターゲットが共有化されることになる。これは設計も工場のターゲットを共有しており、共同でターゲットの達成に向けて取り組むことを意味している。三現主義といった日本的な慣行も取り入れられており、トライアルの際には各設計担当者の全員が一定期間工場に出向き、サプライヤーも含めて問題を共有化し、現物を前にして対応することになる。これはAB社では設計常駐と呼ばれるプロセスであるが、欧州メンバーの間でも「ジョウチュウ」として当たり前のように使われる言葉となっているという。

2.2 開発現地化をめぐる問題点

以上から、AB社の現地開発のプロセスにおいては、サイマルテニアス体制、三現主義といった日本的な方法がかなりの程度導入されていることがわかる。しかしながら、日本的なマネジメントスタイルと欧州的なスタイルとの間には大きなギャップがあり、実際には様々な問題が生じることとなったという。

内部的には、コミュニケーションスタイルの違いが大きな問題であった。日本では担当者同士が気を利かせて直接解決してしまうような問題についても、欧州ではマネージャーを介し、レポートラインを通して解決されることが通例となってしまう。そうなると、必然的にレスポンスが遅れることとなり、開発リードタイムの短縮を大きな命題とする日本的な方法との間で不適合が生じることとなる。このような問題を解決するために、重複を覚悟して全ての不具合のリストを作成し、問題解決に際し、誰が責任を持ち、誰がどのような行動を起こすのか、ということ管理表として全て「見える化」する形にしたという。

曖昧な指示の下において阿吽の呼吸で仕事が遂行される日本的なコミュニケーションスタイルは欧州では通用しないため、問題が生じたときのコミュニケーションのルートを明確で、目に見える形にする必要があったということである。

日欧間のマネジメントスタイルのギャップは、サプライヤーとの間でも問題を生じさせることとなる。日程に間に合わせるためにサプライヤーから出される様々な提案に対し、設計が工場サイドを説得することで実現を支援することは、日本では通常行われている。しかしながら、欧州におけるサプライヤー関係はビジネスライクなものであり、メーカー側の担当者が提案を受け入れず、サプライヤーの逃げ場をなくすような場面も存在したという。欧州にもネゴシエーションはあるので、それを使えばお互いにうまくいくのであるが、日本人がマネジメントしているサプライヤーの場合、ネゴシエーションの勘所が違うという部分で大きな苦労があったという。そのような場合、日本人駐在員が両者の間に割って入ることもしばしば生じたという。

欧州サプライヤーとの間についても、欧州メーカーと AB 社のやり方がかなり異なっているため、コミュニケーションミス等の問題が生じることとなった。日本サプライヤーとの間では阿吽の呼吸のような関係があり、メーカーが言わなくてもサプライヤーの方から聞いてくれるような状況がある。しかしながら、欧州サプライヤーとの間ではそのような関係がないため、メーカーの要求がしっかりと伝わっていない、ということが多々生じたという。実際に AB 社の方でも、日本サプライヤーと同様に紙に書かずに要求を伝えようとしていた部分もあったそうである。結局、大きな時間を要するものの、要求を全て紙に書き出し、それをベースに要求を伝えるということが欧州サプライヤーと付き合う上で一番重要なことであった、と AB 社の開発ダイレクターは話している (AB 社インタビュー 2007 年 8 月)。ここからも明確な形でのコミュニケーションが欧州におけるマネジメントのキーであることがわかる。

2.3 開発現地化の今後の展開

　AB社は開発現地化における次の展開として、日本と同じタイムスケジュールで実施される開発プロセスの欧州への導入を試みている。旧プロセスにおいては、モデルフリーズ（デザイン決定）後の一定の期間において量産指示を行い、その後に試作という形となっている。それに対し新プロセスにおいては、モデルフリーズの段階で設計行為を全て凍結し、その時点で大物、中物、小物と全ての量産指示を一気に行うことになる。これは量産指示の期間が一気に短縮されてしまうということであり、旧プロセスと比較して10カ月以上の開発期間の短縮を狙っている。モデルフリーズから量産開始までの期間が短くなるということは、車のスタイリングがより市場に近くなるということを意味する。

　この新プロセスを実行するためには、モデルフリーズ前のデジタル段階で全ての要件（サプライヤーも含む）が決まっていなければならない。たとえば、生産要件についても、作業員の手の動きに至るまで全てを生産サイドでデジタル化し、デジタル段階で評価をしてしまうことになる。また旧プロセスでは、量産指示の期間においてチューニングや修正行為を施すことができたが、新プロセスでは時間的にその余裕がなくなる。ゆえに樹脂物の成形収縮やバラつき等は、全てデジタル段階で検証し、修正が完了していなければならない。しかしながら、色の加減やシボといった感覚性能の部分をデジタル段階で全て解決するには限界がある。そのため実車確認の作業を完全になくすことはできない。ボディ合わせや干渉といった物理的な部分は全てデジタル段階で解決され、解析の予測精度が低い部分、定量化が本当に困難な部分のみが実車確認で解決されることとなる。その後は生産トライアルを経て量産開始ということになる。

　このプロセスを実現するためには、サプライヤーについても、その部品が要求性能を満たすことができる、それを造ることができる、それがコストに見合ったものである、ということをデジタル段階で解決していなければならない。1

社でも遅れるサプライヤーが出てくると、このプロセスは成立しなくなる。しかしながら、欧州系のサプライヤーに対し、このような短い開発リードタイムへの対応を期待することは困難である。一般に、4年といった短いモデルライフをベースに多種類の自動車を短いリードタイムで開発していく日本メーカーの慣行に対し、欧州車のライフは5－10年で、開発期間も日本と比べるとかなり長いものとされている。このようなことから、現在AB社では、このプロセスで必要となる条件を一つ一つ全て書き出し、それをサプライヤー側に周知させ、可能かどうかについて一つ一つ潰し込み、最終的に認証を受けたサプライヤーのみに仕事を任せる、という仕組みの構築を試みている。

　日本では、このような仕組みはなくとも、サプライヤー自らの努力により対応が可能となる部分がある。これは、短納期開発に対するより多くの経験を有するということを意味すると同時に、時間に間に合わせるためには夜を徹して仕事をするという文化があるということをも意味する。しかしながら、仕事とプライベートを明確に分ける欧州において、そのような対応を期待することは困難である。そこで、何をすべきかを一つ一つ書き出し、それをベースに認証する、という明確な仕組みを用意することが必要となってくるのである。AB社の内部においても、新しいプロセスに対応すべくナレッジマップと呼ばれる仕組みの構築を進めている。これは、この段階ではこのような調整をする、誰とコンタクトをする、問題が生じた場合はこうして解決する、といったプロセスを全て書き出し、マップとして明確化するという仕組みである。

　このような取組みは、曖昧さをベースに阿吽の呼吸で仕事を進める日本的なやり方と指示命令系統を明確化して仕事を進める欧州的なやり方との間のギャップを埋める試みであるといえる。このような試みは、日本的なやり方と自分たちのやり方との間のギャップを埋めるために、現地の人材から提案されて出てきた仕組みであるという。これについてAB社の開発ダイレクターは、「自分は師弟関係や兄弟みたいに上の人の技を盗んできた世代であるので、このようなことは思いつかなかった。このように動くというプロセスが紙に書かれて明確になっていると非常に分かりやすい」、と語っている（2007年8月イン

タビュー)。このような取組みについては、今後の開発現地化の世界展開(特に中国、インド)をサポートする役割も大いに期待されている。最終的には、これをベースとしてグローバルレベルでプロセスの標準化を達成していくことが狙いであるという。

3 日本自動車部品メーカーにおける開発現地化への取組み

表2は日本自動車部品メーカー10社におけるインタビュー時点(2007年)の欧州開発体制を表している。まず規模についてみると、100人近くあるいはそれ以上の規模を有するSI社とSJ社以外は30人以下と小規模な体制となっている。ここでSD、SE、SI社については、欧州内に表記とは別の製品分野における開発機能を有しており(それぞれ約100名、40名、70名)、全体としてはより大きな規模となる。仕事内容についてみると、日本で起こした図面のア

表2 日本自動車部品メーカー10社における欧州開発体制

	製品	開発スタッフ数	仕事内容
SA社	シート	8[1]	合弁先企業の設計サポート
SB社	燃料ポンプ	8	欧州顧客向け一部製品の設計・開発
SC社	ステアリングシステム	15	欧州顧客向け一部製品の設計・開発
SD社	エアコンコンプレッサー	20[2]	アプリケーション設計
SE社	ホイールベアリング	24[2]	アプリケーション設計
SF社	ヘッドランプ	26[1]	欧州顧客向け設計・開発、アプリケーション設計
SG社	ボディシーリング部品	27[1]	日本顧客の現地設計に合わせて設計を展開中
SH社	内装・シート	30[1]	日本顧客の現地設計への対応準備、技術者の育成
SI社	トランスミッション	95	アプリケーション設計
SJ社	ステアリングシステム	250	欧州顧客向け設計・開発、アプリケーション設計

1) 本社機能全体の人数であり、管理スタッフや営業の人数も含まれる。
2) 左記製品分野のみの開発と関わる人数である。

プリケーション設計をメインとしているケース、設計図面そのものを欧州で起こし開発しているケース、と大きく2つに分けることができる。SA、SG、SHの3社については、日本顧客による欧州設計現地化への対応をメインの仕事としており、仕事内容としては作図から欧州で手掛ける形となる。

表3は開発プロセスにおける欧州と日本との間の分業体制を示したものである。アプリケーション設計をメインとしているSD、SE、SI社においては、作

表3 開発プロセスにおける欧州と日本との間の分業体制

SA社	設計から生産技術に至るまで合弁先の欧米メーカーが主導権を握っている。設計は合弁先の欧州オフィスに日本人のサポートを出し、合同で実施している。顧客（日本メーカー）要求により、品質保証については日本人が日本のやり方で進めている。
SB社	これまでは買収先企業のやり方をベースとして継続事業の開発を欧州内で実施していた。今後は、日本で基本開発行い、その後のアプリケーション開発を欧州で行うという形に変えていく。
SC社	電動パワステ：日本で開発から工程整備まで全てを行い、それを欧州に移管してくる。 マニュアルパワステ：これまでは欧州で開発を行っていたが、今後は日本で集中的に開発していくことになる。
SD社	ユニットの設計および性能開発は日本で行い、実車でのモデファイやアプライが必要な部分を欧州で行う。これまでエンジニアリングの判断は全て日本に任せていたが、現在では欧州でもその能力を持ち始めている。
SE社	作図、基礎開発は日本で行い、欧州では顧客インターフェースのサイズの決定や寿命計算を行う。こちらの情報は日本へと送られ、日本ではそれをベースに詳細検討、図面の作成、評価等を行う。生産設備の立ち上げも日本で行う。
SF社	シンプルな製品については90%が欧州の現地開発となっている。一方、最先端の製品については10-20%が現地であとは日本となっている。現地の生産技術が現調設備を購入し、新規ラインの立ち上げをすることができるまでにはなっている。
SG社	設計は現地で行っているが、大きな設計変更の際には欧州のスタッフが日本に行き、日本人と一緒に仕事をすることになる。工程レイアウトについては日本に依存している。
SI社	プロジェクトコントロール部隊が、現地顧客から吸い上げた内容を日本に伝達する。日本ではその内容を検討し、実際に設計、試作、量産準備、量産を進めていく。試作の評価は欧州で行っている。またソフトウェア開発についても欧州で行っている。
SJ社	日系顧客：日本で設計を行い、出図と同時に日本人が欧州にサポートに来る。 欧州顧客：要素技術の開発は日本で行い。実際の設計は欧州がメインとなって実施する。 電動パワステ：システムの開発は全て日本で行い、欧州でアプリケーション設計を行う。

図や基礎開発といった作業は日本で行われ、欧州では顧客インターフェース部分の設計、一部評価等が行われることとなる。SI社については、エンジン評価、実車評価、ソフトウェア開発といった部分までをも欧州で実施しており、アプリケーション設計とは言いつつも100人近くの規模となっている。アプリケーション設計におけるキーポイントは、いかにして顧客の要求に迅速かつ信頼性をもって応えていくか、ということである。とりわけ、日本とは異なる欧州独特のニーズを理解し、日本の開発センターへと伝えていく、という点が重要となってくる。

　SB、SC、SF、SJの4社は、欧州において欧州顧客向けの開発を作図の段階から展開している。しかしながら、全ての仕事を欧州のみで完結していては、日本との間でシナジー効果を発揮することができない。そのため、基本的な要素や材料の開発、最先端製品の開発といった作業は日本で行われることとなる。これは日本顧客を主な対象としているSA、SG、SH社についても同様である。欧州現地メーカーの買収によって開発能力を獲得したSB、SC社については、買収先企業が元から有していた欧州顧客向けビジネスの継続部分を現地開発で対応してきたという経緯を有する。この場合、設計、設備コンセプト等は従来から使われてきた欧州ベースということになる。しかしながら、現在では、両社とも欧州現地開発の部分を縮小し、開発の日本シフトを進めている最中であった。その理由としてSC社は、設備投資額の上昇、設備フレキシビリティの欠如（欧州の設備コンセプトでは大型の自動設備が好まれる）、現場における設備カイゼンの困難性、といった欧州スタイルの問題点を指摘している（SC社インタビュー2007年8月）。

　SE社については、ホイールベアリングとは別の事業において、欧州自動車メーカー内製部門の買収により開発能力を獲得したという経緯を持つ。この場合、買収先自動車メーカー向け事業については欧州独自の設計を展開している一方、他の顧客向けについては日本標準の設計を現地で展開している形となっている。SJ社についても、欧州自動車メーカー内製部門の買収という経緯を持つものの、その際に開発部門までを含めて買収したわけではない。SJ社の

場合、今後の拡大を狙っている電動パワーステアリングについては、日本主導で開発を進めており、欧州での作業はアプリケーション開発ということになる。しかしながら、その場合、日本で開発を集中化するメリットは享受できるものの、顧客要求への対応が一度日本を介する形となってしまい、迅速性という点で顧客サイドからの不満を生み出す結果にもなってしまうという。このような、欧州の顧客と日本の開発センターという相反する2つのニーズに応えるという自動車部品メーカーによる開発現地化の困難性については、次節で具体的なケースも含めて詳しく検討する。

今後の方向性として全メーカーに共通する課題として認識されていたことは、欧州現地メーカーに対する拡販の強化である。これは日本顧客を主な対象としているSA、SG、SH社についても同様である。その理由として、自動車メーカーと同様にシビアな市場競争という欧州の特性を挙げることができる。表4は、筆者が入手可能となった決算資料から、欧州における売上高規模を日欧の主な自動車部品メーカー間で比較したものである。この表は、規模が何倍も大きな欧州サプライヤーとの間でシビアな競争を強いられている日本自動車部品メーカーの現状を示している。具体的には、ある日本メーカーが40秒のサイクルタイムで造る製品を欧州のコンペティターは自動化設備を用いて5秒で造ってしまう、という話さえ聞かれている。これは逆に、日本の設備がその分高いフレキシビリティを有するということはできるものの、日本企業がコス

表4　欧州における自動車部品メーカー売上高の日欧比較（2009年）

日本企業	売上高（百万€）	欧州企業	売上高（百万€）
Denso	3,092	Bosh	23,824
JTEKT	1,037	Continenatl	12,735
NTN	1,033	Faurecia	6,807
Aisin	1,032	ZF	6,095
NSK	759	Valeo	4,912
Calsonic Kansei	577	Johnson Controls	4,491

注）日本企業の売上高は1ユーロ＝130円、1.4ドルで換算。
出所）各社決算資料より作成。

表5 欧州における日本自動車部品メーカー売上高営業利益率の推移

	1999	2000	2001	2002	2003	2004	2005	2006	2007	2008	2009
Denso	1.4%	-4.0%	-1.9%	-1.5%	-1.3%	-2.4%	0.4%	2.4%	4.4%	0.8%	2.7%
JTEKT	-0.9%	0.3%	-1.1%	-2.8%	-1.0%	-1.9%	-0.7%	0.6%	2.1%	-0.2%	-1.6%
NTN	1.7%	0.7%	1.0%	2.8%	5.1%	5.0%	4.8%	5.6%	7.3%	1.7%	3.1%
Aisin	0.7%	0.6%	0.3%	0.7%	-0.1%	0.9%	0.4%	2.2%	2.1%	0.9%	1.0%
NSK	-5.9%	-4.2%	-8.7%	-2.9%	3.1%	5.1%	4.3%	5.5%	7.7%	8.6%	3.2%
Calsonic Kansei	1.6%	-2.7%	0.2%	1.1%	1.0%	-3.9%	-3.1%	-2.4%	1.4%	-1.3%	1.1%

出所）各社決算資料より作成。

ト競争において苦戦を強いられていることは容易に想像できる。

　実際、表5から分かるように、欧州における日本自動車部品メーカーの利益率は、世界同時不況前の2007年までについて、上昇傾向にはあったものの他地域と比べると高いレベルではない。2006－07年と利益率を急速に上昇させてきているDensoにあっても、米州の5.0％、豪亜の14.2％と比べると低い水準である。それ以前の状況を見ると、欧州の規模が比較的大きいDensoやJTEKTといったメーカーにおいて、2005－06年でようやく黒字化を達成しているという状況である。このようなことから、拡販による規模の拡大は、日本自動車部品メーカーが欧州のシビアな競争を勝ち抜いていく上で急務の課題となっている、ということが分かる。グローバルな観点からみれば、日本自動車メーカーへの対応が重要となってくることは間違いない。しかしながら、欧州に限っていえばその規模はまだ小さなものにすぎない。規模の拡大は開発投資（優秀な人材、評価設備）にも大きな影響を及ぼすことから、日本自動車部品メーカーが欧州における開発現地化を拡充していく上で、欧州現地メーカーに対する拡販はキーとなっているということができる。

4　日本自動車部品メーカーにおける開発現地化をめぐる諸問題

以上において、日本自動車部品メーカーにおける欧州現地開発の現状についてみてきた。ここでは、欧州顧客に対する拡販が今後の展開において重要な課題となっている、ということが示されている。そのためには、欧州顧客のニーズにどれだけ応えていくことができるか、という点が具体的なマネジメントのポイントとなってくるといえよう。ドイツやフランスメーカーのニーズに応えていくためには、現地の言葉で現地のニーズを汲み取ることができる現地スタッフの活用といったことも必要となってくる。その一方で、日本メーカーとしての強みを発揮していくためには、日本の開発リソースも最大限に活用していかなければならない。本節では、欧州における開発現地化において、このようなマネジメント課題に取り組む上で生じてくる諸問題を、インタビュー調査の結果をベースに考察する。

4.1　顧客要求仕様の差異をめぐる諸問題

まずは 1990 年代以降の M&A を通したサプライヤーの大規模化（青木 [2000, 2004]）において、欧米メーカーが最も実力を上昇させた領域の 1 つといえるシート業界のケースからみていく。欧州のシート市場は Faurecia、Johnson Control、Lear というグローバル大手 3 社が大部分を握っている状況である（SA 社インタビュー 2007 年 6 月）。これら大手 3 社は 1990 年代以降 M&A を通した開発能力の充実化に取り組んできており（青木 [2000]、池田 [2004]）、規模だけではなく開発能力においても日本メーカーの優位にあるといえる。また、先行段階から自ら市場調査・企画を行い、自動車メーカーに提案を売り込んでいくことを可能とするシステムサプライヤー化についても、日本メーカーよりも早い時点から取り組んできている。この点については、日本シートメー

カーSA、SH社双方ともが認めている。

　SH社（2007年8月インタビュー）によると、シートフレームについて、大手3社は軽くて丈夫な機構を自ら企画し、先行段階から自動車メーカーに提案していくことになる。その一方で、SH社では欧州内で先行開発までをも実施することはできず、日本で一極集中的に実施することになるという。このようなグローバル標準化については、図面の統一化やそれによる開発リードタイムの短縮というメリットを有するものの、欧州ニーズとの間でギャップを生じさせることも少なくはない。たとえば、欧州では3ドア車が多いことから、シートを軽く叩くと前にスライドする仕組みを有するフレームが標準となっている。しかしながら、3ドア車が少ない日本においてそれは特別仕様ということになるため、日本標準のフレームを欧州に持ち込むと手直しに大きな工数を要することになるという。このような問題も含め、欧州特有のニーズに応えることができるソリューションをいかに提案していくか、ということが欧州開発陣の大きな任務である、とSH社の社長は語っている。

　SA社（2007年6月インタビュー）についても、日本でスタンダードのシートフレームを開発しており、それに微修正を施すことで顧客横断的に適用しているという。しかしながら、SA社のフレームについては、軽量化という日本の要求には極めて効率よく応えるものである一方、安全面に対する要求が厳しい欧州の仕様に応えるためには、手直しに大きな労力が必要となるという。これは程度の問題であり、基本的には日本と欧州の双方において軽量化と安全のニーズに応える必要があることは間違いない。しかしながら、要求する仕様、テストの評価基準といったものは、環境に応じて異なったものとなる。たとえば、欧州と日本との間では、ハイウェイの平均走行速度も全く異なってくる。そのためSA社では、欧州のシートフレームについては、合弁先大手メーカーのものを使用するという戦略を採用している。実際、そのような形でのグローバル提携戦略は、顧客側からも強く求められているという。

　このような環境に応じた仕様の差異は、他の部品分野においても大きな問題となっている。たとえば、欧州のヘッドランプについては、真っ暗なハイウェ

イにおいて時速200km以上で走行するという日本では考えられない仕様への対応が求められる。とりわけ、欧州の高級車メーカーについては、極限のスペックを狙うことで顧客価値を高めていく傾向があり、時速250－300kmで走行した場合に生じる現象を仕様に織り込まなければならないという。SF社によれば、この仕様を日本にフィードバックし、基本設計をしてもらうことになるのであるが、それを日本で理解してもらうのは大変であるという（2007年8月インタビュー）。

日本では日本メーカーの仕様を満たしていれば世界で通用すると考える傾向があるが、そのような考え方が欧州の高級車メーカーに対しては通用しないということは、SF、SI両社から聞かれた意見である。これは車両試験のパラメーターが欧州と日本とでは根本的に異なっている、ということである。SF、SI社双方の社長とも、このような欧州特有のニーズを経験できることで欧州では大変いい勉強になる、と語っている（2007年8月インタビュー）。SF社の社長は、「ハイエンドの部分は欠かすことはできない。これを逃してしまうと欧州の技術から取り残されてしまう」、とあえて困難な欧州仕様にチャレンジしていくことの必要性を強調している（2007年8月インタビュー）。

ここから、ハイエンドな欧州仕様への対応は、日本部品メーカーにおけるグローバルレベルでの開発能力向上に大きな貢献をなしうるということができる。実際、SE社の技術マネージャーは、無理難題とは分かっていながら日本の研究開発本部に情報を流すことで新しい特許が生まれてくることもある、と語っている（2007年8月インタビュー）。その一方で、このようなハイエンドな部分への対応は、グローバルな標準化によるコスト削減へのニーズとは相反することとなる。このような相反するニーズへのバランシングということが、欧州開発現地化における当面の大きな課題であるといえよう。

4.2　企業間関係をめぐる諸問題

欧州メーカーとの間で生じる問題は要求仕様の差異に留まるものではない。

自動車メーカー AB 社のケースですでに見たように、そもそも欧州は日本とは異なるビジネス慣行を有している。以下では、そのような欧州メーカーと顧客やサプライヤーとして取引をする上で生じる諸問題について考察する。まずは顧客として欧州メーカーと取引をする際の日本との間の差異を理解するために、SE 社のケースを基に欧州における受注獲得プロセスの大まかな流れについてみていく。

　SE 社（2007 年 8 月インタビュー）によると、欧州自動車メーカーから部品メーカーに対して車両コンセプトが提示されるのは生産開始のおよそ 5 年前であり、実際に仕様が提示されるのが約 4 年前であるという。部品メーカーサイドでは、正式な見積依頼書（RFQ）が提示される以前に顧客ニーズを汲み取り、それに応じたソリューションを含む提案を行うことが重要となってくる。この提案に対し、顧客サイドではベンチマーキングが実施され、それをベースに詳細な要求が出されることとなる。このようなやりとりが繰り返された後、主要部品メーカー 3 － 4 社に対して RFQ が提示されることになる。ここで、中国や韓国のメーカーに対しても同時に RFQ が提示されることがあるというが、それらメーカーから出てくる価格は価格低下圧力の材料として使われることがあるという。

　その後、見積の作成や検討といったことでおよそ半年が費やされ、3 － 3.5 年前に受注内示書が渡されることになる。この内示書には、「貴社を共同開発サプライヤーとして決定する。これは、この車は何年何月に立ち上がる予定であり、それまでに貴社が品質、納期、価格においてコンペティティブであることを前提とする」といった内容のことが書かれている。これについては、その開発過程の中で安いメーカーが出てきた場合、転注される可能性もあるということを意味しているという。このような転注の可能性が文書によって明確に示唆されている点は、メーカー・サプライヤー間の安定的な関係をベースとして共同的に問題解決・改善を進めていく日本とは異なる欧州あるいは欧米的なやり方ということができる（青木［2005］）。

　またあるメーカーの RFQ の場合には、7 年間の合計での需要カーブをベー

スとし、それぞれの年度の台数が全て最初に提示されることになるという。ただし、そこには±15%という前提条件が付与されている。このように具体的な数字や文章で契約条件を明記する点は、取引契約の際にかなりの程度の曖昧性を残す日本の慣行（清［1990］）とは大きく異なるものといえる。ここで、予め明記された台数に満たない場合、交渉により補償が得られる可能性もあるという。これは、前提条件が大きく変わったため、あるいは開発期間が大幅に遅れたため販売に悪影響が生じた場合であるという。

　SI社（2007年8月インタビュー）によると、実際に開発期間が遅れるということは、日本メーカーとは異なり、欧州メーカーの場合かなり頻繁に生じるとされる。欧州では1年程度の遅れがしばしば生じることがあるというが、その情報はトップシークレットとしてサプライヤーにはなかなか入って来ないという。そのため、量産開始2－3カ月前にいきなり遅れが知らされることとなり、実際の量産準備をしている日本では大変な事態になることがある、とのことである。

　SD社（2007年3月インタビュー）は、実際の開発段階における情報のやり取りにおいて生じる問題について指摘している。欧州顧客との取引においては、当該部品の範囲のみのデータしか与えられず、その周辺との影響を考慮する必要のある部分については、全て1つ1つ質問し、回答をまたなければならないという。それに対し、日本顧客の場合は周辺も含む全てのデータが提示されるため、サプライヤーサイドで判断をして仕事を進めることが可能となる。これは、曖昧な責任範囲で周辺部分にも配慮が求められる日本的なやり方と、明確化された責任範囲のみの仕事を遂行することが要求される欧州的なやり方との間の差異を示している。実際、SD社自らが試作車を借りてテストをすることを申し出たところ、欧州顧客から驚かれたという。顧客の責任範疇に自ら積極的に関わりを求めてくる態度は欧州では異例とのことである。顧客サイドも最初は難色を示していたものの、最終的には、提示したフィードバックデータについて一定の評価が得られることになったという（SD社インタビュー2007年6月）。

責任範囲をめぐる日欧の差異は、顧客との間だけではなく、サプライヤーとの間においても問題を生じさせる。SG 社（2007 年 8 月インタビュー）によると、日本で金型メーカーに提示している指示方法は欧州では通用しえないという。たとえば、三角形の窓枠の樹脂について、日本の金型メーカーは、三辺の収縮率を指示しておくだけで、それぞれ異なる収縮率に応じて CAD データの調節をしてくれることになっている。この場合、角の部分を「徐変」という形で指示しておくだけで済むのである。ところが、欧州の金型メーカーについては、角の収縮率の指示を明確に出さない限り、そこの部分の調節はなされない。日本の金型メーカーとの間では、CAD 化する以前から、角の変化のあり方について共同で試行錯誤を繰り返しながら学習を蓄積してきている。そのため、「徐変」ということについてお互いに暗黙的な形での理解が共有化されているのである。そのような暗黙の共通理解が存在しない欧州金型メーカーとの間では、「徐変」とは何であるのかを明確に定義することから始めなければならないのである。

　欧州における金型メーカーとの間の関係については、設計変更の際にも大きな問題が生じることになる。SH 社（2007 年 8 月インタビュー）によると、欧州金型メーカーについては、変更の理由、コスト負担等が明確にならないと設計変更への着手がなされないという。そのため、そのような損得勘定を事後的にトータルな側面で解決する日本的なやり方の下では仕事が進まなくなってしまうのである。これは欧州金型メーカーの技術が日本より劣るということを意味しているわけではない。SF 社（2007 年 8 月インタビュー）によると、ヘッドランプで使う複雑な三次元の形状の金型を造る技術は、むしろ欧州メーカーの方が高いという。しかしながら、金型の加工に費やされる時間は日本の 1.3 倍ぐらいを要してしまうそうである。このような短納期への対応については、様々な工程を組み合わせて加工するというノウハウ的な側面がベースにあるものの、夜を徹して納期を守るという文化的な側面も大きく関係してくる。自動車メーカー AB 社のケースと同様に、文化的に移転が困難な側面をどうマネジメントしていくか、という点が開発現地化の今後の展開において重要な課題と

なっていることが分かる。

4.3 プロジェクトマネジメント体制をめぐる諸問題

　欧州自動車メーカーと開発段階から取引を進めていく上で特徴的な点として、サプライヤーが受注を獲得する際にプロジェクトマネジメント体制をメーカーに対して明確な形で提示しなければならない、ということが挙げられる。これはSA、SD、SF、SJ社においてドイツ、フランス双方の自動車メーカーとの取引において聞かれた話である。

　図4はSF社におけるあるドイツメーカーに対するプロジェクトマネジメント組織を図示したものである。ここにおいて New Project Management は、自動車メーカーサイドでプロジェクトの全権を担っている Project Manager（PM）に対応する存在であり、プロジェクトに対して全責任を負うことになる。工場サイドでは New Project Industrial が窓口となり、そこが品質や技術といっ

図4　SF社におけるプロジェクトマネジメント組織

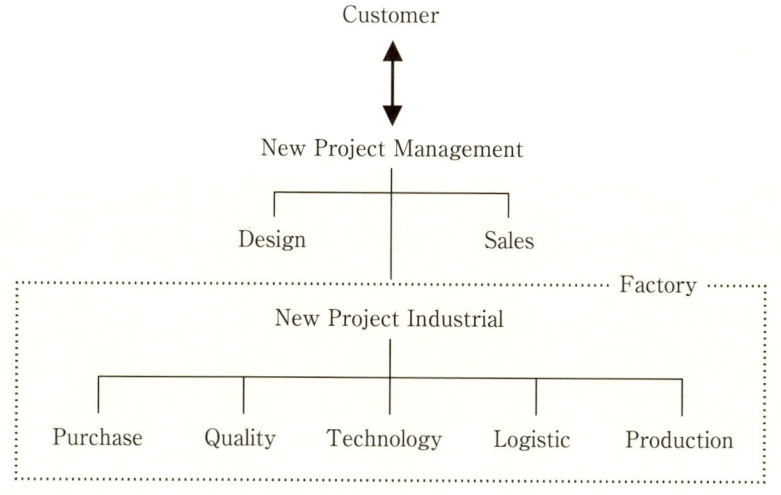

```
                    Customer
                       ↕
           New Project Management
            ┌──────────┴──────────┐
          Design                 Sales
    ┌┄┄┄┄┄┄┄┄┄┄┄┄┄┄┄┄┄┄┄┄┄┄┄┄┄┄┄┄ Factory ┄┄┄┄┄┄┄
    ┊           New Project Industrial           ┊
    ┊    ┌────┬────┬────┬────┬────┐              ┊
    ┊ Purchase Quality Technology Logistic Production ┊
    └┄┄┄┄┄┄┄┄┄┄┄┄┄┄┄┄┄┄┄┄┄┄┄┄┄┄┄┄┄┄┄┄┄┄┄┄┄┄┄┄┄┄┄┄┘
```

出所）SF社インタビュー2007年8月より作成。

た各部門に対して新製品を展開していくことになる。このような体制の有無は顧客から受注を得るための前提条件となっており、顧客サイドにはPMの名前まで明確にして提示することが要求されるという。

このような組織は、顧客に対して窓口を一本化することができるため、情報の混乱を避けることが可能となり、顧客サイドにとっては大きな便益をもたらすものである。しかしながら、日本においてはPMのような全権を担う存在がいなくとも品質や生産、開発といった各セクションが連携を取りながら個別に顧客からの要求に応じることが可能となっている、という側面がある。SH社（2007年8月インタビュー）については、日本においてもプロジェクトの達成に向けて各部門を調整するPMに相当する職位が存在するものの、PMが公式な組織上の権限を有するわけではないという。確かにPMは組織上で各部門をコーディネートする公式的な存在として認められてはいるものの、PMが各部門の担当者の上司として指揮命令を行う権限を有しているわけではない。

一方、SA社の合弁パートナーである欧米系大手シートメーカーのケースをみると、欧米の自動車メーカーと同様にPMが新規プロジェクトの全責任を有する開発体制を有している。この場合、工場や設計といった各部門は組織上PMの下に位置づけられており、チーフエンジニアや工場長もPMに従わなければならない。さらにPMは人事権も握っており、予算の範囲内であれば自分の裁量によって自由にチームを編成することが可能となる。このPMの職位については、エンジニアではなく、プロジェクトマネジメントにおけるプロフェッショナル的な人材が抜擢されることになる（SA社インタビュー2007年8月）。

ここで問題となるのは、多くの日本メーカーにおいては、そのようなプロジェクトの達成に対して全権限を有するPMに相当する人材がおらず、そのような人材を育成する仕組みも存在しないということである。しかしながら、そのような人材を欧州において探すとなると、高い職位のプロフェッショナルであるので、かなりのコストを要することになる。またSA社によると、実際に欧州子会社のPMが仕事を進める上でも日本本社との間で問題が生じることが

あるという。たとえば、PM の権限でプロジェクトベースに人を採用するケースは日本では稀であり、人の採用をめぐり PM と日本本社との間で意見が対立する可能性がある。その場合、PM の権限が限られたものとなってしまい、その能力を十分に発揮できなくなる可能性があるというのである。実際、日本サイドの PM として顧客や合弁先と折衝している SA 社の社長は、「目的のために予算があり、目的を達成するために予算内でできる限りのことをする、という考え方が欧州にはある。一方、日本では結果よりも手続き的なことを重要視する部分があり、文化的な壁にぶつかってしまう」と話している（2007 年 8 月インタビュー）。

SA、SF 社双方ともに、プロジェクト全ての責任を担うことができる優秀な PM が存在するのであれば、この仕組みは欧州ではうまく機能するであろう、との意見を有している。日本的なやり方との間でギャップが出てくる可能性はあるものの、実際に欧州の現地スタッフを用いて欧州メーカーを相手に仕事をするのであれば、このような欧州的なマネジメントスタイルを学ぶ必要性は大いにあるとえよう。

4.4 人をめぐる諸問題

以上において、顧客要求仕様、企業間関係、プロジェクトマネジメント体制のそれぞれにおいて、日本と欧州との間におけるマネジメント方法の差異とそれをめぐる諸問題についてみてきた。いずれのケースにおいても、そのような諸問題をマネジメントする上では、日本と欧州との間に存在する意識あるいは考え方の差異といった人と関わる部分が大きなネックになっていることが示されている。ここでは、最後に、人をめぐる諸問題と開発スタッフのトレーニング、人的資源管理のあり方に焦点を当て考察していく。

欧米＝個人主義、日本＝集団主義というダイコトミーで日欧の差異を表現することは、いささかシンプルすぎると思われるであろう。しかしながら、実際に欧州でマネジメントを展開している企業からは、これに同意する多くの意

見が出されている。各社から出された意見を要約すると以下のようになる。

・日本では多くの人が隣の部署の仕事に興味を持ち、理解しようと努めるが、欧州の多くの人は隣の部署のことには興味を示さない。仕事については、一人ひとりが会社と個人契約を交わしており、仕事の中身は job description で定義された範囲内ということになる。残業ひとつ願い出ることも大変な苦労を要する。
・日本には人を育てる、上司が部下に仕事を教えるという親子のような関係が存在する一方、欧州では部下に抜かれてしまうことを考慮し、最低限のことしか教えないという傾向がある。また仕事を変わることで自分の給与やポジションを上げていくという文化があり、育てた人材が抜けていってしまうという問題を避けることができない。
・欧州では言われたことや自分のテリトリー内のことはしっかりとやるが、クロスファンクショナルに仕事が流れていかないという部分がある。開発プロセスにおいても、紙が揃えば次の段階へと進んでしまう傾向があり、自分の責任範囲を限定するセクショナリズムが強く感じられる。また、欧州のエンジニアの多くについては図面を書いたらそれで終わりという部分があり、自ら現場へ行こうとはしない。

このような人の問題は、文化や生活習慣に深く根ざすものであり、容易に変えることができるものではない。これについて SI 社の社長は、「現状の否定から入ってしまうと絶対にうまくいかない、われわれが欧州に来ている以上、現状を肯定しなければならない。欧州の人材を本当に仲間に引き入れるためには、われわれがまず彼らの個人主義の文化を受け入れる必要がある」と語っている（2007年8月インタビュー）。このような柔軟な姿勢が求められる一方、日本流の開発手法の強みを欧州で発揮していくためには、開発の上流段階からクロスファンクショナルな協力体制を構築していくことが不可欠となってくる。そのためには、個人や部門というセクショナリズムを超えた相互理解が求められる

こととなる。

　すでに述べたように、クロスファンクショナルなプロジェクトマネジメント体制については、欧米メーカーの多くがすでに取り入れてきている。SA社の合弁先大手メーカーのように、日本人の目から見ても優れた体制を有しているケースも中には存在する。その一方で、具体的な仕事の進め方に目を向けると、日本流の開発手法を導入していく上での問題点も指摘される。あるメーカーによると、開発から量産へと移行する工程整備の段階において、欧州の人材は日本に負けないレベルのシステムを構築する能力があるという。しかしながら、問題はシステムそのものではなく、システムを運用する上で問題を潰し込む「しつこさ」、「徹底さ」の部分にあるとされる。つまり、日本と同様のステップで品質、機能等のテストを行うとしても、各ステップで問題が十分に潰されないまま次へと先送りされる、といった事態が生じてしまうのである。このような問題は、量産開始後の生産の安定化に大きな影響を与えることになる。

　この問題は、紙が揃えば次の段階に行くという欧米流の形式主義とも関係するものであり、同様のことは複数のメーカーから聞かれている。このような問題の解決のためには、前段階（設計）が後段階（製造）で生じるであろう問題をどこまで理解し、予め潰し込んでいくか、というクロスファンクショナルな理解、意識の確立が必要となる。これについてSJ社（2008年6月インタビュー）では、現場で生じた問題が解決されるまで設計者が現場を離れることができない、という方針を構築している。また、工程整備においては、設計も含めた様々な部門から集められた問題が解決されることが必要となるが、工程について最後の承認を行うのは現場の組長レベルという仕組も構築している。設計が提案したことを組長が承認するという形は欧州では考えられないことであるという。SJ社においては、社長自らの明確な指示の下、トップダウンでこのような仕組みの定着を試みている。

　すでにみた自動車メーカーAB社においても、設計常駐という形で設計者が現場へ出向くことを慣習化している。AB社においては、このような慣行を支援すべく、新規入社エンジニアが1－2週間工場で実際に働くというトレーニ

ングシステムを用意している。また同社では、クロスファンクショナルな行動スタイルが人事評価の項目としても盛り込まれている。同社においては、クロスファンクショナルでうまくコミュニケーションができる者、他者をコーチすることができる者については、毎年の人事査定で高い評価が得られる仕組みが確立されているという（2008年8月インタビュー）。

　表6は部品メーカー各社における開発スタッフ育成の取組みを示している。各社とも、欧州のエンジニアに対しクロスファンクショナルやチームワークといった日本的な行動スタイルを教え込んでいくという取組みに力を注いでいる。具体的には、ほとんどの企業が、開発スタッフを日本に一定期間送り出し、日本の開発スタイルに馴染んでもらうという方法を採用している。しかしながら、多くの企業は、日本に研修に送り出し育成した人材が会社を移ってしまうという問題を避けて通ることができない、と考えている。これについてSH社（2008年8月インタビュー）では、日本に研修に出した5人のうち2人は辞めてしまったというが、もともと半分は辞めてしまうことを想定していたと話している。

　表6から日本への研修期間は1－2週間から1年間と様々なものとなっているものの、多くの企業は長期間の研修は欧州では好まれないと指摘している。SI社の場合では、家族の問題を考慮し、日本への研修はマックスで2週間としているそうである。地域横断的なジョブローテーションにより、様々な経験を積んだ人材をマネージャーとして育成していくという仕組みの必要性を指摘している企業は多数存在する。しかしながら、言葉や家族の問題により、そのような仕組みの欧州での導入は非常に困難なものとなってしまう。そもそも欧州では家族と過ごす時間が重視されており、日本の単身赴任の慣行などは通常受け入れられない。このように考えると、そもそもクロスファンクショナルな協力体制、さらにはグローバルな開発体制をサポートする日本の人的資源管理の仕組みは、日本以外の国では受け入れがたい特殊な要素を多く含んでいるといえる。

　ここから、グローバルで通用する人的資源管理の仕組みの構築は、日本企

表6　日本自動車部品メーカーにおける開発スタッフ育成の取組み

SE社	日本の技術本部に送り、寿命計算の方法や基礎技術などについての研修を入社後何年か経過した人材に対して実施している。ジョブローテーションのように転勤してく仕組みはない。
SF社	日本人のマネージャーが上に立ち、チームワークや情報共有の大切さを教えている。設計の人を営業にローテーションするような人事の仕組みは今後の課題である。
SG社	日本に1年間送り込み、そこで一緒に仕事をしながら日本の仕事のスタイルを見てもらっている。日本の方でも、ローカルのトップ層、マネージャー層、班長クラスという3段階の層別教育を始めている。またもの造りの現場に積極的に設計スタッフを出向かせ、そちらで打ち合わせをさせている。
SH社	設計技術者を企業内転勤で1年間日本に送り出している。ここでは自分の職域を限定せずに生産側の事情を理解していく必要性を学んでもらうことを意図している。また生産工場に1カ月間設計技術者を送り出し、作業者と一緒になってものを造る経験をさせている。
SI社	エンジニアリングやトランスミッションのコストの構成などについては、日本でマックス2週間の研修を行い、基本知識を見につけてもらっている。全員ではなく主要メンバーに日本に行ってもらい、彼らが下の人たちを教育してくれることを狙っている。

業が開発現地化をグローバルに展開していく上での重要課題であることが分かる。調査企業の中には、教育のシステムを明確化するように現地スタッフからの強い要望に直面しているケースも存在した。欧州において優秀な現地スタッフを採用するためには、教育システムや将来のキャリアビジョンといったことを予め明確に提示できることが必要とされているのである。しかしながら、欧州における現地開発の歴史が浅いということもあり、今回の調査対象となった自動車部品メーカーにおいては、そのような明確な形での人的資源管理の仕組みの確立は今後の課題とされていた。

　SF社（2008年8月インタビュー）については、開発部門はまだであるものの、工場レベルにおいてはある程度明確な形での仕組みが確立されているという。図4に示されているように、同社では各部門を横断的にマネジメントする体制を有しているが、工場サイドでその調整役となる人材は一般職の中から抜擢されているそうである。SF社の社長によると、最初の頃はその調整役が各部門のマネージャーから協力的な姿勢を得ることは困難であったという。そこで、どれだけ他部門に貢献をしたか、という項目をマネージャー評価に織り込むと

いう措置を講じ、社長自らがトップダウンでクロスファンクショナルな協力体制の必要性を明確に示すこととした。そのような経験を経てきた結果、現在の各部門のマネージャーは自分の部下が若い調整役の言うことに従うことに対して抵抗を示さなくなったという。

　同社では、他にも、部下を育てているか、部下からの評価が得られているか、という項目もマネージャー評価に織り込まれている。社長からの視点と部下からの視点が50：50となってマネージャーを評価する、という仕組みが確立されているのである。さらに同社では、マネージャー評価の際のベースとなる業績指標（Key Performance Indicators）をマネージャー自身で作成するという方針も取り入れている。具体的には、社長の提示した方針に対し、マネージャー自らが目標を作成し、それを社長が承認する、という形となっているという。また営業部門においても、業績指標やjob descriptionの作成はなされるものの、売上至上主義といった考え方を避けるために、できるだけグレーの部分を残すようにするといった工夫もなされている。

　SF社の取組みからは、日本的な部分と欧州的な部分をうまく融合させる人的資源管理の仕組みの構築に大きな配慮がなされていることが分かる。多くの企業が指摘していることであるが、日本のやり方の押し付けでは現地スタッフをうまくマネジメントすることはできない。逆に現地にあった仕組みを作ることで、クロスファンクショナルといった日本の強みをうまく生かしていく可能性も出てくる。クロスファンクショナルな文化を浸透させる上でのポイントは何かとの問いに対し、AB社の現地人開発ダイレクターは、トップ自らがクロスファンクショナルな姿勢を常に示すことの重要性を指摘している。「トップによる明確なメッセージにより、クロスファンクショナルではない行動様式は、われわれの間で受け入れがたいものとなった」と語っている（2007年8月インタビュー）。トップダウンスタイルの重要性は、すでにみたSF社やSJ社のケースにも示されている。トップダウンで決断し、明確に指示を出すことができるリーダーの育成は、現地子会社だけではなく、海外現地化をサポートする日本本社においても急務の課題であるといえよう。

おわりに

　これまでの日本自動車・同部品メーカーにおける海外現地化についていえば、生産の現地化が主な側面であったといえよう。ここでは、いかにして日本的な生産方式、品質管理方式を海外に移転するか、ということが主な課題となってきている。中国、インド、ロシア、南米、南ア等への拡大を考慮すると、このような課題についても、まだまだこれからという側面があることは否定できない。しかしながら、海外自動車生産が1,000万台を突破している現在（『日本経済新聞』、2006年8月1日）、課題の重点は生産から開発の現地化へと着実にシフトしてきていると思われる。すでにみてきたように、開発の現地化においては、現地の人材を用いて現地の顧客、現地の仕様にいかに対応していくか、ということが主な課題となってくる。ここでは、単なる日本的方式の海外移転ということではなく、マネジメントや人材育成のあり方も含む真の意味でのグローバルカンパニーへの転換が求められているといえよう。

　「指示待ち族」という概念が意味するように、これまでの日本の会社（あるいは社会）においては、指示を出される前に自ら動くことができる人材が求められてきていた。このような人材から構成される組織においては、上司の明確な指示がなくとも、担当者同士が自らの垣根を越えて話し合い、問題解決や改善を行うことが可能となると思われる。これは日本企業の競争力の源泉ともなってきたと考えられる。その一方で、指示を出される前に自ら動くことが期待される従業員をマネジメントしてきた日本企業において、果たして適切な指示の出し方を学ぶ十分な機会がマネージャーに対して与えられてきたのであろうか、との疑問も出てくる。すでにみてきたように、海外現地化をサポートするとなると、外国語（少なくとも英語）で適切な指示を出すことが最低限求められるようになる。現在の日本の人材で今後の海外現地化をサポートすることが本当に可能となるのであろうか。責任範囲の曖昧さや阿吽の呼吸といった部分は、これまで日本の強みとされてきた。しかしながら、真の意味でのグロー

バルカンパニーへの転換を図るためには、日本企業自身がそのような部分の限界を積極的に認識していく必要性があるといえる。

もちろん旧来から日本の強みとされてきた部分は、今後とも最大限残していくべきであろう。その一方で、今後は明確な指示の出し方、トップダウンのリーダーシップといった欧米的な側面を、これまで以上に学んでいく必要性に直面しているのではないであろうか。すでにみてきたように、海外現地子会社の多くは、日本的なやり方と欧州で通用するやり方との間でのハイブリッド化に奮闘してきている。現在の日本企業に必要とされていることは、まずはこのような海外拠点の意見を正面から受け止め、グローバルで通用するマネジメントの仕組みを各拠点と一体となって考えていくことであろう。

一方、われわれ研究者サイドでは、責任範囲の曖昧さや阿吽の呼吸といった旧来からの日本の強みと、明確な指示やトップダウンのリーダーシップといった欧米的な強みをいかなる形で融合させることができるのか、という部分における理論的究明に取組む必要がある。また、このようなハイブリッドなスタイルがいかなる形で人材教育、人的資源管理の仕組みへと具体化されていくのか、といった実践的な課題における示唆を提示することも求められている。そのためには、まず日本、海外という垣根を越えたレベルでグローバル企業に対しより一層詳細なフィールドスタディーを展開し、データ、知見を蓄積していくことが必要となるといえよう。

謝辞

この研究の大部分は、多忙であるにもかかわらず快くインタビューに応じて頂いた企業関係者の方々の協力に依拠している。記して心よりの感謝を申し上げたい。また企業訪問のほとんどを共同で実施した中央大学名誉教授池田正孝氏からは多くの示唆を頂いた。記して謝意を表したい。

［参考文献］

青木克生［2000］「自動車部品業界の世界的再編成と日本企業——メガサプライ

ヤーのM&A戦略の検討を中心として」『経済経営研究所年報』関東学院大学、第22集、2000年、p. 158 – 179

青木克生［2004］「自動車・同部品産業における経営動向の国際比較分析」『月刊自動車部品』別冊、2004年11月号、p. 2 – 18

青木克生［2005］「日本的購買システムのグローバルレベルでの移転とその効果」『中小企業と知的財産〈日本中小企業学会論集24〉』日本中小企業学会、2005年、p. 146-159

European Automobile Manufacturers Association ［2009］ *Historical series: 1999-2009: New Passenger Car Registrations by manufacturer.*

FOURIN［2010］『世界自動車調査月報』No.297、2010年5月号。

藤本隆弘［2004］『日本のもの造り哲学』日本経済新聞社。

藤本隆弘、クラーク・キム［1993］『製品開発力：日米欧自動車メーカー20社の詳細調査』ダイヤモンド社。

池田正孝［2002］「サプライヤーへの権限移管を進める欧州のモジュール開発――Faureciaの取り組み事例」『豊橋創造大学紀要』第6号。

Morgan, J.M. and Liker, J.K.［2006］*The TOYOTA Product Development System: Integrating People, Process, and Technology*, Productivity Press, 稲垣公夫訳［2007］『トヨタ製品開発システム』日経BP社。

『日本経済新聞』、2006年8月1日。

延岡健太郎［1996］『マルチプロジェクト戦略：ポストリーンの製品開発マネジメント』有斐閣。

清晌一郎［1990］「曖昧な発注、無限の要求による品質・技術水準の向上」中央大学経済研究所編『自動車産業の国際化と生産システム』中央大学出版部。

第3章 海外進出の生産マネジメントへのインパクト
日本型管理分業への着目とその評価

田村豊

はじめに

　2008年のリーマンショック以降、世界経済は急速な変化を遂げている。本稿が対象とする自動車産業においても、その影響は計り知れないものがある。GMの経営破綻とFordの苦境は、今回のショックがいかに凄まじいものであったかを示している（久保［2009］序章）。日本の自動車メーカーにとっても状況は類似している。

　アメリカ市場の縮小とは対照的なのが、BRICs地域、とりわけ中国とインドである。リーマンショックのあった2008年と2009年を比べても、両国は自動車の販売台数を伸ばしており、なかでも中国の成長はめざましく、市場規模は急速な拡大を遂げている。中国市場がこの数年で北米市場の販売台数である1,600万台水準を凌駕するに至ったことは、同国市場の成長力の大きさを如実に示している。自動車産業で見ると、開発、生産、販売のすべてのプロセスがいまや中国、インドを中心にしてアジア各地へと移転し、市場、生産、経営がアジアを中心とした展開へとシフトしてきている。

　歴史的にみれば、トヨタが貿易摩擦を回避するために北米進出を果たしたのは1985年であった。この1980年代を第一期の海外進出の時期とすれば、現在進んでいる2000年以降の海外進出には大きな違いがある。もっとも大きな違いは、進出先がアメリカ、ヨーロッパ地域などの先進国地域から、中国、イン

ドなどアジアへの進出へと変更した点である。この先進国から新興国への進出先の変化は、日本の自動車企業にとって新たな課題を課す要因となっている。最大の問題はローカルメーカーなどとの製品価格に対する圧力である。例えば中国、インドなどでは、ローカルメーカーの多くが日本メーカーのほぼ2分の1の価格で製品投入しており、日本メーカーが得意とする品質優位のよる市場浸透を阻んでいる状況がある。こうした厳しい価格競争に対応するため、日本メーカーは進出先現地でのローカル環境にいっそう適応することを迫られることになっている。

　そのため、現在、二次、三次に位置する部品メーカーが中国、インドへ進出を進めようとする場合、多くの課題の解決が求められる。なかでもエンジニアなど、進出先で工場オペレーティングを管理する人材の確保は難題である。問題の背景にはもちろん、2000年代、急速に進んだ生産拡大、海外進出と生産管理能力とのズレがある。だがそれだけにとどまらず、これまで日本企業が進めてきた、日本で形成された日本型生産モデルを現地化させる移転方法が、生産の海外移転にとってネックとなってしまっている側面は否めない。

　以下では、日本の製造業がこれまで培ってきた競争力の特質を〝製造技術に依拠した管理技術のもつ競争力〟と位置づけ、今日迎えている海外進出の第二の時期の新たな状況のなかで、どのような課題を突きつけられているのか検討を試みる。

1　日本型管理分業への分析仮説の提示

1.1　日本企業の生産モデルの特徴をどう位置づけるか

　まず、日本企業がどのような生産上での特質を備えているか、この点から検討をはじめよう。

　日本の競争力分析としては、MITを中心とした検討が広く知られている。

例えば1980年代後半、日本の輸出攻勢が強まるなか、アメリカ製造業復活のために日本的生産モデルへの関心が高まり、MITを中心にして日本企業が検討された。検討成果の1つである*Made in America*では、日本製造業企業の組織構造、管理方法、雇用、教育などが日本の国際競争力の育成に深く結びついていることが指摘された（ダートウゾス、レスター、ソロー［1989］）。

さらに、IMVPによる世界の自動車企業分析でも、日本の生産システムのもつ生産性の高さ、品質管理水準の高さと優秀性が報告され、日本の生産モデルは〝リーン生産モデル〟という名称で世界に広がった（ウォマック、ルース、ジョーンズ[1990]）。報告書では、日本企業をモデルとしてリーンな生産を行なっている工場は、おしなべて生産性が高いという結論であった。これらの調査研究で注目を引いたのは、日本企業の製造現場が培ってきたチーム制、仕事のローテーション方式、多能工化、改善などの様々な生産性を向上させる技法(1)であった。

では、このような日本の製造現場の優秀性を説明する要因は何に求められたのか。広く注目を浴びた議論の1つに、1980年代に小池和男によって提起された、日本企業の労働力の優秀性を強調する議論がある（小池［1991］）。小池は、日本企業の製造現場ではオペレーターに蓄積された〝知的熟練〟によって、日常生じるトラブルが解決されていく点をポイントにおき、日本の労働者の仕事の広さと深さを日本企業の優秀さとして強調した。

こうした小池の主張は、日本企業の競争力の検討においてきわめて広く影響を与えた。小池の主張は、日本企業の優位性を生産職場での労働力の質の高さと労働力形成に求めた議論として、日本企業の国際比較の際にも重要な評価軸として用いられた（小池・猪木編［1987］、青木・ドーア［1995］、小池和男、猪木武徳編(2)［1987］）。

1990年代に入ると、藤本の「アーキテクチャ」と「能力構築」をキーコンセプトとする分析が藤本隆宏・武石彰・青島矢一編著［2001］によって展開され、日本企業のもつ優位性を説得的に論じた。藤本は、日本製品の強さを〝摺り合わせ〟型インテグレート製品にあるとし、設計情報の製造過程への高度で

正確な〝転写〟力を日本企業の優位性の根拠として重視している。この藤本の主張においても、小池の知的熟練論を前提にした優秀な労働者の役割が登場する（藤本［2004a, 2004b］）。

つまり、日本企業の競争力を論じる場合、そこには優秀な日本の労働力＝「知的熟練モデル」＝「日本の競争優位モデル」という公式が成り立っている。小池は、日本の労働力編成が職務区分を重視せず、労働者の経験を重視した幅広く職務をこなす編成をとる。こうした職務編成と経験を重視した人材育成の方法によって、生産現場ではさまざまな仕事をこなす人材が育つこと、これが日本企業の強さの大きな理由と主張した。だが現在の時点から見れば、小池への批判的検討を通じて、日本の生産職場についての理解とその実相についての解明は格段に進んできている。

小池〝知的熟練論〟批判の代表は野村正實の一連の業績であり、野村を含めた小池批判は、ほぼ小池の〝知的熟練〟が事実とは異なることへの事実確認である。主要な批判としては、日本の生産職場が労務管理、生産管理の２つの領域からきめ細やかに管理されており、多くのしくみの上に成り立っている。作業者個人の職務分担も、小池が強調するほどは広くなく、かつ職務の内容も熟練といえるものはない。(3)こうした議論の影響もあってか、小池らのグループも従来の熟練説を事実上修正する方向へと見解を変化させてきている（小池、中馬、太田［2001］）。

拙論が課題とする日本企業の現地化を念頭においた場合、小池熟練論の広がりとその批判を踏まえて、どのような論点を引き出せるのか。以下では、基本的視点を生産職場の分業編成と日本企業の標準作業管理に据えて、日本企業の生産システムの特質と発展方向について検討を行ってみたい。

1.2　生産職場の分業と標準作業——分析視点の設定

分析視点を生産職場の分業と標準作業に絞る理由、それについては以下の点を指摘したい。

第一に、標準作業とその設定は、近代産業の生産職場において普遍的な管理構造の骨格となっている点である。そのため、標準作業は自動車、電気など量産を前提とするほとんどの生産工程で導入されている。もちろん実際には、各工場、企業での標準作業管理の運用や標準内容には多様性はあるが、現代産業の作業管理の基礎、共通部分として標準作業は位置づいている。したがって標準作業とその管理についての比較は、日本、欧米の企業経営の比較を行うために有効なポイントとなると考えられる。

　第二に、標準作業が組織の分業構造を分析するための手がかりとなるためである。小池熟練論への批判の１つに中岡に代表される「分業」論を基礎とした批判がある（中岡、浅生、田村、藤田［2005］）。中岡の小池への批判は、①知的熟練論は、熟練労働者が職場のすべての問題を解決する「万能」熟練論である。②職場にはさまざまな分業が存在しており、この分業に支えられ作業は遂行されている。③オペレーターが行う作業は、職場の分業のさまざまなエレメントの一部として捉えるべきである、にまとめられよう。中岡の主張の特徴は、小池説が個人単位として作業を理解している――この点を明確に捉え、日本の製造職場では、個々の作業者が工場の組織集団に包摂され、組織の管理の網の目に組み込まれていることを強調する点にある。

　工場に存在している分業はけっして無意味な存在ではない。分業は、標準作業の作業管理の緻密化、効率化のために密接に関係し合い、その上に標準作業が設定され実際の生産労働が行われている。標準作業と分業の関係を検討することで、企業、工場に存在する分業のパターンと作業管理の特徴が分析できると考えられる。そして、この分業パターン分析は、企業の海外展開を分析し類型化を進めるためにも有効である。

　第三に、日本の生産職場の特質と日本の製造能力を理解する上で、職場の分業と標準作業分析が重要となる点である。拙論では、日本企業が生産システムを管理する独特の分業を形成し、この独特の分業が日本企業の生産管理の固有の特徴を生み出していると考えている。具体的にいえば、日本企業では生産職場の技術者集団を、生産技術と製造技術の２つの集団へと技術者の役割を分化

させることに成功した。この分化によって、〈生産技術－製造技術－作業遂行者〉という、生産過程を管理する三階層型の独自の管理機能を獲得することが可能になった。日本の製造企業が海外移転する場合、生産職場の技術者を中心としたこの三階層型での管理方式がどの程度、海外でも展開できるのか、この点が日本企業の海外進出の成否を握っていると推測している。

　説明を加えれば、生産遂行を行う場合、生産対象、作業条件、作業遂行者の3つが変動要因となり、これら3要因を管理することが生産管理、作業管理のキーとなる。標準作業でいえば、これら要因のどれかが変化した場合、標準作業は変更され、管理水準と遂行状況も変わってくる。標準作業管理が確定された後の改善（活動）でも状況は同じであり、改善活動を通じて、作業条件と作業遂行に関する情報を集約し、対策をうっていく。ここで重要な役割を果たすのが製造技術（者）であり、彼らは技術者として備えている専門知識を利用しながら経営管理の一端を担い、生産現場の技術者として活動する。生産技術と製造技術へと技術者機能を2つに分け、技術者と作業者側とのインターフェイスを組織的に生み出すことが、日本企業の製造能力の形成にとって欠かせない存在となっているのではないか[4]。

　最後に、技術者集団が2つの機能に分割されて機能するこの点を、日本企業の生産職場の分業の特徴と理解した場合、この分業形態は、日本の生産システムの展開にどのような影響を及ぼしてきたのだろうか。生産技術と製造技術とでは生産合理化への視点が異なるが、両者の違いは、生産活動を技術システムの視点から捉える視点と作業遂行の視点から捉える違いであり、両者は緊張関係を含んだものといえなくもない[5]。生産システムの技術的限界を、どのように製造技術の視点から補うのか。他方、作業上での問題点を生産技術の視点からどのように補うのか。拙論では、技術者集団の分化、より正確にいえば、技術者内での役割・機能の分担状況と、そして生産遂行者との間での作業管理をめぐる分業関係が、企業の生産管理と生産システムを新たな方向へと展開させる誘因として重視している。生産職場での分業形態の違いによって各国各企業の生産システムの展開にどのような違いが生まれるのか、国際比較という視点から

も、検討を要しよう。標準作業の形成と生産職場の分業についての検討は、生産システムの変化の背景を明らかにするとともに、海外移転においては、移転の展開方向を見通す上で1つの鍵を提供していると考えられる。

1.3　競争力形成の国際比較のための作業仮説

では、標準作業の設定・管理と職場の分業の関係という視角から、国際比較をしていくための作業仮説を設定しよう。ここでは、日本の生産職場の分業構造を比較の軸に据えて考察する。そのために日本の標準作業と分業構造の関係を以下で見ていこう。

生産準備段階の役割

生産を開始する場合、通常、どの車種をどこの工場で生産するのか、これらは製品投入の戦略プランとして本社で決定され、生産が開始される。こうしたプラン設定にどれぐらいの時間がかかるかは、一般的な基準があるかどうか確認はできないが、例えばT社の中国の場合、1年から2年先の製品投入プランが作られ準備が進められる。

投入される製品と生産台数などが決まると、工場側は生産の準備に取りかかる。生産準備と呼ばれる段階である。生産準備は量産開始以前を指し、この段階で量産条件である生産対象の車種、数量、必要となる設備、部品などを想定して生産ラインの設計、そして行われるべき作業の設定もなされる。生産対象となる製品に合った製造モデルラインづくりを行い、量産開始の状況を想定した作業工程を具体的に設置する。

具体的には、工場が導入する生産システム、設備設計の概要などの決定が必要となる。さらに加工、組み付けなどの順序＝工順、遂行される作業内容、作業者に割り当てる作業内容の検討などが量産開始前に決められる。また、工程のどこを機械化するのかなど、生産効率の点からも検討が必要となる。さらに量産開始後のことを想定し、予測されるトラブルなどが生じた場合にも対応で

きるよう、生産関係部署が総出で入念な準備を行う(中岡・浅生・田村・藤田 [2005] p.16)。そのため生産準備の段階では、製品設計の担当エンジニアも工場に出向き実際の組み付けの点検を行うなど、量産を前提として設計過程と生産過程との摺り合わせが行われる。

標準作業の設定

では、標準作業の設定がどのように進むのか見てみよう。図1は、T社グループでのヒアリングを基にしてまとめたものであり、標準作業の設定までの過程がどのような流れを経ているかを、図面情報の視点から描いている。

まず、標準作業の設定のための原情報は、設計図面の1つである「試作図」が基礎となっている。「試作図」には生産対象である製品全体が描かれている。「試作図」は製品の全体を描いてはいるが、製品を成り立たせている個々の部

図1　標準作業の設定と作業情報の流れ

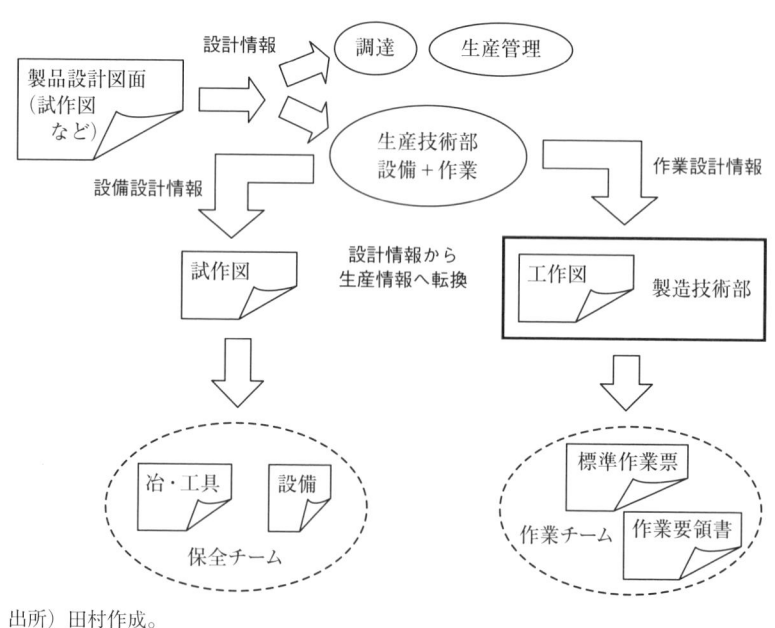

出所) 田村作成。

品の情報は記載されていない。そのために「試作図」に用いられている部品の個々の形状などの詳細情報を記した「工作図」⁽⁶⁾が、調達、生産管理、生産技術へと渡される。調達部は製品を構成する部品の調達を行い、生産管理は主要には生産活動に必要な資材条件の整備を行うためである。そして、製品情報である試作図を実際の作業情報へと転換させるのが生産技術である。生産管理に渡った製品情報の個々の部品情報を記載した「工作図」は、さらに製造技術（部）へと渡され、「標準作業票」と具体的手順などを記載した「作業要領書」が作成される。

　生産の進むプロセスを管理する工程管理には、上記以外の帳票も利用されている。例えば、組み立てるべき製品情報である「製品図面」が工場に渡されると、生産技術は設備関係の加工能力が記入された「工程能力表」を利用して、具体的に生産プロセスでの品質管理レベルを設定する。「工程能力表」には、生産上利用される機械設備の加工精度などが記載されており、生産される製品が必要な加工条件に合致しているかチェックしている（大連の日系F社）。

生産技術と製造技術

　では、生産技術と製造技術の役割について検討しよう⁽⁷⁾。先に指摘したように、日本企業における生産管理の特徴を生産職場での分業という視点で見た場合、その重要な特徴の1つに、生産技術と製造技術の分化と連携がある。この技術関連部署での生産技術と製造技術への分化は、日本企業と欧米企業との違いとして、もっとも注目すべき点である。なぜならこれまでの欧米企業での調査での印象では、技術系部門の生産と製造との分化は明確でないからである。Production Engineerと呼ばれる肩書きをもつ技術者は存在する。彼らはLocal Engineerと呼ばれる技術者に属する生産技術の担当者であり、本社で開発などの仕事をするエンジニアとは区別された、工場レベルで生産部面を担当するエンジニアだと推測できる。したがって、Local Engineerの中で、日本工場での生産技術と製造技術に該当する部署がはたして存在しているのかどうか。また、Local Engineerの生産と製造への機能的分化がどのような状況にあ

るのかどうか、検討が必要となる[8]。

　一般に、大手の日本企業、例えば完成車メーカーなど量産規模が大きなメーカーでは、「生産技術」（部）と「製造技術」（部）に分けられ設置されていることが多い。両部門は、技術者が配属される部署であるが、工場内でのそのポジションと役割が異なる。

　すなわち、「生産技術」は、主要には工場の機械設備のシステムとしての全体、つまり工場の総体としての生産工程の概要の決定やその管理を主要な管理対象とする。具体的には、生産フローの設計、IT機器の導入、さらに企業によっては将来の新製品の導入を想定して生産ビジョンの構築なども生産技術が担当する。実際の管理については具体的には、コストのかかりかつ生産フローなどに影響を及ぼす機械化の推進や機械設備の導入についての決定は生産技術が受け持つ。生産技術は機械化に当たってのコスト、生産効率の測定、ランニングコストとの関係などを勘案し、導入の可否を検討する。もちろん、機械設備の導入については、製造技術的な視点からも検討が必要であり、作業遂行上での知恵を加味して総合的に検討を行うことになる。

　これに対して「製造技術」は、作業の設計、作業内容の見直しへの助言、作業遂行上での条件整備が活動の主要な領域となっている。そのため、製造技術には生産遂行を行うための具体的な作業情報が蓄積されることになる。例えば、作業をよりムダのないものとするために、作業設計及び作業条件の見直しを行う。また、作業遂行の内容と密接に関係するラインへと運ばれる部品をどこに配置し、どのように部品をおくのか。またその荷姿はどうするのかなど、生産工程を部品との関係から検討も行っていく。また、新たに採用する工具の内容などの検討を行う。

　製造技術の活動の1つの特徴として、作業遂行に関わる領域での改善活動がある。すなわち、導入された設備を作業遂行の視点から評価し、改善提案があった場合には、それらの提案をもとにして具体的な解決策を立てていくのも製造技術の役割である。例えば、ポカヨケの考案、作業遂行上でのサポート用具の作成、また市販の工具を採用するにしても、工具の先端の形状、厚さなどに注

目し、必要があればその形状変更を行う。それは、たんに汎用工具をそのまま利用するのでは、生産現場の実情に合わない場合があり、生産性は向上しない。とくに、汎用の機械設備をそのまま使用した状況で故障が起ってしまった場合、修理できない状況が生まれやすい。故障箇所を修理しようとしたら自分のところで使っている工具が使えない。ボルト1個も、特殊な工具がないと締められないことになる。そこで設備関係の導入を進める場合は、徹底的に製造現場の状況を把握し各設備の管理者までを明確にして導入する。そのため製造技術の役割は、治具、機械設備の保全、管理を担当する「工機部」とも重なっている。さらに製造技術では、標準作業の基礎となる「作業要領書」と「製品図面」（＝試作図）の2つの図面あわせを行い、行われる標準作業の工数の確定を行っていく。そのねらいは「図面に盛り込まれている設計の意図」が「作業要領書」に反映されているかどうかをチェックすることと、作業効率との関係を把握することが製造技術の役割となっているからである。(9)

　したがって、彼ら製造技術の技術者は、作業と作業遂行に密着した技術者であり、設備条件を担当する生産技術に対して、オペレーター側が受け持つ作業遂行領域を担当領域とする技術者ということができる。製造技術の担当する管理対象と領域はヒト要素との関わりが深く、投入されるヒトが変わった場合、それによって生じてくる様々な変化を勘案して4M変化点――ヒト要素、機械・設備、方法、材料――をつかみ、変化が生じた場合には新たに標準作業を設定する。製造技術に求められるものは、仕事に対する（科学的）知識、作業内容についての知識、仕事の教え方、ヒトの扱い方など、広範囲に渡る。

　もちろん、生産技術、製造技術両部門とも、「両者とも生産全体を見ている。両者とも生産活動についての改善ができる」のであり、工場での生産を管理する技術部門として位置づけられ、両者の管理視点は工場全体に向けられている。

作業遂行をサポートする製造技術

　上記のように製造技術の役割は、生産職場の分業から見ると、彼らは作業遂

行条件の整備に当たる技術者である。日本企業の国内、海外でのヒアリングをまとめると、製造技術の役割として、つぎの3つが共通の項目として挙げられる。すなわち、①作業遂行内容の確認、②作業遂行者サイドからの情報収集、③作業カイゼンを含めた作業者側へのサポート、である。

　問題は、製造技術者の側から見た場合、オペレーターらは単に技術者の指示を受け、受動的に作業を遂行するだけなのだろうか。そうであるならば、オペレーターの立場は欧米のオペレーターらと何ら違いはない。日本の製造技術者とオペレーターとの関係には欧米企業とは何か異なる点があるのだろうか。

　日本の製造技術者にオペレーターとの関係を尋ねると、技術者らは「オペレーターが不在では、生産職場でのカイゼンは十分に展開できない。オペレーターは日常的な作業についていろいろな意見、感想をもっており、技術者にとっては重要なパートナー。オペレーターらとの信頼関係がないと、生産職場のカイゼンは進まない。この信頼関係が海外では希薄である」と答えている（G社2010年3月ヒアリング）。

　なぜ、こうした信頼関係が重要なのだろうか。それはカイゼンが進むことは、経営コスト削減、省人効果などの合理化効果を生み出す。そのためオペレーターにとってカイゼンは、自らの立場を危うくする取り組みでもある側面をもっているからである。「カイゼンがどのようなもので、経営者や技術者らがどのような考えに立ってカイゼンを進めていくのか。オペレーターらに了解されていない場合、本当のカイゼンが求める効果は出てこない」と技術者は答えている。

　製造技術の側から見ると、カイゼンを進めるに当たって、オペレーターはセンサーの役割を果たしている側面があり、オペレーターらの意見を製造技術は聞く立場にある。それと同時に、オペレーターからのカイゼンへの提案については、採択の選択について大きな影響をもっているのも製造技術者である。製造技術はオペレーター側から提出される様々な問題や時には不満も聞く必要がある。そしてオペレーターからのカイゼン提案が、改善目標の目的に寄与するかどうかを判定していく役割も担っている。それは彼らの技術的エキスパー

トであることに依っているからである。

　それでは、製造技術者とオペレーターらの関係において、海外と日本の企業を分ける点は、何なのだろうか。それは、製造技術とオペレーターらの間に存在している、相互の役割了解と〝信頼関係〟と表現される両者の協力関係の質的ちがいにある、と想定できる。であるならば、日本企業ではこうした協力関係がなぜ生まれるのだろうか。理由の１つとして、製造技術部が、オペレーターらにとって昇進可能な部署であることである。オペレーターらにとって、製造技術者の位置は、自らが目指すことが可能なポジションであることが両者の〝信頼関係〟を形成する要因として働いていると推測できる。実際、日本企業の製造技術職にはオペレーターからの出身者が少数ではあるが存在している[10]。製造技術と作業遂行者側とのキャリア上での重なり合いは、両者の組織的結びつきを確かにするものであり、海外進出によって製造技術者と作業遂行者との関係にどのような変化が生じるのか、キャリアの点からも検討を要する点である。

生産ノウハウを生み出す分業的連携

　生産職場の分業の視点を踏まえ、生産準備から量産開始までの流れを見よう

図２　作業情報の設定と担当組織

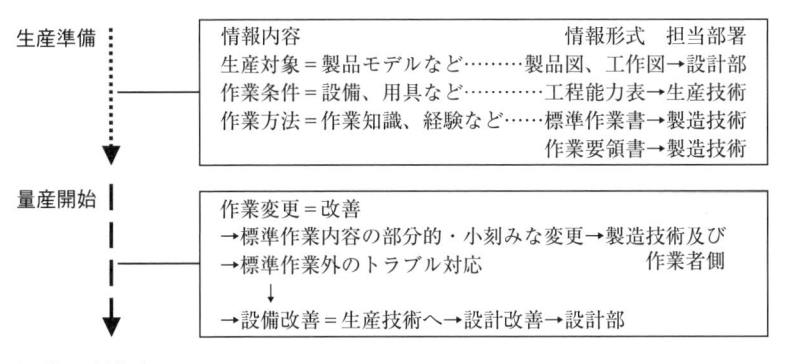

```
生産準備 ┊   情報内容                            情報形式　担当部署
         ┊   生産対象＝製品モデルなど………製品図、工作図→設計部
         ┊   作業条件＝設備、用具など…………工程能力表→生産技術
         ┊   作業方法＝作業知識、経験など……標準作業書→製造技術
         ┊                                作業要領書→製造技術
         ▼
量産開始 │   作業変更＝改善
         │   →標準作業内容の部分的・小刻みな変更→製造技術及び
         │   →標準作業外のトラブル対応            作業者側
         │       ↓
         ▼   →設備改善＝生産技術へ→設計改善→設計部
```

出所）田村作成。

(図2)。図は、生産に必要な帳票類の情報内容、情報形式、帳票の管理と作成の担当部署を示している。図が示すように、製品設計からスタートした製品情報はそれぞれの部署を経ることで、製品を生産するための情報へと転換されていく。この部署間での製品と作業情報の内容の変化を見ると、その転換とはたんなる設計情報の〝転写〟ではない。図面に盛り込まれた製品情報は生産と製造関係の部署へと伝達されながら、製品情報をもとにして、担当部署がそれぞれで求められる生産遂行のための固有情報を追加し、製品図面に描かれる設計情報を生産と作業を遂行するために適応した情報へと転換させている。

例えば、生産準備段階では、標準作業を設定するために製造技術は実際の作業を想定しながら組み付け工数を設定する。「工作図」には組み付け手順、工数などの情報は出ていないため、製造技術は「工作図」に示された部品情報を基礎にして、各工程での設備、ヒトの習熟度などを勘案して具体的に生産の流れを示す工程と、それに基づいて工数が算出される。注意すべき点は、製造技術で行われる工程設定、工数確定などが、実はもの造りのノウハウとなっていると指摘されていることである。すなわち、「工作図」を基にして組んでみる段階で、ライン上での品質管理のポイントとなる工程、各作業遂行の工数の概要、組み付けの流れが決まる。この生産準備で行われる生産の順序と作業設計の内容が「各企業の製造ノウハウの部分であり、それぞれの工場、企業の考え方が示される部分」である（G社2010年3月ヒアリング）。

では、このノウハウとは何だろうか。それは、各企業がそれまで積み上げきた経験的に得られた知見の総体である。それらの知恵は工程の編成順序、作業の流れに反映させている。過去その工場や企業が経験した事実を「ノウハウ」として定式化し、生産準備段階での生産工程の設定と「標準作業書」と「作業要領書」の作成に役立てている。そのため、生産準備段階では、そうした有形無形のノウハウを熟知するベテランの作業者と、設計、設備なども含め生産に関連する部署から派遣されたメンバーが総掛かりで準備を進めることになる。新製品の導入、モデルチェンジに際しても、製造技術部とチームリーダーやベテランのオペレーターによって「合同プロジェクト」が結成される。彼ら協力

して作業の具体的内容を検討し、これまでの経験などを加味して標準作業を確定する。そして、量産開始以降も、作業改善への着眼、作業要領のポイント摘出などで蓄積された経験＝ノウハウが、各部署からの検討を経て、合成された知恵として実践的に利用され、工程が仕上げられていく。

　日本企業の製造過程に特徴的な点は、先にも指摘したように、生産職場における生産技術と製造技術の２つの機能の分化と連携であり、生産領域の技術部門に個別の役割を持たせていることである。この分化の結果、生産職場の管理が生産技術、製造技術、作業遂行の３つの機能と集団に分担され、管理が進められることになる（図3）。こうした役割の分担によるメリットとして、生産職場でのノウハウの蓄積が、設備設計、製造技術、生産労働の３つの領域に共有化され蓄積されることになるが、それだけではない。日本企業では、技術者領域の中の製造技術を生産設備領域から分化させることで、利用される生産システムと作業方法について、生産設備面からの管理技術の知恵と、その下で遂行される作業上の知恵とが、生産技術－製造技術－作業遂行者にそれぞれ独自に

図3　生産技術－製造技術－作業遂行の管理構造

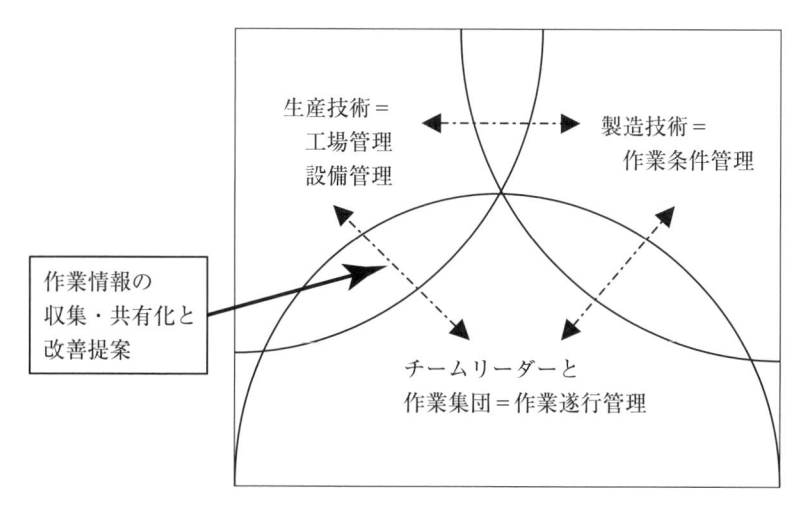

出所）田村作成。

蓄積され、必要に応じて融合して活かせることが可能になっていることである。そして、これら3者間では管理体系の相互確認と、それぞれの担当領域での管理と遂行チェックがなされている。こうした分業的管理の下で設備改善、作業改善などの改善活動が行われ、改善内容もチェックを受けることは、日本企業の生産上での優位性を生み出す重要な要因の1つとなっていると考えられる。日本企業の作業管理の特色として、生産技術－製造技術－作業遂行者の3者による生産工程の管理体系が、組織的に形成されていることを見落とすことはできない。

1.4 分業タイプによる区分と国際比較

以上の日本企業での標準作業の設定過程、そして生産職場の分業関係を念頭におき、海外でのヒアリングでの結果を勘案し類型化したものが図4である。図は欧米企業をW Type（Western）、日本企業をJ Type（Japan）、スウェーデンをS Type（Sweden）として、分業タイプを3つに区分している。

欧米タイプ、日本タイプ、スウェーデンタイプに分かれるポイントは、生産職場での生産構想と生産遂行過程間の分業である。図4は、図3で説明した生産技術－製造技術－作業遂行者の3者の関係を簡略化して示している。図中の

図4 生産職場での分業を基礎とした3つのタイプ

W 欧米企業	J 日本企業	S スウェーデン企業
生産技術者 →生産の構想・設計	生産技術者 →生産の構想・設計	生産技術者 →生産の構想・設計
	製造技術者	作業遂行者 ＝リーダーと オペレーター →作業の実行・遂行
作業遂行者 ＝リーダーと オペレーター →作業の実行・遂行	作業遂行者 ＝リーダーと オペレーター →作業の実行・遂行	

出所）田村作成。

二重線は、テイラー型管理の基本的分業構造である「構想と実行の分離」を示している。点線は、両者が機能的に役割を分担していることを示している。では、Wタイプ、Jタイプ、Sタイプの特徴をそれぞれ素描しておこう。

Wタイプ

Wタイプは、生産技術と作業を遂行する集団が分離されている分業タイプである。すなわち、生産を構想する集団である生産技術者と作業を行う作業遂行者とは峻別され、作業設計側と作業遂行側の2つの領域は重なり合わない。その結果、生産技術から作業遂行者側へと作業指示が一方向へ流されることで生産が進められる。技術者と作業遂行者との情報交換が組織的に繋げられていないために、生産遂行上の情報が生産遂行者側にとどまり、生産構想側へのフィードバックが遮断されてしまう。また、技術者と作業遂行者側での生産上での協力関係も組織的には機能しない点がWタイプの特徴となる。

つぎに、Wタイプから分かわれたJ＝日本タイプとS＝スウェーデンタイプである。両タイプをWタイプと比較すると、差異と共通性がある。差異と共通性は分業線の位置とその内容に関わっている。

Jタイプ

Jタイプ＝日本タイプの三層構造では、技術職の生産技術者と製造技術への分化と、それと技術者側とオペレーター側との協力関係の構築、情報交換を企業が組織的に進めていく点に日本的な特徴が現れる[12]。これら2つの特徴は、テイラー的分業の特徴である「構想と実行」の分離が、日本企業では部分的に修正されていることを示している。こうした構想と実行の分離を修正させる上でキーをなすポジションが製造技術者の位置と役割である。製造技術者は作業遂行者側での状況をつぶさにつかみ、技術者としてサポートする役割を果たす。

オペレーター側と技術者側との協力関係内容は、次のようにまとめられよう。すなわち、オペレーター側は、作業遂行上で発見されたさまざまな点を踏

まえ改善提案を行い、生産変動時の対応についても柔軟に対応する。改善提案を受け、標準作業の変更が必要な場合には、チームリーダーは標準作業の管理と遂行の責任者であることを踏まえ、製造技術者へと報告し承認を取り、その後に新たな標準作業が確定される。製造技術側から見た場合、Jタイプでの製造技術（者）が果す主要な役割として、①作業遂行内容の確認、②作業遂行者サイドからの情報収集、③作業カイゼンを含めた作業者側へのサポート、がある。後述するが、この３つの役割は、強弱の程度はありながらも、海外の日系企業でも共通に機能していると考えられる。製造技術者の役割は、作業設計者の立場から作業遂行の状況を把握し、作業遂行の改善を図ることにある。Wタイプでは切り離されている、作業設計と作業遂行をつないでいる製造技術者には日本タイプの特徴が強く示されている。

Ｓタイプ

最後にＳタイプ＝スウェーデンのケースである。スウェーデンタイプの分業の顕著な特徴は、スウェーデンの作業組織が、自らで標準作業を設定し、それに従って作業を行うという点である。つまり、作業遂行者側の作業についての権限の範囲が日本側に比べ広く、日本では製造技術者の担当となっている標準作業の設定項目が作業遂行者側に含まれている。こうした技術者と作業遂行者側の関係は、スウェーデンの歴史的展開に大きく影響された結果であり、スウェーデンでの独自の社会的条件がこうした状況を生み出したと考えられる（田村［2008］p.211以下）。スウェーデンタイプでは、日本タイプが備えている製造技術者とオペレーター間で生じている上記の①と②の２つの基本機能が、作業集団の機能へと委譲されている（③のチームと製造技術との協力関係は部分的に機能している）。だが、生産技術者らと製造職場との関係は欧米型に類似し疎遠であり、強固な分業区分が敷かれていると想定される。

ＪタイプとＳタイプ

では、Wタイプから派生した日本タイプとスウェーデンタイプを比べてみよ

う。まず、両者の共通点として、作業遂行者側への作業設計権の委譲がある。まず、スウェーデンタイプでは、作業集団が標準作業を最初から自らで作成し運用することが可能である。そのために、製造技術のエンジニアが一部で備えている作業設計機能を作業遂行者側で分担し管理するという、日本企業のような管理がスウェーデンでは展開していない。Ｓタイプでは、作業遂行者側での作業設計権の拡大は標準作業の作成と運用を網羅することを可能とした。Ｊタイプも作業集団が標準作業を修正できるのであるから、Ｓタイプと同様に典型的なテイラリズムの構想と実行の関係を修正している。しかし、その修正の程度という点では、大きな差がある。なぜなら、スウェーデンの作業集団では、標準作業を集団内ではじめから、つまり作業計測を行い、標準作業を遂行し、その修正までを行うことが可能である。これに対して、日本の作業集団は、製造技術が作成した標準作業を基礎に、作業を通じて修正するのであるから、スウェーデンの方が、テイラリズムにおける修正幅がより大きい、というべきであろう。(13)

　日本的生産方式の特徴を考えると(14)、それは、エンジニア部門を製造現場に近い位置に置いたこと、この点にこそあるのではないだろうか。すなわち、スウェーデンタイプと比較すると、両者とも作業集団に作業設計権の一部が委譲されているが、日本の場合は、製造技術者による標準作業の作成とチェックがあり、標準作業管理は製造職場の管理分業の一環に組み込まれて管理されている。日本企業の作業集団に備わっている作業設計とはそうした管理状況を前提にした作業設計権であり、その「委譲」である。

　このことはつぎのことを示唆している。すなわち、生産遂行を伝統的なテイラリズムの思考の上で効率的に行おうとすれば、どうしても現れるテイラリズムの構想と実行の分離傾向を、Ｊタイプでは作業管理権を技術者と作業遂行者側の両者で分担することによって、明確な分離に歯止めをかけた。製造技術と作業者集団の両者は、作業設計に関する構想と作業の実行という基本的な分業関係を踏襲しながらも、同時に管理権限の境界を技術者の側から作業遂行者側へと広げることで、Ｗタイプのテイラー的分業を部分的に修正させ、技術者

側からも作業遂行者側の作業遂行の内容を変更できるよう、技術者の管理担当範囲を、作業遂行者側へと接近を可能にさせた。生産技術と製造技術との関係でいえば、製造技術というエンジニアの管理領域の一部の機能を、生産技術者から分化させることにより、作業遂行側への技術者の関与を高めることに成功したということである。

生産過程で生じてくる様々なトラブルに対する問題解決を合理的に進め、かつ生産オペレーションの効率化を進めるためには、生産技術と製造技術の役割はそれぞれ不可欠なものといえる。この点で日本企業の位置はユニークであり、かつその組織機能の普遍性をどのように位置づけていくかは、検討が必要である。日本企業での生産、製造技術への技術者機能の分化は、重要な特徴であり、この違いは、欧米企業とスウェーデンでの標準作業管理のもつ作業設計の委譲の程度とを比較することでいっそう明確になる。そのためにも国際比較という観点から、生産、製造の両部門がどのような分業関係にあるのか、評価することが重要である。そして、エンジニアである製造技術の位置と役割を、経営、生産、労働のそれぞれの視点からどのように位置づけていくのか。この問題を詰めていくことが、新たな生産システムと労働の新たな構想を考える場合、決定的に重要な議論になろう。以下では中国に進出した日系企業の事例を参考にこれらの点を考察していく。

2 日系企業の事例──部品メーカーと完成品メーカー

2.1 中国日系企業調査──日本人スタッフの位置と役割

中国に進出した日系企業でのヒアリング調査では、電子情報器機と自動車の2つの完成メーカー、それと部品メーカー数社が対象となった。調査は2004年にD地区の部品メーカー、2007年にK省などの完成品メーカー、2010年にはK省の部品メーカーでそれぞれ行われた。なお、同様の調査はアメリカ、ス

ウェーデン（田村［2007］）、イギリスなどでも行った。ヒアリングでは、拙論の注目する生産職場での分業の状況を明らかにするために、日本人スタッフの位置と役割に大きく焦点を当てた。そして経営状況の概要、作業管理の進め方、標準作業の設定プロセス、エンジニアの役割、カイゼンプロセス、生産システムの特徴などについて尋ねている。

2.2 部品メーカー

生産職場の分業

調査の発端となった2004年の調査では、D地域を中心にワイヤーハーネス、排気系パイプ、気化器、キャブレターの自動車部品メーカーでのヒアリングを行った。調査では、生産職場での管理分業を明らかにするために標準作業の設定方法、作業遂行管理の状況を4社で比較した（表1参照）。

表は、標準作業を設定し遂行するために重要となる帳票が、誰によって作成され、どのように修正＝カイゼンされるのかを明らかにしている。帳票には品質関係、生産工程管理、作業管理の3つの部分を選び出した。そしてこれら帳票が、生産職場のどの階層で作成されるのか。また担当者が日本人エンジニアなのか、それとも中国のエンジニアのどちらが最終チェックを行うのか。また

表1　帳票の種類と作成分担、関与──中国日系サプライヤーの事例

情報の分類	担当部署 帳票の 名称	部長 日本人 エンジニア	課長 日本人 エンジニア	係長 中国人	班長 中国人	班員 中国人
製品情報 品質	品質要領 確認表	起案・作成・ 内容チェック	作成 内容チェック	関与せず	関与せず	関与せず
機械・設備 情報	製造工程表	起案・作成・ 内容チェック	内容チェック	関与せず	関与せず	関与せず
作業情報 概観	標準作業書	起案・作成・ 内容チェック	作成協力 内容チェック	内容の変更	作業情報の 内容確認	関与せず
詳細	作業手順書	関与せず	起案・作成・ 内容チェック	作成・内容 の変更と チェック	作業情報の 整理・確認	作業情報 の提供

出所）2004年の中国大連での日系部品メーカー4社の調査をもとに田村が作成。

班員＝オペレーターの帳票作成、修正についての関与の状況を聞いて、その結果を示している。

この表から理解できる点は、まず、日本人エンジニアが標準作業の設定においてその基本的帳票の作成とチェックに当たっていることが想定されたことである。帳票の起案、作成の点で見ると、日本人の部長が起案し、課長がチェックしている。標準作業を構成内容となる要素作業をさらに解説し、作業の詳細情報を記述した「作業手順書」レベルになると、実際の作業内容を知るために課長職レベル以下がその作成を行っており、作業遂行領域に近い部署が作成、修正を担当することになる。

印象的だった点は、中国人エンジニアの役割が、標準の作成上でも小さく、標準作業の作成、修正には関与していない点である。中国人エンジニアの活動について日本人エンジニアに尋ねると、中国人エンジニアは生産の「現場」に行くことに慣れておらず、中国人エンジニアらの製造現場とのコミュニケーションは弱いと評価し、こうした認識はほぼ共通のものであった。したがって、日本人エンジニアが、生産技術と製造技術の両方をこなし、彼らのほとんどは作業に必要となる帳票の作成、作業遂行上での指導、教育内容の検討など、作業設計から作業遂行にわたる幅広い業務をこなしている、という状況であった。

オペレーターと標準作業

日本企業の分業関係を比較する上で注目されるオペレーターの役割についてはどうであろうか。中国人オペレーターらの仕事内容を尋ねたところ、彼らには組み付け作業が任されているだけで、標準作業の修正については彼らの関与はなかった。カイゼンについても日本人技術者スタッフは、日本で行われているような全員参加型のカイゼンの実施は「難しい」と認識していた。カイゼンは〝任命方式〟や〝選抜方式〟とでも呼ぶべき、ごく一部の〝選抜された作業者〟やチームリーダーによってカイゼンチームが結成され、カイゼン活動が行われていた。カイゼン活動の目標も、生産関係を担当する日本人エンジニアに

よって決められていた。カイゼンのねらいは生産効率の向上というより、参加者への教育活動の側面が多分に含まれていた。

このように、生産ラインのオペレーターの仕事としては、彼らの標準作業設定への参加、関与のレベルはほとんど皆無であり、作業の遂行が主たる仕事となっていた。つまり、日本人技術者と中国人技術者の一部が作業管理を掌握し、選抜された一部のオペレーターによってカイゼンが進められていた。したがって、技術者が作業管理の鍵となる部分を握り、技術者とオペレーターとの協力関係も十分とはいえず、日本のようなオペレーターレベルからの作業情報は充分にはくみ上げられないため、日本タイプの三階層での管理分業は浸透しているとは言いがたい。オペレーターレベルを巻き込みながら、作業遂行者側のもっている作業情報を吸収し、作業効率を上げ、改革につなげていくJタイプの分業の基本的機能を発揮するためには、多くの課題が残っているという状況であった（Tamura［2006］参照）。

中国の事例　A社

次に2010年の調査での事例を見よう。調査対象となったA社は、自動車用ステアリングの周辺部品加工製造とステアリングギアの組立を行っている。中国の完成車メーカーと合弁し、1996年に生産を開始した。生産能力は年産約110万本。従業員は日本人5人を含め約550人である。組織体制は、生産製造部、品質保証部、設計部を設置し、それぞれに日本人の技術者を配置している。また、日本の本社からは品質保証と生産技術についてのサポートを体制が組まれ、中国オペレーションを支えている。

・生産システムの状況

A社の主力製品であるステアリングにとって、製品精度がもっとも重要となる。そのため製品の良し悪しは、設計段階での図面が示す精度を、生産段階で保証することによって決まってくる。製品がクルマが曲がる際の軸のブレを吸収する機構部品であるため、生産プロセスには金属加工機械による高い精度

が必要とされる工程も多い。

　一方、ステアリング本体の組み付けには人手がかかり、自動化は難しい。また製品内容、構成などの点ではステアリングは技術的にはほぼ共通の製品構造であっても、搭載されるクルマの用途によって、軸の形状、軸の長さ、ベアリングの精度などは異なっている。製品としての多様性は高い。そのため設備稼働率を維持しながら、誤品組み付けや欠品を抑え、組立上でのキズ発生などを防止していくためには、作業遂行上の管理が重要なポイントとなる。利益確保のためには量産指向を高めざるを得ないが、品質管理の保証と生産性向上のバランスが難しい。

　生産管理の基本的考え方としては、設備関係の機材は、極力日本と同じ性能を備えている機械設備を導入している。その理由は機械設備条件を整えることで、工場全体のオペレーションの環境を安定化させていくためであるが、作業上で生じているトラブルにはヒトに起因するものも多いことがその背景にある。例えば、誤品流し、組み付け漏れ、作業間違いなどがどうしても生じてしまう、そうした状況がある。オペレーターらの作業遂行上でのバラツキが大きいことが大きく影響している。

　解決の方向としては、機械設備に資金を投入していくことが1つの選択肢と考えられる。「設備関係でいえば、日本と類似した設備にしていくことは資金さえあれば実現可能だ」。しかし「中国では、設備維持、保全の点で解決しなければならない問題が多い。たとえ日本と同じ機械設備を利用しても、実際には日本と同じオペレーションの状況を生み出すことは難しい。使用する工具類を中国で調達しようとしても、耐久性などの点で日本と比べて劣っている」。機械設備での管理面での課題も多く、どうしても中国の生産効率は全体として日本より低くなってしまう、という。

・生産職場の分業

　生産職場の分業を見ると、日本人エンジニアが部長を務める「製造部」が置かれている。製造部には、大きくは製造管理、生産技術、保全の役割が課され

ており、実際には生産技術と製造技術の2つを兼ね備えた組織構成になっている。そのため、生産技術が設備管理を含めオペレーターの作業管理など、広く対応することになる。

　作業遂行の状況は、各工程単位に8人ほどのメンバーによるチームが置かれている。班長は、担当工程内のすべての作業ができることになっている。工程ごとに受け持つ作業を作業難易度でランク分けし、だんだんと覚えるようにしている。班長クラスになるためにはほぼ10年程度の経験が必要とされている。班長クラスには、もともと最初は一般オペレーターとして採用されたものもいる。班長の役割は、現状では、作業上での問題が生じ、作業遅れなどがあった場合にサポートに入るなど、直接作業に関わる領域が主になっている。

　一般オペレーターの仕事は、組み付けなどの直接労働だけに集中させている。日本の工場では、オペレーターらの仕事は直接作業に加えて、設備管理や日常保全なども入れたものになっているが、中国工場では、直接作業に集中させている。保全の役割を重視しエンジニアの職務として保全を独立させ、求人もエンジニア職として採用している。そのため、どうしても設備稼働上でのオペレーション費用を日本と比較すると、ランニングコストが日本工場よりも大きくなってしまう。しかし、機械加工工程が多いため、設備保全を管理項目として優先せざるをえないという。

・標準作業の設計とオペレーターの選択的育成

　標準作業票、要領書などについては「技術部」が作成し、日本人の製造部長がチェックしている。「標準作業書」の修正、変更についても、技術部が責任をもつ。標準作業の内容を変更する場合、日本人の技術部長と製造部長がチェックする。班長レベルには帳票類は「触れさせない」。班長の役割は作業オペレーション上での他のメンバーへの作業上のサポートに限定されている。

　現状では製品切り替えが多く、同一ラインで複数の製品を流さざるをえない状況である。そのため、治具の開発が生産効率の向上にとって重要な課題となっているが、充分な対応はできていない。その理由として設備保全、生産管

理、品質管理の領域を担当できる専門の人材が育成されていないことが大きい。工場全体の生産効率を向上させるためには、日常的な生産を管理できる現地の人材を確保していくことが重要な課題であるという。課題解決に向けての1つの試みとして、オペレーターの中から数名を「保全担当」に抜擢し、機械設備の清掃時に機械のバラシを行い、部品の組み付け方や機械の仕組みを学ばせるために「図面起こし」をさせている。技能の向上に向けての教育を行いながら、同時にリーダーとなるオペレーターの育成とつなげていくのがねらいである。

・製造技術の機能と日本人スタッフの役割

日本人エンジニアの役割は、製造面での設計図面の判断で重要な役割を負っている。すなわち、生産準備を進めるために製品図面が工場へと流される。工場側では、量産に入るための準備を行うために「図面検討会」を開く。この会議は実際の工場での加工工程を想定して、図面に盛り込まれた品質、加工などの要求条件が実現可能かどうか、検討するためであり、工場側にとっては重要な会議と位置づけている。

この会議で、もっとも頻繁に議論される問題にトレランスの入れ方がある。製品図面には細かく加工精度が記入されており、それに基づいて加工が行われるのが通常の状態である。ところが、工場側に渡された図面に記載されたトレランスが、生産する製造現場では出せない場合がある。機械加工だけでは精度が出せない場合は、どのような工程を入れることで精度を出すか、図面検討会で議論する。

図面会議における日本人エンジニアの役割は大きい。それは、渡された図面を見て想定される加工上でのネックを見つける「掘り下げ」が必要となるからであり、日本人のエンジニアがいないと、この図面の掘り下げができないのが現状である。図面に描かれたトレランスを生み出すために、どのように作業工程を組むかをあらかじめ想定して工程を組まないと、図面を製造に回しいざ実際に生産に入っても、求められる精度が出てこない。その場合、多くの手直しコストが発生してしまう。

日本工場の場合には、量産開始後に生じた課題については製造部が治具などの変更、工程の入れ替えなどを行って補正している。この補正が中国では難しいという。その理由には、中国ではほとんど開発段階、製造段階で必要となる「ステップごとでの図面の掘り下げがなされない」ことが大きい。そのため自動車メーカーからの開発要求とのズレが生じてやすい状況が生じる。

　また、生産職場とエンジニアとのコミュニケーションが十分でないことも、生産上での問題となっている。例えば、治工具の開発である。治具は加工素材を機械に固定させ、加工の精度を確保し、生産効率を向上させるために不可欠な存在である。治具の開発や改良には本来ならば、日常の作業上での問題点を洗い出し、その上で適切な治具が準備される必要がある。こうした作業の洗い出しのためには、作業遂行の状況を把握し、作業遂行者から意見を聞いて検討する過程が大切な作業となる。ところが作業者側とエンジニアサイドとのコミュニケーションが必ずしも十分とはいえない状況があり、生産遂行の状況がなかなか生産の上流へと伝達されない。どうしても現場情報の上がりが弱いため、「工具や治具などの開発は遅れてしまう」。

　こうした状況から、日本人スタッフの仕事は、生産の肝となる設計図面での作成補助、中国人エンジニアに現場に足を運ばせ生産現場を情報収集させることが重要となっている。そして中国人エンジニアが持っている情報を集約し、それら情報を取捨選択し、組織間での共有化を進めることも日本人エンジニアが行っている。さらに現地エンジニアの育成、教育も日本人エンジニアが行なっており、日本人スタッフは生産活動の基礎部分の責任を広く負っている。

中国日系Ｂ社

　つぎに同じ一汽グループに属し、主要にはショックアブソーバーを製造するＢ社を見てみよう。Ｂ社の操業開始は2000年、現在、従業員は730人。このうち工場で直接作業を担当するオペレーターが非正規の200人を含め600人である。日本人は5人、うち3人が技術者である。生産数は2000年代後半から急速に伸び、2つの工場合わせほぼ年産900万本である。中国との合弁であり

中国側が経営的意思決定を行っている。日本側は、技術領域に責任を負い、主要には技術的な側面でからマネジメントに関与している。

・生産職場の分業

　工場の生産関連部署は、生産製造部、品質保証部、製品開発部の3つである。ショックアブソーバーの場合、加工工程に切断、切削、溶接、自動機での組立などが含まれ、工程は機械と組み付けの両方の工程がある。機械を約400台設置しており、ほぼ日本と同じ加工精度を維持している。現状としては機械設備の条件を一定に保つことを優先課題として、工程品質の維持を基本にする考えである。そのため、機械設備の維持が重視されている。設備稼働の設定基準値もすべて日本と同じにしている。

　現在の受注状況では、各製品の受注数量、またグレード別で製品が細かく分かれてしまっており、受注先製品別での専用ラインの導入は難しい。そのためライン上には複数の製品を混流で流さざるをえない。そのため、組立作業の切り替えのために細心の注意が必要となる。そこで同工場では、作業上での効率化を図り生産効率を向上させるための対処として、生産技術部に保全とTPSを教える部署を設置し、ポカヨケの案出、省人化の追求などの課題を設定し、生産管理の向上を図ってきた。また生産製造部を生産管理部と製造部に分けて、製造部に作業工程の管理を担当させている。これは作業上でのトラブルや問題点を専門的に掌握するための対策の一環であった。

・日本人技術者の役割

　日本人の技術者の役割を見よう。B社では日本人技術者を生産製造、品質保証、製品開発にそれぞれ配置することで、部門間での問題の共有化、相談、カイゼン点の絞り込みの徹底を進めている。現在、受注している完成車自体の価格が下がっている状況にあり、アブソーバーの価格も厳しい競争に晒されている。そのため生産工程上でのミス、ロスを削減することが以前より重要な課題となっている。現状では、中国人エンジニアと生産職場との情報の共有化が十

分とはいえないと日本人マネージャーは評価している。対策としては、日本人が各職場、工程で生じている問題を集約し、各部署と調整することを積極的に進めている。したがって、生産上での問題点の洗い出しと検討、対策の立案、生産管理領域での管理の方向性や状況判断を下す上で、日本人技術者の総合的に状況を判断していく力は欠かせない役割を果たしている。

韓国系C社

日本企業の職場の分業の特徴を捉えるために、韓国系部品メーカーの状況を見よう。C社は2002年に設立され、主要にはドアレギュレーターを製造している。本社は韓国に置かれており、工場の管理、オペレーションは韓国から派遣された韓国人がマネジメントを行っている。受注契約は主要には本社で行うが、一部中国工場でも行っており、本社で受注が行われた場合、本社を経て製品図面が中国工場へと渡される。人員は生産製造現場オペレーターとTLなど合わせて90人、それとホワイト・カラーのスタッフが40人である。ヒュンダイ、GM、キアが主要取引先であり、それ以外にローカルメーカー向け製品を生産している。ローカルメーカー向け製品については韓国本社とは別に、同工場でもアプリケーションのための開発を部分的に行っている。

・生産職場の分業と標準作業

生産職場の分業を見ると、「技術部」が設置されており、技術部は「生産技術課」と「生産管理課」の2つに分かれている。

生産技術課の役割を尋ねたところ、彼らの役割の多くが図面の作成、書き直しになっていた。その理由としては、受注した製品の製品図面を工場の生産条件に合わせて、図面（部品図など）を起こすためである。例えば製品の概要が決まっても、加工に必要な部品図は必要であり、その後、図面検討を行い、量産に向け生産部署との調整も必要となる。生産技術課の業務内容を聞くと、生産技術課では製品図面の起こしだけでなく、「標準作業」の設定も担当している。

生産技術が作成した標準作業書は、量産が開始されると「生産管理課」へと渡され、量産以降は、生産管理課が標準作業を管理することになる。生産管理課は保全と治具管理、オペレーターらの教育・指導も担当しており、工場での生産工程で生じた問題はほぼ生産管理課が対応している状況である。工場での生産管理の考え方を尋ねたところ、機械設備への投資を重視しており、設備重視で工程管理を進めている点がきわめて明確であった。[15] オペレーターらに依拠した生産改革を進める姿勢は弱い。

　生産職場の分業という点から見ると、エンジニアの職務を設計機能と工場での生産管理の2つの機能に明確に分けて管理していることが印象的である。生産エンジニアと製造エンジニアの関係はしかし、日本企業の場合と若干異なり、生産エンジニアの立場が生産の構想者の位置を占めている印象をもった。[16] なお、このように生産関係部署での役割分担は明確でありつつも、新機種導入の際の生産準備段階ではCFT（Cross Functional Team：「製品のコアチーム」と呼んでいる）を設置して、生産立ち上げを行う。CFTには生産技術部、生産管理部、購買、営業、品質管理が参加するという。[17]

・班長クラスがカイゼンを担当

　では、生産現場でのカイゼンの活動はどのように進められているのだろうか。まずカイゼンのテーマの設定については、部門の管理部署がそれぞれ提出する。そして出されたテーマの内容に合わせて人が集められる。インタビューの際に例示されたコスト削減のためのカイゼンの場合、責任統轄部署は品質管理部に置かれ、品質管理部が中心になってカイゼングループを結成する。

　カイゼングループには、現場作業レベルでは班長クラス以上が参加することになっている。品質上での問題が生じた場合、問題の担当者が明確にできなかったり、業務遂行上での責任が明確にならないような問題が生じた場合には、「品質管理部」に状況を知らせ、品質管理部が問題の解決に当たる。この検討を経た後、内容によって生産技術、生産管理部が検討を行っている。したがって、カイゼンの進め方からみると、選択的カイゼン方式となっている。

2.3 完成品メーカーの事例

電子精密機械メーカー　日系D工場

では、完成品メーカーの状況はどうだろうか。つぎに日系精密電子器機メーカーD工場の例を引こう。2001年に設立されたD工場ではレーザープリンタの汎用品の組立を行っている。工場はK省におかれ生産台数は年産700万台である。

・セル生産システムの導入

D工場の生産システムの特徴はセル方式を採用していることである。セル方式は一般に、1人のオペレーターがすべての部品の組み付け完成までを担当する「1人完結セル」と、これに対して、一定のまとまりのある工程や部品ユニットごとに作業担当工程を分割し、オペレーターに一定程度まとまった作業を担当させる「分業セル」に分かれる。D工場は後者の分業セル方式である。

生産ラインの全体を見ると、部品組立を担当するユニットセルと本体セルに工程を分割している。複数の部品ユニットを分業セルラインにして並行に配置し、それらユニットのラインが本体セルへと流れ込むライン編成である。従来のベルトコンベアを利用したラインに比べて、分業型セル方式を導入することにより、製品の切り替え、品質の安定化が進み、50％生産性がアップしたとD工場ではセル方式を高く評価している。

・生産職場の分業

工場の生産職場での分業を見よう。まず、技術者の配置はどうなっているだろうか。工場をみると「製造部」が置かれている。製造部は「生産技術」、「製造技術」の区別はあるが、両部門は「製造部」の一分野であり、連携的に活動している。具体的には、生産遂行上生じた問題は、製造技術（部）がすべて掌握

する。そして問題の内容解析するために品質、コストなどのいくつかの内容の違いによって問題を整理し、原因解析などを中国人エンジニアに割り振っている。製造部の役割を徹底して問題解析に特化させ、所属する中国人エンジニアを工場のラインへと派遣し、製造現場から問題解決方法を探らせる管理を進めている。製造部の役割を全体的に見ると、生産技術の役割と製造技術的内容とがオーバーラップしており、作業上でのカイゼンを進めながら、必要に応じて設備カイゼンへと進める方法が採られている。「秒単位」でのムダどりカイゼンが追求されており、製造技術の位置は重要度が高い。作業遂行側には班が置かれ、班への仕事の割当は係長が差配する。オペレーターは班長へ、そして係長へと昇進できるようになっている。部長クラスはエンジニアの資格を有する人材が当てられており、日本人は部長クラスに配置されている。

・標準作業の設定

　標準作業の設定状況はどうだろうか。標準作業の作成担当には「品質スタッフ」と呼ばれるメンバーが責任をもつ。「品質スタッフ」は工程ごとに 4 人配置されており、スタッフは係長クラスが担当することになっている。「品質スタッフ」は標準作業の内容だけでなく、品質向上を目的として工程カイゼンについても担当し責任を負っている。

　セル方式では、標準作業の設定を行う場合、オペレーター 1 人当たりの作業担当区分の内容が重要な意味をもつ。その理由はセル生産では、個々のオペレーターの担当作業の効率性が、生産性に直接反映するからである。セル生産は、コンベアラインのように作業進行を機械システムによって強制的に推し進める技術システムを利用していない。オペレーターの作業は技術システムに追従する機械システム上のしかけをもたない。セル生産での作業進行の推進力は、基本的にオペレーターの作業遂行速度と精度に依拠している。こうしたことから、セル生産での作業速度と作業効率は、作業プロセスの組み方、手順の組み合わせによって大きく左右される。

　そこで重視されるのが工程分析と工程カイゼンである。工程分析では個々の

工程での組み付け作業の組み合わせを分析し、オペレーターの担当作業の割り当てを行うことが主要な役割である。工程分析では工数割を重視しており、オペレーター1人当たりの作業担当をできるだけ均等に平準化させることを重視している。それはセル生産では、作業がオペレーターの個人の作業スピードや作業精度、習熟性などの要因に左右されやすい。そのため組み付け作業上では、どうしても作業遂行時間にバラツキが生じやすくなる。そのため、できるかぎり1人当たりの作業密度を均等にするによって、工程全体の生産効率引き上げを図ることが不可欠になってくるからである。作業工程の中には、組み付けに時間がかかってしまう工程がある。そのため作業を実測し、作業の実際を理解しながら1人当たりの作業量を平準的に流れになるように作業を組んでいく工夫が必要となる。まず作業の流れを検討し、作業計測を行った上で、さらに品質面からの検討も加えて標準作業が設定される。

作業のバラツキが生じやすい特性をもつセル方式では、生産の流れを決める上では、品質管理と作業管理が密接に連動する。セル方式の効率的運用にとって、作業管理が重要なポイントとなっている。そこでD工場では標準作業の作成に当たる「品質スタッフ」を「製造部」のメンバーが担当することにしている。その背景にはセル生産が作業設計に影響されやすい生産システムであるという特性が影響していると考えられる。

・セルが製造技術の役割を高める

「製造技術部」の役割を見ると、生産技術と製造技術の2つの視点からオペレーション管理を担当し、問題解決、生産性の向上に当たっている。具体的には、製造技術部の下には「工数スタッフ」と呼ばれる工数計測を担当するメンバーが配置され、このメンバーが工場全体のオペレーションの責任を担っている。「工数スタッフ」は、標準作業の設定を担当する前述の「品質スタッフ」と協議を行い、作業上で発生するトラブルの対策を立てていく。対策の結果は毎日の製造現場での「朝会」（小集会）へと流され、トラブル再発防止が打たれる。

製造技術部を全体として見ると、その担当範囲は作業遂行管理、生産性向上などの工場オペレーション全体へと広がっており、管轄範囲がきわめて広い。「品質スタッフ」が製造部のスタッフから育成されることかも推測されるように、製造部は工場オペレーションを品質的観点からも検討し、一方、標準作業の管理については、製造技術部の下に組織された「工数スタッフ」が、トラブル対応とカイゼンを担当している。工数管理を管轄する製造技術部は、製品の切り替えの場合にも重要な役割を果たす。それは、製品の切り替えの場合、部品の配置、組み付けの工程の変更、オペレーターらの組み替えなどを行う必要があるわけだが、セル生産の場合、とりわけ重視されるのは、秒単位での時間短縮である。そのため品質スタッフ、工数スタッフはグループ内の他工場のデータも集め、オペレーターらの作業内容を検討し、どこまでの範囲を1人工とするか、生産性評価を含めて決定し、生産工程が組まれる。作業オペレーションの設計を担当する製造技術の力量は、品質面とコスト面の双方から工場の生産性に大きく影響している。製造部での生産技術と製造技術の区分はあるが、実態としては製造技術部が行う生産管理機能の位置は管理上その比重はきわめて高い。

　日本人技術者の役割は、工場長自らが生産エンジニアとしてセル生産の導入を推し進めてきた。日本人技術者一人ひとりの主要な管理担当範囲は決まっているが、工場内で生じたトラブルの解決に当たっては、日本人技術者が中心となり、総合的に対応しているのが実際の状況であろう。

自動車完成車メーカー日系E工場
　つぎに、自動車分野での完成車メーカーの状況の事例を見てみよう。E工場はK省に置かれ、中国での市場拡大を念頭において、工場周辺にはサプライヤーを整え進出を進めた。
　・中国進出における新たな試み
　E工場は訪問当時、立ち上げ当初という事情もあって生産台数は16万台、生産車種もほぼ1車種と限られていた。T社は中国での新工場の建設に当た

り、九州工場での経験なども検討し対応を練った。その結果、生産標準化を推し進め、生産システムとしての効率を上げるために、部品供給にはSPS（SPS: Set Parts Supply）方式を利用する生産システムを導入した。そのねらいは固定資本の軽減と生産効率の向上であり、工場周辺部に部品メーカーを配置してサプライヤー・パークの建設なども行った。工場の生産方式だけでなく部品供給体制も含め、E工場はT社のこれからの海外生産のあり方をかいまみせてくれる。日本人は管理職層に9人（中国側は22人）配属され、生産部門関係では日本側が22人（中国側15人）となっている。

・標準工順を追求した生産システム

2000年代に入り、T社では生産拠点の海外移転、生産のグローバル展開が急速に進んだ。そのため生産体制の見直しを進めていった。見直しのねらいは、世界のどこでも同じ品質で生産ができる体制づくりであった。そのため、生産体制の国際化を整備するための基本コンセプトとして「標準工順」が重視されるようになった。「標準工順」とは、世界に展開するT社工場が共通化させている生産プロセスの順序であり、標準工順の導入は、世界のどこの工場でも同じ生産順序のラインが組まれることを意味している（浅生、猿田、野原、藤田［1999］p.112-116）。生産工程の標準化の1つである標準工順が実現可能になった背景には、クルマの設計段階での標準化が進んだことも影響している。中国での新工場建設でもこの「標準工順」の考えに立って工程が組まれた。

標準工順の実施とともに、同工場では工場全体の生産システムを「太いライン」にすることが模索された。その意味は、できる限り生産ラインを短くし、生産工程の集約化を進めたことである。例えば、組み付けが行うメインラインのフローを循環型にすることで、ラインスペースを縮小するとともに生産効率の向上を図っている。そして、組み付けに使用する部品ボックスをラインの動きと同期化させ、さらに部品ボックスを環流させることで、物流面でのランニングコストの圧縮にも積極的に取り組んだ。

・生産職場の分業

　T社全体での生産システム上での「標準工順」の導入は、生産技術と製造技術の役割にも変化を及ぼしている。すなわち、同工場では先に指摘した「標準工順」の導入によって、生産の進む順番である工程編成があらかじめ決められることになった。こうした工場全体の設備条件の概要が事前にほぼ決定されることは、工場全体の生産設備、生産フローの決定に大きく関与する部署である生産技術の役割を「設計過程へと移行する」ことだ、と工場の技術担当者は指摘する。標準工順は工場の生産の組み方の標準化でもあり、こうした工程標準化の結果、組立工程で行われる作業の「ほぼ85％が図面に入れられ」、図面を見ることで生産設備、生産の概要をほぼ把握することが可能になったという。またこれまでの海外での経験を踏まえ、想定される生産上の問題についても、なるべく工場設計の段階でつぶしていくことも進められた。

　問題は残りの15％であり、この部分については現地の工場がオペレーションを開始して以降、徐々に対策を打ちながら対応せざるをえない。製造技術の役割は、この15％をどのように目標値へともっていくのかにある。たとえ標準工順が事前に決定されたとしても、加工、組み付けなどでは、実際の工程上での工夫が求められる。また、現地のオペレーションでは、現地のオペレーターらヒトに起因するバラツキも生まれやすい。そのため、検査工程を状況に応じて設置し、また必要な場合は加工工程を増やすなど、工程の流れと各工程内での作業のつくりを工夫することが必要になってくる。設計側が求める精度や品質を出するために「問題を工程の力で押さえる」ことが必要になる。つまり標準工順の導入により、現地オペレーションの管理者としての製造技術の役割は、生産段階における最終段階の管理者として、経営、管理、収益の点からその役割は重要度を増している。

・よりわかりやすい、完結した標準作業

　標準作業の設定について見よう。2つの点で特徴がある。まず、作業遂行上で指示方法にIT機器を積極的に利用しビジュアル化させる方向である。もう

1つは、作業に〝完結性〟を活かす作業設計がなされている点である。前者ビジュアル化の例は、塗装工程がその好例である。塗装工程では、コンピュータによる作業指示を行っており、オペレーターが作業の手順などを画面で確認できるようになっている。コンピュータなどITを利用することで、よりわかりやすい作業指示ができるようになったという。こうしたビジュアル化は「作業上でのバラツキをなくす」のが主要な課題である。

つぎの作業設計における完結性の重視は、品質向上を念頭においた作業設計と結びつき導入されている。具体的には、組み付け作業の対象である製品、例えば燃料用タンク、ドアを組み付けの部位によるカテゴリーと、そして組み付け作業の対象である部品が備えている機能性の2つのカテゴリーによって完結性が把握される。そして各作業はこれら部位と機能の2つの側面に分けて検討され、作業が確定されることになる。作業完結の考え方を入れたことで、例えば水漏れ防止でいえば、工程全体では1,500カ所ほどの品質チェックが、すべてではないが、組み付け作業の過程で行うことができるようになったという。これは、工程設計、作業設計の2つの領域からの品質チェック体制が整備されたことを意味している。

作業上での完結性の追求は品質向上だけでなく、作業のわかりやすさ、進めやすさの側面からも、標準作業の設定においても追求されている。

メインラインでの組み付け作業がもっとも分かりやすい例である。すなわち、同工場ではクルマのボディをタテヨコに8区分し、オペレーターに最大4区分を担当させる作業設計を行った。今後は2区分を基本の作業区分とするとされている。こうした作業区分の導入の成果としては、まず、オペレーターの作業上での歩行移動が削減できる。また、作業位置が決定されことで、作業遂行上でも担当部位を明確にできることによって、作業上のまとまりを生み出すことが可能となった。さらに、オペレーターの作業上での視点の移動も少なくなることによって、作業ミスやロスが削減できる。くわえて部位ごとに作業がまとまり、静止した姿勢で作業が可能となり作業改善もしやすい。さらに作業範囲もまとまり、新人オペレーターにとっても作業教育がしやすいなど、多く

のメリットが期待できるという。

・SPS の利用と製造技術の役割

　上記の作業設計上での工夫だけでなく、作業効率を向上させるために E 工場では、SPS 方式が導入された。SPS 方式は、送られる先の作業が必要とする部品を部品箱（キット箱）に入れ、ライン上のオペレーターへと供給する部品供給方式である。E 工場での説明では、SPS の導入は、組み付け作業における物流領域での改革を意図したものであった。自動車生産では従来、メインラインに沿って部品設置エリアが置かれ、各工程に部品を供給する方式を取っており、SPS の導入は海外進出工場での導入ということからも、大きな挑戦といえるだろう。

　SPS の導入によって生まれた変化とは何か。変化は 2 つに分けられよう。1 つは、生産の流れと部品の流れとの統合性の高まりであり、もう 1 つは、組み付け作業の簡素化である。

　第一の統合化は、部品がキットに組まれ、プラスティック箱に入れられて作業者に供給されたことによって生じた結果である。組み付けられる部品がプラスティックの箱に入れられた結果、組み付け作業と部品の関係は距離的に短縮化された。他方では、オペレーターの作業は、キットボックスに収められている部品によって、組み付け手順、作業効率性が左右されることになり、生産の流れと部品の関係性は強まった。組み付けに利用される部品が部品箱ごとにまとめられたことで、部品がキット化したことによって部品選択も理解しやすくなり、生産の流れに部品と部品の動きは生産の流れを強く反映するようになった。さらに、クルマ本体であるボディの移動と組み付け作業の関係は、部品箱と組み付け作業との関係と比較すると相対的に関係性が弱められ、この結果、ベルトコンベアの機械システムとしての強制的作業進行性は一面で抑制される結果となった。

　第二の作業の簡素化は、SPS が従来の組立ラインと部品との関係を見直し、部品組立の過程にサブ組立としての役割を付与したことによって生じている。

部品領域にサブ組立の考えを導入することで、従来の部品供給方式では限界があった、部品供給側への組立作業の組み込みを可能とした。その結果、部品と組み付け対象との関係を「ワンタッチ」にすることが可能となり、組み付け作業は簡素化され、作業ミスも減少するという。

SPS導入のメリットとは何か。もっとも大きなものは、生産対象となる製品の切り替えに対して、SPSはより素早く対応できるようになったことが指摘されている。すなわち、製品の切り替えがあった場合、SPSでは部品の組み合わせを変更すれば対応でき、従来の部品をライン側に置いた場合と比べ、切り替えコストはきわめて少なくてすむ。これはSPSが、生産のラインの動きと、ボディの移動、部品の供給を、それぞれ切り分けた上で作業設計を行うことで生じるメリットである。こうしたメリットにくわえて、組み付け部品がキットとなったことで、組み付け部品の種類、量などをオペレーター側が理解しやすくなっていることもメリットである。SPSの導入により、部品がまとまりのあるキットへと置き換えられたことで、組み付け上での誤品や組み付け忘れの発生を防止できる、と期待されている。[18]

「SPSは製造技術の腕の見せどころ」と工場の技術担当者は指摘している。この指摘はSPSの導入によって、製造技術の役割が作業効率の領域だけでなく、工場の効率性にも大きな影響を与える可能性があることを示唆している。と同時に、SPSが製造技術の力量に大きく依存したシステムであることの表明でもあろう。

同工場の生産システム全体を見ると、SPSを利用した循環方式の生産ライン、標準作業における新たな区分設定、部品のキットでの供給、さらには部品編成のサブ組立への再編、こうした4つの特徴が浮かんでくる。これら4つの特徴は、どれも従来の組立作業のありを大きく見直す内容となっており、よりシンプルで誰にでも間違いなくできる作業の設計がめざされている可能性が高い。これら4つの特徴の安定的な運用を進めるためには、作業まわりを主要に管轄する製造技術の役割とその力量がなければ効率的とはならない。SPSは製造技術の一定の実力を前提とした生産システムとなっており、T社の作業管理

の蓄積の高さの一端がそこには示されている。

3 調査の結果と評価
　　── MJ タイプへの転換か：グローバル化への対応

以上、中国で活動する日系メーカーの状況を見てきた。残念ながらヒアリングの母数が少ないため、ここでは日本でのヒアリングも加味した議論ということになってしまう点をまず指摘しておく。以下で日系企業の状況をまとめてみたい。

3.1　グローバル化によって生じている分業構造の変化

まず、拙論が注目する生産職場の分業の状況とその評価である。分業内容について見ると、中国で活動する日系企業は、日本国内とは明らかに異なった方向へと進みはじめている。それは「転換」していると評価できるのではないだろうか。その「転換」とは、日本国内で維持している〈生産技術－製造技術－作業遂行者〉の三層型での生産管理分業を部分的に見直し進化させる方向である。すなわち、従来の日本企業では、製造技術を生産技術と分け、作業遂行者側の仕事に精通し、作業遂行者側の協力もえながら、より効率的な作業を設計できる製造技術者を継続的に育てることで、多くの成果をあげてきた。組織的な視点から見れば、生産の構想と作業設計を担当する技術者側と作業遂行者側とを連携性させる組織を構築することで、他の地域の企業には見られない多くのメリットを生み出している。つまり、日本企業の生産職場では、作業の設計と遂行の2つの領域をブリッジできる製造技術の職務を組織的に築くことで、欧米企業では掌握されない、作業遂行上の詳細な作業情報を技術者が吸収し、作業効率の向上を進めてきた。作業情報を〈生産技術－製造技術－作業遂行者〉の三層で管理するしくみは、きわめて特筆すべき日本企業の生産組織が備えて

いる管理上、そして組織上の特徴といえるだろう。

しかし、海外の日系企業においては、事情が異なる。彼ら日系企業においてすら海外でのオペレーションでは、製造技術と作業遂行側との協力関係を築くことは容易なことではない状況にあるという印象をもつ。そのため、何らかの転換を図らざるをえなくなっているのではないか。拙論での調査から推測されることは、その転換とは、作業遂行者側への依存を弱め、それに代えて生産技術と製造技術を強化することで生産効率を維持、向上させていくという、製造技術へと管理の主軸を移す方向である。とくに注目すべきは、製造技術の重要性の高まりである。

3.2 進む MJ タイプへの転換

ヒアリングを行った各企業での標準作業の管理体系を見ると、日系企業においてすら、オペレーターの役割と位置づけが日本国内とは異なり、きわめて限定的である。海外日系企業では一般オペレーターはカイゼンには関与していない。オペレーターの仕事はほぼ直接作業に限定されている。これは日本タイプ（Jタイプ）とは異なっている。

では、こうしたオペレーターの位置づけの後退を穴埋めし補うのは誰か。製造技術者である。海外工場において、量産生産ラインを導入し、既存ラインの切り替え、工程の再編を行う場合、赴任している日本人技術者が、工場レイアウトを工場の状況なども聞いて工程を設定することになる。彼らは工程計画を設定し、生産順序の設定と生産の割り当てを決め、導入設備を決定し、実際の工程への設備設置などを行い、作業工程を整備する。ここでの技術者の役割は、生産技術本来の役割である「工場全体の生産ライン全体を見る」ことを行いながら、工数概要の計算、投入される人員数、生産の仕組み、工程編成に適合する設備配置の決定、さらに導入する工具なども検討していく。

つまり、海外進出における技術者の役割は「生産技術」の領域にとどまらず、「製造技術」の領域へとその役割は広がらざるを得なくなっている。すな

わち、決定された生産ラインフローの条件を念頭に置いて、実際の量産段階での工数の実際を管理する必要がある。この工数の計測は、実は様々な状況から変化する。それはライン内外の各工程の状況が、導入されている機械設備、投入される製品、加工上でのトレランス、品質管理水準などの状況によって影響を受けるからである。投入された要員の作業レベルが想定より低かった場合、加工、組み付けの手順を変える必要も生じ、工数の実態は変化してしまう。そのため工数の実際をできる限り掌握し、その上で工数カイゼン目標を設定し、その実施に向けての方策を立てていくことが作業管理上重要となる。必要となるQCD（品質・コスト・納期）に合わせ、生産管理を進めることが日本人の技術者の大切な役割となっている。[19]

　海外進出先での技術者の働きを日本工場と比較をした場合、彼らの役割は生産、製造の２つの領域に関与しているのが実態であろう。その関与の深さとバランスは、派遣されている技術者駐在者の人数にもよるわけだが、海外現地での生産改革には、人材、資金的、工場建屋などの実際の運営条件から制約も多い。そのため海外での生産改革、カイゼンは現地採用の一部のTLクラスなども参加させるが「できる範囲のもの」に限られ、工程編成の再編も小規模なものを積み重ねることが多い。生産技術が必要となるような大規模な改革よりも、製造技術的カイゼンの積み重ねが相対的には比重が高い。「生産技術者が現地では製造のリーダーとなる」状況は、ほぼすべてのヒアリング先企業にも共通に生じていると考えられる。

　こうした事実を踏まえると、海外日系での作業分業の特徴は、従来のJタイプではなく、Modified Japanese Type（以下MJタイプと呼ぶ）へと転換が図られていると評価すべきと考えられる。このMJタイプの特徴をまとめれば、オペレーターのカイゼン活動などを通じた標準作業変更への関与を制限し、技術者、それも製造技術を中核として生産管理の高度化を進める組織ということになる。また、標準作業の管理では、ITを利用していっそうビジュアル化をはかり、標準作業内容と作業遂行上での共通化を高める方向である。実際に、そうした方向へと現在海外で活動する日系企業は、進まざるを得ない状況に立

たされており、MJ タイプへの転換は、国際展開を果たそうとする日本企業にとって共通するモデルとなる可能性が高い。中国以外の北米、フランス、インドでのヒアリングでも、ほぼ同様の傾向を示している。つまり、MJ タイプはグローバル化に対応した日本型管理の新たな進化形であるのではないだろうか。

・グローバル化で際だつ製造技術の位置と役割

では、作業遂行者側への依存を弱める点に特徴がある、海外対応型日本タイプとしての MJ タイプは、W タイプへと接近したタイプといえるのだろうか。たしかに、MJ で生じた変化は W タイプへの接近の側面はある。MJ タイプでは作業遂行者側の位置づけを相対的には弱めているのだから、この点では W タイプへの接近を示している。しかし、MJ タイプのもう 1 つの特徴は、製造技術者の立場を維持、強化することにあり、製造技術を欠いた W タイプには転換しない。

つまり、日系企業の海外展開が示す重要な示唆は、製造技術の重要性を再認識させる点である。海外移転においては、製造技術者の立場はいっそう重要になる。それは技術体系としての生産システム上での変化と同時に、オペレーターらヒト要素によって生じる作業上での変化への対応をも迫られるからである。そのため、製造技術の力を技術的かつ組織的にも管理できる人材が、海外移転では決定的に重要な要因となっていくと考えられる。

事例から示唆されることは、日本のエンジニアの担当領域はきわめて広い。彼らは設計情報から生産へとの流れを全体として眺め、設計から生産へのプロセスを管理する上で必要となる様々な調整機能を担っている。この調整機能とは、設計情報をものづくり情報へと転換する上で必要となる図面の掘り下げ、量産過程での作業情報の把握、各部との調整、さらに量産開始以降は、カイゼンを進めるなど、多岐にわたっている。こうした彼らの役割の一つ一つの内容は必ずしも新しくはない。しかし、設計から製造までを管理する役割は現地化する上では欠かせない領域である[20]。今後いっそう広がる日本製造業のグローバ

ル化にとって、こうした守備範囲の広いエンジニアは、今後とも不可欠な人材とならざるを得ない。とりわけ現地化がいっそう進み、生産が日本本国並に多様化すれば、彼らの役割はいっそう複雑にならざるを得ない。

　拙論の冒頭で述べたように、このタイプの人材は、日本企業から生み出された人材であり、日本企業の生産職場の分業が固有に培った人材である。そのため、そうであるからこそ、その供給には限界があり、今後、日本企業の海外展開が続けば、人材不足はいっそう厳しくならざるをえない。日本の製造業が培い、日本の製造力の中核をなす製造技術を中心とした三層型管理タイプは、その分業形成と人材育成にも、時間がかかっている。あえて強調すれば、製造技術で活動する人材形成に日本の競争力の基礎があり、さらにはそうした人材育成の方法自体が日本のものづくりの競争力の底辺をなしているということもできる。

・模倣が難しいJタイプ

　つぎに、拙論で示した生産職場の分業タイプの海外〝移転〟の可能性について考えてみよう。基本的な動向として1990年代以降、世界の自動車産業では日本化の波、つまり、日本の製造ノウハウを学ぶ流れはけっして弱まってはいない。実際の海外の企業では5S、カイゼンなどは現在でも積極的に取り入れられている。ライカー［2001］の *The Toyota Way* の出版によって、トヨタを中心として蓄積されてきた生産全体に対する日本企業の考え方、例えばTPSの手法や考え方は、いっそう普及しやすくなったと同時に学びやすくもなっている。

　TPSが世界に本格的に広がり、海外企業における吸収が急速に進みつつある現在、果たして日本モデルが欧米モデルの単なる見直しではあったのかどうか、考えてみるべき時期に来ているのではないか。拙論が強調する点は、日本モデルはけっして欧米生産モデルの模倣ではなく、欧米モデルが自然に生み出したものではない。日本の生産モデルやその分業構造の生成には、日本の特殊事情を考慮する必要がある。第二次世界大戦での人手不足の下での軍需生産の

推進、そして戦後、とりわけ1950年代までのトヨタでの企業生産合理化運動の進展は、生産技術と製造技術の分化と融合に大きなインパクトを与えたと推測される。

和田［2009］が明らかにしたように、1950年代から50年代半ばにおけるトヨタでの大野耐一によって組織された〝大野ライン〟の存在はとくに重要だろう。大野は、1950年代自動車の構造と構成、そして部品の価値を明確につかむことで、コストの管理と生産の管理の2つの意味を理解した。そして、何より彼の卓抜した発想は、製造企業の合理化の着眼点にあり、とくに技術者の管理の視点＝始点を、製造過程の労働にあると考えた点である。工場労働を新たな合理化の基礎に据えたことこそがTPSの生産管理体系における本質的転換点であるが、リーン生産の理論では、この転換は強調されていない。

いくらTPSを学び、リーンの手法を導入しても、TPSが備えている手段とその管理体系の基礎をなす、生産システム、設備、労働全体をどの視点からコントロールするのか。この点が明確にならない限り、JITと自働化を2つの柱として描かれる〝リーン・ハウス〟は現実にはその力を発揮しない。重要なのは、TPSでは、生産技術の視点から製造技術へと、作業管理を含めた生産管理とさらには生産合理化を押し進める視点が転換していることを理解することである。TPSの管理体系としての特徴は、労働過程を企業経営の合理化の主軸に据えて、生産体系を理解し直した点にこそある。大野耐一の技術者としての位置は、拙論の視点からみれば、生産技術の発想から製造技術へと管理体系の視点転換を行った日本でも希な技術者という評価になる。[21]

・必要となる海外モデルとの比較検討

さて、日本企業の生産性の高さは今後維持できるのだろうか。日本の生産システムはどのように展開するのだろうか。その答えを導く場合、製造技術者の人材育成、またその組織的機能をいつまで日本企業が維持、確保できるか、このことにその答えはかかっている。[22]生産技術と製造技術、それと作業遂行者の三階層の連携性の高さに日本の将来がある。とりわけ、製造技術力を確保する

企業が、生産システム移転においても、海外での成長という点でも可能性を広げていくのではないだろうか。この三階層型での管理体系は、日本のものづくりのコアとなる要素を生成する母体というべき存在である。そのため、日本企業が今後、こうした組織特性を自覚して、三層型管理を維持・継承することは競争力の維持を行う場合、基本とすべき方向であろう。

だが、もちろんオペレーターとの距離をとる欧米企業をモデル化したＷタイプも、状況によっては優位性を発揮する。Ｗタイプの抱える問題は、ではどのように、生産と労働を調整しより高い生産体制を生み出すのか、この点であろう。機械システムを重視した管理への過度の依存は管理コストを拡大させる。少なくとも、欧米企業が日本企業を模倣するためには、多くのハードルが存在しているのではないだろうか。

こうした課題を認識しているからこそ、これまでも、そして現在も北米やヨーロッパでは〝リーン生産〟導入への動機が強い。[23]リーン生産導入の過程を見るならば、実際にはそれは日本モデルの模倣であり、生産過程での職務間の壁を取り払うための企業組織改革と合わせ進められている点に特徴がある。リーン生産の導入によってねらわれているのは、Ｗタイプに示される構想と実行の分離によって引き起こされている、技術者と作業遂行者間での情報の非対称性の克服である。構想と実行の分離にブリッジ機能をどのように移植するのか。この試みがリーン生産の導入と呼ばれる状況ではないだろうか。Ｗタイプも、Ｓタイプもまた進化を遂げているということである。

どのように、今後、欧米企業が進化するのか、この点はこれからの日本企業の新たな展開を考える上で、今後、いっそう検討が必要な点となる。海外企業との競争によってMJタイプの進化形もまた生まれてくることになろう。

おわりに

さて、拙論のまとめとして日本の状況との関係を述べてみたい。まず、自動

車産業を中心にして生産システムの展開状況を見ると、拙論で取り上げたSPSとセル生産の普及が進んでいることが印象的である。とりわけ前者のSPS方式は、大手の完成車メーカーでの導入が顕著である。SPSにせよセル方式にせよ、その発想の原点には、生産コストの圧縮と削減があり、そのために編み出された生産方式であると考えられる。問題は、あくまで市場条件に即応したコストの削減に置かれており（鈴木［2009］）、その削減の対象が生産の固定費の大半を占めた生産の機械設備であったから、セルが生まれ、部品の供給がサブ組立を可能とするSPSになったと考えられる。

　注目したいのは、これら2つの生産方式が、日本的管理の特徴を生産システムに的確に吸収している生産方法であるという点である。両者は作業の管理、製造技術の領域に管理の重点をおいた方式である。そのため、日本でも海外の日系でも、今後この2つの生産方式はいっそうコスト圧縮のために導入が進んでいく可能性が高い。

　同時に、これらの生産システムと生産方式は、労働力の供給状況の変化に対しても適合性が高いことを指摘する必要がある。現在、製造業への派遣労働の投入については社会的な批判もあり、一定の歯止めがかけられている。しかし、これまでの日本での非正規労働力の拡大は、日本のもの造りの将来にも大きく影響を与えるファクターであることはまちがいない。その場合、いかに非正規労働力の利用メリットを生み出す生産方法を構築するのか、この問題は製造業企業にとっては、取り組まざるをえない課題となっている。この点で、海外の日系企業が示しているMJタイプへの進化は、今後の展開に示唆を与えるものであると考えられる。つまり、それはオペレーターに依存しない生産コンセプトへの展開である。

　この議論をするためには、現在の時点で充分な材料はないが、清［1999］によって主張されている日本的生産システムがいっそうの機械化へのバイパスとなる、という主張は示唆に富む。清の主張は、労働を分解させていく先に何があるのかを議論の対象としており、拙論で論じたMJの方向も、労働をいっそう分解させていく道と重なり、その分解過程の管理を製造技術者が負い、セル

もこうした労働の分解を推し進める方向へと進み出した生産方式だとも考えられる。今後いっそう進んでいく日本企業の海外展開が、どのような方向へと進み、いかなる現地化を果たすのか。その際、どのような方向性とどのような手法がとられるのか。その選択において、日本のこれまで培ってきた生産の管理ノウハウがどのような位置と役割を負っていくのか。国際比較研究の点からも、今後とも日本企業の海外展開が注目される。

謝辞

本調査の一部には、科学研究助成金［基盤研究C（2008年～2010年）「生産職場管理中間層の管理行動とローカライゼーションに関する国際比較研究」（課題番号20530368）代表者田村豊］が利用されており、また多くの企業の方々から企業訪問の機会をいただきました。ここに感謝の意を表します。

［注］
(1) 拙論では海外で行われる改善を「カイゼン」と表記し、日本で行われる改善と区別している。
(2) 日本企業モデルに関する理論研究と並行して、1980年代以降の日本企業の海外進出の増加の過程で活発化したのが、日本企業の経営や生産の国際展開、現地化に関する研究である。例えば安保らの研究は、さまざまな日本の管理方式の定着度をJIT、ポカヨケ、改善などの日本企業に取り入れられている生産管理手法の導入に着目し導入を評価し、「適応」と「適用」という2つの視点から日本化の状況の把握を試みた（安保、板垣、上山、河村、公文［1991］、河村編［2005］）。また、アメリカの研究者は、日本企業のアメリカ進出を分析し、日本企業の移転先環境への順応性の高さ、再調整力＝再コンテキスト化に日本企業の優秀性を見出している（アドラー、フルーイン、ライカー編著［1999］）。
(3) 主要なものとしては、野村［1991］の研究をはじめ、遠藤［1999］、上井、野村編著［2001］、大野［2003］、石田［2009］などがある。
(4) 三階層型分業と製造技術の分化は、作業の遂行管理のために用いられるだけ

でなく、製造現場に存在し変化する生産情報を生産管理の上流へと伝達する、生産過程での的確な生産対応を進めるための生産情報のフィードバックのプロセスを形成している。

(5) 緊張関係の意味は、両者が改善の上では相互に変化を余儀なくされる関係を指す。すなわちTPS（Toyota Production System）に典型的に示されるように、作業改善は、基本的には作業上のムダを省くことを意図し行われ、つぎに生産の技術的機構である機械・設備条件の見直しへと進む。また、逆の場合には、作業が機械技術の選択にあわせ変更されていく。

(6) 標準作業の設計は、もともと「試作図」から始まっている。ついで、各部位の部品が解るように立体的内容を盛り込んだ「工作図」がつくられる。「工作図」は、ほとんどが一つ一つの部品ごとに図面が描かれている部品単位の図面である（G社2010年3月のヒアリング）。

(7) 拙論で「製造技術」（部）と表記する部署は、トヨタ系企業では「技術員」とも呼ばれている。この技術員室の存在を指摘にしたのは野村［1993］である。

(8) これまでのスウェーデンでの自動車の完成車メーカー、ドイツでの商用車組立企業でのヒアリングでは、日本企業のような製造技術の役割を負うエンジニアの存在を明確にはできていない。日本との比較で注目すべき点は、スウェーデンの完成車メーカーでは、工場レベルのエンジニアの担当範囲が工程単位、職務の内容で細かく分かれており、エンジニアの職種が日本より多様化している点である。なお、例外的にスウェーデンの商用車メーカーのスカニアの生産技術者は、日本の製造技術者とほぼ同様の役割を負い、活動している。

(9) 文中、生産技術と製造技術の役割については、表記がない場合、日本のG社での2007年3月、2007年中国AD社、2010年3月G社、及びU社での2011年2月のヒアリングをもとにしてまとめている。

(10) T社系でのヒアリングによれば、30人ほどの製造技術部の中で、約3分の1がオペレーターからの異動メンバーであった（2007年3月26日H社でのヒアリング）。

(11) 拙論の分析的視点での特徴として、標準作業管理における文字情報を重視す

る点がある。作業管理のプロセスを文字＝文書情報を追うことで明らかにしようとする分析視点は、これまでの議論ではあまり重視されてこなかった点である。しかし、標準化と改善を進める場合、生産の管理に使用される様々な「帳票」＝文字情報が重視され、文字化された情報を基礎にして標準化と改善が進められることは、見過ごすことができない事実である。なぜなら、標準化を進める場合も、また改善にとっても、出発点となる情報が具象化されていない場合、標準内容の比較、改善前と以後の比較ができないからである。分業との関係でいえば、生産を管理する文字情報を、誰が、どのように文字化し管理するのか。この点を検討することで、標準化と管理分業の関係が具体的に理解できると考えられる。国際比較においても、文字情報＝帳票管理の分析は、管理のプロセスと管理状況を把握する上できわめて有効である。

(12) なぜ、欧米の生産職場では明確でない製造技術者の存在が、日本では明確に部署として存在しているのだろうか。その理由については明らかでないが、T社の場合、製造技術の発端は1944年の「工務課」であり、戦後「工務部」へと発展した。同部署は作業効率の計測を主要な役割とし、標準作業の管理と生産性賃金の形成に大きく寄与したことが指摘されている（和田［2009］pp.300 – 310)。ここから推測されることは、製造技術の役割は、本文でも指摘したように、作業効率管理を製造技術が担ったということであろう。また、欧米企業でいえば、欧米における製造技術部の不明確な存在は、では何によってその機能が担保されるのか、検討が必要となる。

(13) 例えば、スウェーデンの商用車メーカーであるScaniaでは、チームリーダーや作業集団メンバーが自分たちで標準作業の測定、確定、帳票記載を行っている。作業遂行情報が修正される場合、各週末に技術者も参加した作業集団内でのミーティングが行われ、そこで報告される。チームメンバーは、作業設計についての基礎的教育を受けたい場合は、企業内で技術者から標準作業をはじめ作業管理に関する教育を受けることができる。そして希望があれば、チーム・リーダーを経て、エンジニアのポジションへと移動することが可能である（2011年2月Scaniaの本社工場でのヒアリング）。

(14) 〝生産方式〟とは、機械システムを意味する生産システムと作業方式を統合した用語として用いる。
(15) こうした設備を中心にして生産を管理する理由として、最大の受注先である欧米完成車メーカーが工場設備に対する出資を行っており、機械設備による工程管理を重視するよう求められていることも一因として指摘できる。
(16) 生産技術課と生産管理課の関係を尋ねたところ、両部署は「技術部」として1つの部署を構成しているが、「生産技術課は生産現場には行かない」。「生産管理課は生産現場の管理を担当し、生産技術課は生産現場とは切れている」と答えており、「技術部」内には明確な役割分担が存在している。
(17) 残念ながら、生産準備の段階でのCFTの活動がどのようなものかは具体的な材料はつかめなかった。
(18) SPSが部品と作業の「手元化」のメリットをいっそう進化させたということも可能である。
(19) この点についてのヒアリングは2007年中国AD社でのヒアリングを参照している。
(20) こうした日本人技術者が生み出す調整能力を「中間調整能力」と呼んでおく（田村［2007］）。
(21) また、拙論では多くは触れなかったが、ボルボが1980年代後半に生み出したウッデヴァラ工場の技術者も大野と同じく、製造技術の視点からはじめて生産システムを再編した技術者だと考えられる。同工場での生産コンセプトはスウェーデンにおけるはじめての製造技術者の視点から労働過程と生産体系を根本的に見直した画期的工場であり、それ以前の、生産フローの変更に焦点を絞って改革を行ってきたカルマル工場をはじめとする既存の改革とは大きく性格を違えている。
(22) 日本企業での生産技術と製造技術の役割が複合的であることは、鈴木［2010］p.215によっても同様に指摘されている。
(23) リーン生産導入の動機の点では、事情は異なるがスウェーデンのSタイプも同様である。スウェーデン企業でのリーン生産導入については田村［2008］も

参照せよ。

(24) 那須野［2010］p.163 以下では、雇用形態との関係でセル労働を論じている。

［参考文献］

青木昌彦、ドナルド・ドーア編［1987］『国際比較研究　システムとしての日本企業』NTTデータ通信システム科学研究所訳、NTT出版。

浅生卯一、猿田正機、野原光、藤田栄史［1999］『社会環境の変化と自動車生産システム――トヨタ・システムは変わったのか』法律文化社。

アドラー、フルーイン、ライカー編著［1999］『リメイド・インアメリカ』林正樹監訳、中央大学出版会（原著：Liker, K, Jeffrey, Mark Fruin, Mark, Adler S, Paul[1999], *Remade in America*[1999]）。

安保哲夫、板垣博、上山邦雄、河村哲二、公文溥著［1991］『アメリカに生きる日本的生産システム――現地工場の「適用」と「適応」』東洋経済新報社。

石田、富田、三田［2009］『日本自動車企業の仕事・管理・労使関係――競争力を維持する組織原理』中央経済社。

ウォマック、ルース、ジョーンズ［1990］『リーン生産方式が、世界の自動車産業をこう変える』経済界（原著 Roos, Daninel, Womack, James, Daniel, Jones; *The Machine that Changed the World*, Macmillan）。

大野威［2003］『リーン生産方式の労働――自動車工場の参与観察にもとづいて』御茶の水書房。

上井喜彦、野村正實編著［2001］『日本企業理論と現実』ミネルヴァ書房。

遠藤公嗣［1999］『日本の人事査定』ミネルヴァ書房。

河村哲二編［2005］『グローバル経済下のアメリカ日系企業』東洋経済新報社。

久保鉄男［2009］『ビッグスリー崩壊』Fourin。

小池和男［1991］『仕事の経済学』東洋経済新報社。

小池和男、猪木武徳編［1987］『人材育成の国際比較――東南アジアと日本』東洋経済新報社。

小池和男、中馬宏之、太田聰一［2001］『もの造りの技能――自動車産業の現場で』

東洋経済新報社。

鈴木良始［2009］「セル生産方式と市場、技術、生産組織」鈴木良始、那須野公人編著『日本のものづくりと経営学——現場からの考察』ミネルヴァ書房。

鈴木良始［2010］「グローバリゼーションとモノづくりにおける日本的経営」、野村重信、那須野公人編『アジア地域のモノづくり経営』学文社。

清晌一郎［1999］「日本的生産システムの歴史的位相と基本要素の確立——トヨタ生産方式の意義について」三井逸友編著『日本的生産システムの評価と展望——国際化と技術・労働・分業構造』ミネルヴァ書房。

田村豊［2007］「スウェーデン的生産システムのリニューアルと日本システムのインパクト」、社会政策学会第114回全国大会（2007年5月）での報告ペーパー。

田村豊［2008］「スウェーデン企業のリーン生産導入は何を意味するか——仮説的検討」、木元進一郎監修、茂木一之、黒田謙一編著『人間らしく働く——ディーセント・ワークへの扉』泉文堂。

ダートウゾス、レスター、ソロー［1989］『Made in America　アメリカ再生のための日米欧産業比較』依田直也訳、草思社（原著 Dertouzos et al., Made in America, MIT Press）。

中岡哲郎、浅生卯一、田村豊、藤田栄史［2005］「職場の分業と『変化と異常への反応』」名古屋市立大学人文社会学部研究紀要第18号。

那須野公人［2009］「セル生産方式と労働」、鈴木良始、那須野公人編著『日本のものづくりと経営学——現場からの考察』ミネルヴァ書房。

野村正實［1991］『トヨティズム』ミネルヴァ書房。

藤本隆宏・武石彰・青島矢一編著［2001］『ビジネス・アーキテクチャ』有斐閣。

藤本隆宏［2004a］『もの造り哲学』日本経済新聞社。

藤本隆宏［2004b］『能力構築競争』中公新書。

ライカー［2003］『ザ・トヨタ・ウェイ』（原著：Liker, K, Jeffery［2003］The Toyota Way McGraw-Hill）日経BP社。

和田一夫［2009］『ものづくりの寓話』名古屋大学出版会。

Tamura, Yutaka［2006］"Japanese Production　Management and Improvement in Standard

Operations: Taylorism, Collected, or Otherwise?", *Asian Business & Management*, Macmillan, pp.507-527.

第4章　日韓中国進出企業の生産の現地化

小林英夫・金英善

はじめに

　中国自動車市場が急速に拡大し、世界第1位の生産・販売市場となったことは、いまや周知の事実となってきている。そして、この市場を制する企業が、21世紀の世界市場制覇企業になるであろうことも、いまや常識の部類に入りつつある。この死活の市場の争奪戦を制する最大の条件は、ボリューム的に見れば、いかに良質にしてかつ安価な自動車を供給するかにある。自動車が2万から3万点の部品から構成され、かつ、自動車の付加価値の7割までが部品にあるとすれば、安価にしてかつ良質な自動車の生産を可能にする絶対的ともいえる条件が、部品供給のQCDD（品質・価格・納期・開発）いかんにかかっているといっても過言ではない。サプライヤーシステムの稼働いかんが大きな決定力を有するゆえんである。本稿では、日韓両国企業の中国でのサプライヤーシステムに焦点を当てて、その実態を検討する。その際、サプライヤーシステム総体とその現地化の状況に焦点を当てる。現地化率なる用語が、しばしば現地政府の規制条件をクリアするための「見せかけの」比率として語られる場合が多いのに比して、本稿では、競争力を規定する「実質的」現地化率に焦点を当てる。特にサプライチェーンの基底を担うTier2企業の活用いかんに大きな関心を寄せる理由もそこにある。

1　分析視角

　我々の研究領域は以上のとおりだが、以下我々の分析視角を述べたい。このテーマに関して我々は、多くの研究成果を共有している[(1)]。ここではその代表として以下の2つの研究をあげておきたい。注目すべき第一は藤本隆宏・新宅純一郎［2005］『中国製造業のアーキテクチャー』であろう。同書は、藤本隆宏［2003］で展開されたアーキテクチャー論を中国の各産業に適応して分析した。中国製造業を藤本のいう「モジューラー」か「インテグラル」か、そして「モジューラー」の場合も「オープン」か「クローズド」かによって競争力範疇を設定して分析したのである。その際、藤本は、中国でコピー製品が横行し、コピーと改造の繰り返しの中で生まれた「まがい品」が組み立てられて製品化される状況を「アーキテクチャーの換骨奪胎」と呼んでこれを「疑似オープンアーキテクチャー」と称し、「真正」「擬似」を含む「オープンアーキテクチャー」を中国ものつくりの強さだと指摘した。藤本らの著作と並んで注目すべき第二の著作は「勃興する中国企業の強さと脆さ」を分析した丸川知雄［2007］『現代中国の産業』である。彼はアーキテクチャー論で分析してはいないが、藤本と結論は類似する。丸川によれば、素材から一次製品・最終製品まで「垂直統合型」で生産している在中日本企業に対して、中国企業は、最終製品に特化して、素材・一次部品に関しては外部の専門メーカーから購入する、その意味では「垂直統合型」とは逆の「垂直分裂型」を志向している、とする。その前提には、素材・一次部品の規格化があることはいうまでもないが、その規格化は、中国市場独特の廉価性追求によって強力に推し進められるという。こうして、高いコストを払う「垂直統合型」よりは、廉価な部品を使う「垂直分裂型」の方が、はるかに強い競争力を有すると結論づけるのである。理系的と文系的な発想の違いを捨象して、やや粗い表現でいえば、丸川の「垂直統合」は藤本のいう「クローズドアーキテクチャー」に該当するだろうし、「垂直分裂」は藤本の「オープンアーキテクチャー」といい代えることも可能であろ

う。その意味では、藤本がいう「オープンアーキテクチャー」は丸川のいう「垂直分裂型」に符合しよう。また、中国企業の弱点という点でも、キャッチアップの強さ、開発・創造の弱さと言う点で、藤本と丸川の結論は一致する。

さて中国でのものづくりを分析した2冊の代表的著作を取り上げたわけだが、さまざまな業種を包括した「モノづくり一般」ではなく、自動車・同部品産業に特化し、さらに現実の中国市場で自動車・部品産業を見た場合、はたして「オープンアーキテクチャー」、「垂直統合型」が主流になりうるだろうか、という点を考えてみよう。もっとも「オープンアーキテクチャー」、「垂直分裂型」が主流となるか否かは、中国のみならず世界での自動車市場の将来がどうなるかにかかっているので、簡単に結論は出せないが、もし近い将来、電気自動車が主流となれば、おそらく「オープンアーキテクチャー」、「垂直分裂型」が主流となる可能性は高い。しかしもし従来型のガソリン・ディーゼルエンジンが主流であるとすれば、一定期間——といってもかなり長期に——「クローズドアーキテクチャー」、「垂直統合型」が主流であり続けるに相違ない。「モノづくり」全般を考慮に入れて、広大な中国市場を想定すれば、「オープン」、「クローズド」「垂直統合」「垂直分裂」のすべてが存在すると考えた方が現実的で、しかもそれらはどちらかが淘汰されるということもなく、すべて存続し続けると考える方が、これまた中国市場では現実的である。しかし、もし自動車・部品産業に限定すれば、現時点では間違いなく「クローズドアーキテクチャー」、「垂直統合型」がしばらく主流であり続ける、と考える方が正鵠を得ていよう。だとすれば、自動車産業に分析を特化する場合には、当面は中国にいかなるアーキテクチャーが存在するかが重要なのではなく、「クローズドアーキテクチャー」、「垂直統合型」の中身の分析が重要になるのである。おそらく丸川もこの点を留意してのことだと思うが、彼は前掲書の中で電機産業をオープンな「垂直分裂型」と呼び、自動車産業をクローズドな「垂直分裂型」として区別しているのである。しかしオープンかクローズドかは別として、現状の中国自動車産業では、エンジンの汎用化、規格化といった特殊な事例を除けば、大勢は「垂直統合型」が主流で、「垂直分裂型」にはなっていない。また、現在中

国自動車産業の中心をなす巨大企業集団は「垂直統合型」に向かっていることは間違いない。むろん、電気自動車などを生産している農業車メーカーやベンチャーのなかには「垂直分裂型」が見られないわけではないが、前述した如くいまだ彼らは中国の主力自動車メーカーには成長していない。否、「垂直分裂型」の彼らの目指す方向は、合併や買収を通じた「垂直統合型」への脱皮ですらある。だとすれば、当面中国自動車産業の競争力の優位性は、伝統的な「クローズドアーキテクチャー」、「垂直統合型」の中身の分析が重要になるのである。

2　日本企業の中国進出の歴史と現状

2.1　先行した欧州企業の中国進出

　以降の考察の前提として、中国自動車産業と外資の歴史を概観しておこう。中国の自動車産業の発展史は、戦後の中国建国以降の1953年ソ連（現ロシア）の支援で、中国東北の長春に国営第一汽車（一汽）を立ち上げたことにはじまる。ほぼ時期を同じくして後の北京汽車や上海汽車の前身となる工場の立ち上げが、それぞれ北京、上海で行われている。その後南京、済南に自動車工場が設立され1960年代には一汽、北京、上海、南京、済南の5都市、5社体制がつくられた。60年代に入ると中ソ対立が激化し、北辺が緊張し、さらにベトナム戦争が拡大し、激しさを増すなかで南辺も緊迫するさなか、中国政府は「三線建設計画」を推し進めた。「三線建設計画」とは、沿岸やソ連国境、南部国境の第一線やそれに準ずる第二線の内側の第三線に国防産業を集中させ敵の侵攻から産業を防衛しようという計画である。この計画に立脚して69年には湖北省山間部の十堰に東風汽車の前身である国営第二汽車が産声を上げている。これと関連して各主要都市には多くの国営自動車企業が生まれ生産を開始したが、社会主義経済の下で、国家的コントロールを受けた非競争的生産がお

こなわれていた。しかし、中国での自動車生産の本格化は、1979年の改革開放体制のスタートと外資の導入、国営自動車メーカーと外資系メーカーの対等合併での新会社設立を持って始まる。中国政府の外資誘致政策に積極的に呼応したのがVWで、北米市場でトヨタなどの日本勢に敗退した同社は、1985年に上海汽車と上海VWを、91年には第一汽車と一汽VWをいずれも合弁で設立した。またクライスラーは83年に北京汽車と北京ジープを設立し、プジョーもまた85年には広州汽車と合弁で広州プジョーを設立した。シトロエンも92年には東風汽車と神龍汽車を設立した。もっともプジョーは97年には広州汽車から撤退している[2]。

2.2 日本企業の中国進出

このように中国自動車市場で外資系企業の進出の先頭を切ったのは欧州系企業であった。やや立ち遅れた感じの日本自動車企業のなかで中国進出の先鞭をつけたのはダイハツで、同社は84年に天津汽車と技術協定を締結した。その後92年には富士重工が航空工業傘下の貴州航空と技術提携を、93年には鈴木自動車が北方工業と合弁で重慶長安鈴木を設立している。そして98年には先のプジョーの撤退のあとを受けてホンダが、広州汽車と50：50で広州本田を設立した。続いてトヨタが、天津夏利汽車と50：50で天津豊田を設立するのが2000年で、日産が中国で東風汽車と50：50で合弁企業の東風日産を立ち上げるのは2005年のことだった。日産は、東風汽車とは、汽車集団との合弁協定を締結した点で、単一汽車企業と提携した他の2社とは異なる提携方式だった。この段階で日本の大手3社は、いずれも中国進出を見せたことになる。

ここから明確なように日本の大手自動車企業が中国に進出するのは、欧州系企業の進出よりはるかに遅れた1990年代も後半以降のことだった。その後、トヨタは一汽と合弁事業を、その一汽が天津の天津夏利汽車を買収してトヨタの子会社のダイハツとの連携を強化したし、トヨタ自身も06年広州汽車と、日産も広州汽車との合弁を立ち上げることで、連携体制を拡大・強化したので

ある。[3]

2.3 日系企業の中国拠点

したがって、日系企業の中国拠点は大別すると北からトヨタが合弁した一汽がある長春、天津豊田が操業する天津、東風日産が拠点をもつ十堰、そしてホンダ、トヨタ、日産が集中する広州に分類することができる。さらにスズキ、トヨタが拠点をもつ重慶がこれに加わる。これらのうち、トヨタ、ホンダ、日産の日系3社の工場が集中し「中国のデトロイト」の異名をとる広州（表1）と事実上トヨタの城下町的色彩をもつ天津（表2）の2カ所に日本の自動車産業の集積が見られるのである。

まず、広州だが、ここへの進出がもっとも早かったのは広州ホンダで1999年のことである。ホンダと広州汽車の50：50の合弁企業としてスタートした。

表1　中国広東省における日系カーメーカー3社の事業概要

メーカー	会社名	所在地	生産稼働	生産（組立）車種
トヨタ	広汽豊田汽車有限公司	広州南沙区	2006年5月1日	CAMRY、YARIS、HIGHLANDER、CAMRY HYBRID
	広汽豊田発動機有限公司	広州南沙区	2005年1月1日	エンジン（AZシリーズ）及び部品
ホンダ	広汽本田汽車有限公司	広州黄浦&広州増城	1999年3月1日	Accord、Odyssey、Fit、City、Crosstour
	本田汽車（中国）有限公司	広州	2005年4月1日	Jazz（すべて欧州に輸出）
	広汽本田発動機有限公司	広州	1999年3月1日	エンジン、変速機
	本田生産技術（中国）有限公司	広州	2005年12月1日	金型
	本田汽車零部件製造有限公司	仏山	2007年3月1日	変速機、エンジン部品
	東風本田汽車零部件有限公司	恵州	1995年11月1日	エンジン部品及びサスペンション部品
日産	東風日産乗用車公司花都新工場	広州花都	2004年5月1日	X-TRAIL、QASHQAI、TIIDA、LIVINA

出所）トヨタ自動車株式会社ホームページ（中国語版）、本田技研工業（中国）投資有限公司ホームページ、東風日産乗用車公司ホームページより作成。

黄浦にある本社工場24万台生産に同じく広州の増城工場の12万台を加えて合計36万台の「アコード」、「フィット」、「オデッセイ」などが生産されている。99年には、同じ黄浦にエンジン、変速機工場が、05年には金型工場が稼動し、エンジン生産と金型の保全は自社で可能となった。さらに2005年には100％輸出工場を設立し、「Jazz」5万台を全量欧州へ輸出している。従業員は7300人（2010年）。操業開始以来主力の「アコード」を中心に新型車種の投入が功を奏して売上を伸ばし06年の販売実績は26万台に達したが、08年には「アコード」のモデルチェンジによる買い控えのため一時売上が停滞、09年には36・6万台にとどまった。

広州ホンダに次いで広州に進出したのは東風日産で、2003年のことである。東風汽車と日産の共同出資でスタートした。出資比率は50：50だが、東風汽車集団そのものと合弁した点で、汽車部門に限定した他社とは異なる合弁方法を採用した。この点が、日産をしてホンダやトヨタと異なる経営手法を展開させることとなる。乗用車生産は、操業開始当初は6.6万台であったが、08年には30万台を越え、09年には50万台を突破した。08年には「シルフィ」、「ティーダ」、「リヴィナ」、「ジェニス」など比較的幅広いセグメントを用意し、生産能力を36万台まで高めた。この幅広いセグメント車種戦略が功を奏して東風日産の生産は拡大を開始し、09年には生産台数46万台に増加し10年には60万台に達した。さらに10年以降50億元を投下して年間生産24万台の能力を有する、プレス、溶接、塗装、組立のフルライン装備の工場の建設に着手した。この第二工場は2012年操業岸予定で、これが本格的稼動にはいると2003年湖北省襄樊の工場の20万台生産とあわせて80万台生産体制が確立することとなる。

一番遅れて進出したのは広州トヨタで2006年のことである。広州南部の南沙地区に位置して「カムリ」、「ヤリス」「ハイランダー」を生産する。06年5月から「カムリ」の生産を開始し、08年半ばからは同一ラインで「ヤリス」の生産に着手した。そして09年央からは第二ラインでSUV車「ハイランダー」の生産を開始した。こうして出発当初の06年には年間6万台生産だっ

たのが、08年には20万台生産体制まで拡大させた。工場の立ち上げと同時に同じ南沙工場に、年間50万基を生産するエンジン工場を併設している。この広州トヨタ工場の最大の特徴は、工場に隣接してサプライヤーパークを有する点にある。このパークにはブレーキ部品を供給するアドヴィックス、高丘六和、エクゾースト関連の広州三五自動車部品、シートの広州インテックス、農愛自動車シート、プレス部品の広州豊鉄、広州フタバ、チューブ関連部品の広州マルヤス配管システム、ワイパー、ウオッシャ関連のアスモ広州微電機の合計10社が入居している。これらのサプライヤー部品は、順引き方式で、ラインの車種に合わせてセットされ、公道の下を地下トンネルで結んで親子台車で広州トヨタのラインに運ばれ組付けられる方式となっている。

　他方天津だが、ここには2000年6月天津汽車の子会社だった天津汽車夏利との50：50の合弁で天津トヨタが設立された。2002年10月から「ヴィオス」

表2　中国天津におけるトヨタの事業概要

会社名	所在地	設立	生産（組立）車種	生産能力（万台）
天津豊田汽車鍛造部件有限公司	天津東麗区	H10.2.1	鍛造部品	160
天津一汽豊田汽車有限公司	天津市西青区（西青工場）	H12.6.1	VIOS、COROLLA EX	12
	天津市経済技術開発区（泰達工場）		CROWN、REIZ、COROLLA、RAV4	30
天津一汽豊田発動機有限公司	天津市西青区（第一工場）	H8.5.1	A＋シリーズ、ZRシリーズ	15
	天津市経済技術開発区（第二工場）		ZR	22
豊田一汽（天津）模具有限公司	天津市経済技術開発区	H16.3.1	金型	―
天津豊津汽車伝動部件有限公司	天津東麗区	H7.12.1	等速ジョイントなど	100
天津津豊汽車底盤部件有限公司	天津東麗区	H9.7.1	ステアリング・プロペラシャフト	ステアリング：18 プロペラシャフト：5

出所）トヨタ自動車株式会社ホームページ（中国語版）より作成。

の生産を開始したが、04年2月からは「カローラ」を、05年3月には第二工場の立ち上げに伴い「クラウン」を、続いて同年10月には「レイツ」（日本名「マークX」）の生産に着手した。この間合弁相手の中国側の企業の天津夏利が第一汽車の傘下に入ったことに伴い、03年9月には社名を天津一汽豊田汽車と改名した。その後、07年5月からは第三工場の立ち上げに伴い、新型カローラの生産も開始された。こうして生産台数も当初の12万台から第二工場の30万台を加えて42万台生産体制が作り上げられた。第三工場の生産能力は20万台を有しており、フル稼働すれば、60万台体制が作り上げられたこととなる。

2.4 2008年以降の動向

日系3社は、ともに2008年前半までは順調に生産、販売実績を伸ばしてきたが、日系メーカーに不況の波が押し寄せたのは同年10月頃からだが、すでにその予兆は7月頃から現れていた。広州の自動車メーカーが減産の指示を出したのは、早い会社で7月、遅い会社で10月だったという。だからすでに7月の段階で、急速に需要が低下するという見通しは一部で出てきていたのである。2008年暮からのサブプライム問題は、広州、天津地域をも例外とせず、大きな打撃を与えたが、中国政府の補助金政策のなかで内需拡大が続き、急速に回復した。もっとも、中国政府の自動車補助政策は、民族系企業が強い小型車が中心だったため、日系企業のなかでもその恩恵に浴する企業とそうでない企業に大別された。トヨタやホンダが1.6リットル以上の中国政府の奨励対象車以外の車を生産しているのに対して、日産は政府奨励対象車を含む幅広いセグメント車を生産しているだけでなく、東風との合弁で中国政府が最重点奨励対象地域としている中国奥地の西部開発地域に多くの販売拠点を有している関係から急速に売上実績を上げ始めている。そうした意味で、日本大手3社の中には相違が出始めている。

2.5　別ブランド車生産戦略

　さらに、2011年以降日産は東風日産ブランド車「啓辰」を、ホンダは広汽本田ブランド車の「理念」をそれぞれ販売するなどして廉価車生産を開始した。高級車は、日産、ホンダのブランドで、廉価車は、それぞれの合弁パートナーの東風、広汽ブランドで販売し、セグメントを広げることで、中国の多様な顧客ニーズを取り込んでいこうという戦略である。一方トヨタも2013年をめどに新小型車の市場投入を計画しているといわれ、すでに東南アジアのタイで展開しているIMV車の中国版の投入を計画している。この結果、中国市場をめぐる小型廉価車生産競争は、新しい段階へと突入しようとしている。別ブランド車の設計・開発を目的に広汽ホンダは2007年に広汽本田研究開発有限公司を設立し、100名以上の技術者を擁して「フィット」を下回る価格帯の新車「理念」の開発・生産に着手した。1.3から1.5リッターのエンジンを搭載し、7万元台の廉価車で、広州本田では、9－11万元台の「フィット」の下を行く小型車ということになる。[4] 他方、東風日産も2012年を目途に自主ブランド車「啓辰」の投入を準備しており、東風日産乗用車技術センターで開発・設計を行なった廉価車で、価格も10万元を割る価格帯を想定しているという。コア技術は日産からの支援によっているが、アプリケーションは東風側が担当する形で、東風側が購買権をもって部品調達を実施しているといわれる。[5] こうした別ブランド車生産は、日系企業のサプライヤーシステムに大きな影響を与え始めてる。つまり、これまで安全保安部品のみならず一般汎用部品までサプライヤーの70－90％まで日系進出メーカー及び日本からの供給に依存してきたが、購買権が日本側から中国側に委譲された場合には、中国企業からの部品供給比率が増加を開始し始めていることである。たとえば、東風日産が発売する「啓辰」の場合では、これまでコックピットモジュールを一手に収めていた日産の連結子会社のカルソニックカンセイの中国法人も落札競争で敗北するという事態も生まれてきている。その意味では、別ブランド車戦略は、日系部品メー

カーに一層のコストダウンを求める機会となるに相違ない。

2.6 日系部品企業の中国進出の実態

次に日系部品企業の中国進出の時期と地域に検討を進めることとしよう。日系自動車部品企業の中国進出の時期と地域は、ほぼカーメーカーのそれと歩調を同じくしている（図1）。まず時期であるが、対中進出時期は、大きく2つのピークを持っている。第一のピークは1995年である。これはホンダの広州進出と広州ホンダの立ち上げに伴う関連部品企業の中国随伴進出のうごきと連動している。そして日系進出部品企業数は95年以降漸減傾向をたどるが、2000年代に入ると再び増加を開始する。つまり2000年にはトヨタが合弁で天津に、05年には日産が東風汽車と合弁で広州にそれぞれ工場を建設し、06年にトヨタが広州汽車と合弁で広州に工場を新設するという日本カーメーカーの中国進出ラッシュを反映し2004年に対中進出日系自動車部品企業数は第二のピーク迎える。このように、日系部品企業の対中進出は、カーメーカーの中国進出に随伴した動きが見られるのである。次に欧米系企業を見た場合には、95年と2004年に2つのピークが見られるという日系企業と類似した動きが確認できる（図2）。ただ日本のように山が高く谷が深い鋭角的な増減関係は見られず、なだらかな増減関係を描き出している。これは、欧米部品企業が、日本ほどタイトなカーメーカーとの系列関係を持たず、したがってカーメーカーの進出動向に大きく縛られず、随伴進出の場合も他社拡販を前提に進出していることと無関係ではない。最後に中国系企業の部品企業設立状況を見てみよう（図3）。時期別中国系部品企業数は、日系とも欧米系とも異なり、99年から一挙に2009年まで増加傾向が続くのである。これは、中国での自動車生産の急激な拡大を反映して、部品企業数も急激な増加をみせた結果に他ならない。

次に進出した地域であるが日系、欧米系、中国系企業の2010年段階での地域分布を見ておこう（図4-6）。社数で見た場合、華東地域（上海、江蘇、浙江、安徽、福建、広西、山東）に部品企業の分厚い産業集積が見られるのは、日系、

図1　日系自動車部品メーカー

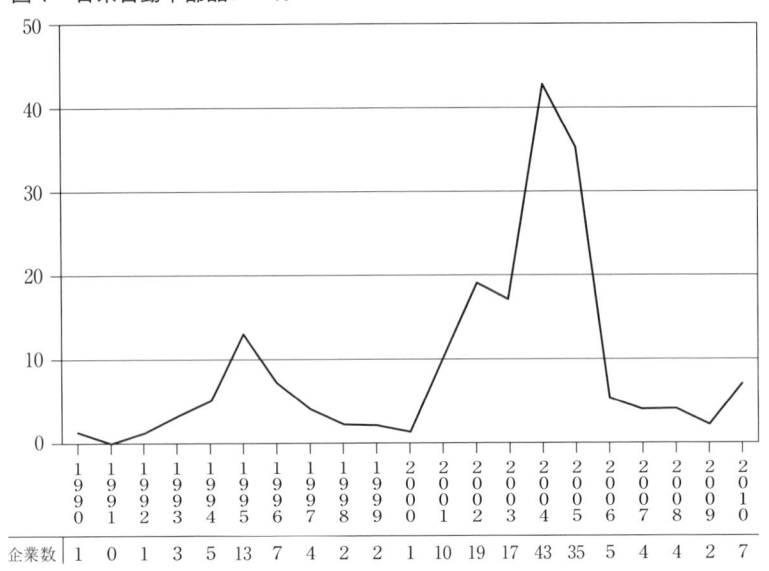

	1990	1991	1992	1993	1994	1995	1996	1997	1998	1999	2000	2001	2002	2003	2004	2005	2006	2007	2008	2009	2010
企業数	1	0	1	3	5	13	7	4	2	2	1	10	19	17	43	35	5	4	4	2	7

図2　欧米系自動車部品メーカー

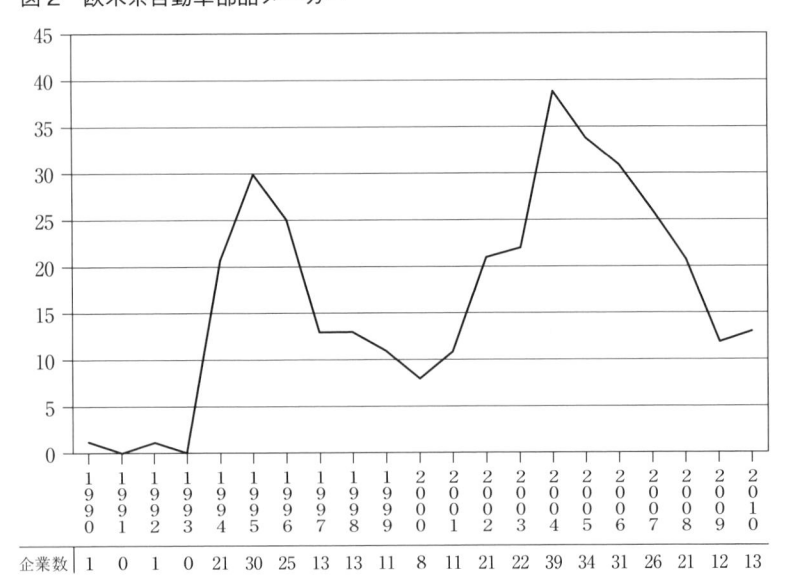

	1990	1991	1992	1993	1994	1995	1996	1997	1998	1999	2000	2001	2002	2003	2004	2005	2006	2007	2008	2009	2010
企業数	1	0	1	0	21	30	25	13	13	11	8	11	21	22	39	34	31	26	21	12	13

図3　中国系自動車部品メーカー

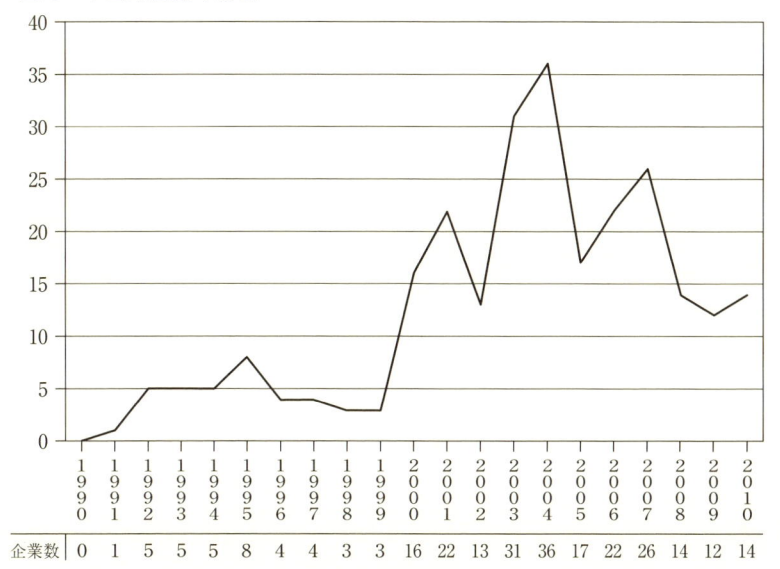

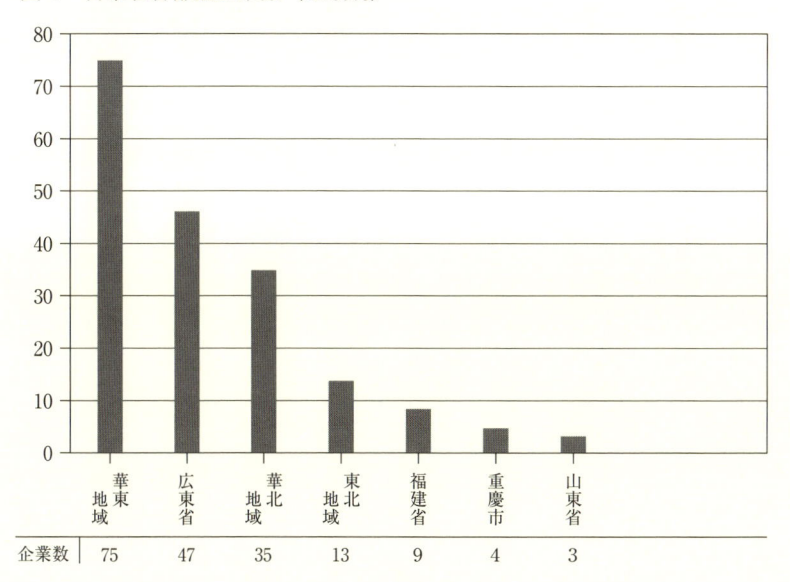

年	1990	1991	1992	1993	1994	1995	1996	1997	1998	1999	2000	2001	2002	2003	2004	2005	2006	2007	2008	2009	2010
企業数	0	1	5	5	5	8	4	4	3	3	16	22	13	31	36	17	22	26	14	12	14

図4　日系収容部品企業数（地域別）

	華東地域	広東省	華北地域	東北地域	福建省	重慶市	山東省
企業数	75	47	35	13	9	4	3

第4章　日韓中国進出企業の生産の現地化

図5 欧米系収容部品企業数（地域別）

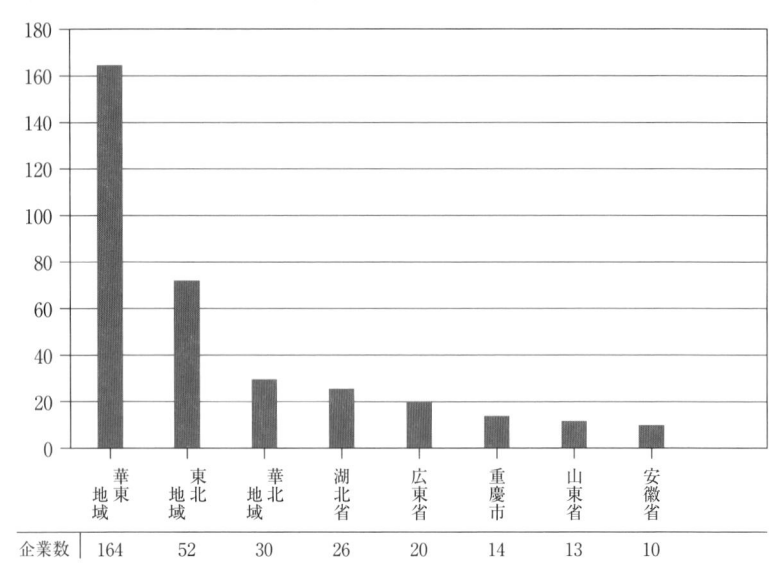

	華東地域	東北地域	華北地域	湖北省	広東省	重慶市	山東省	安徽省
企業数	164	52	30	26	20	14	13	10

図6 中国系収容部品企業数（地域別）

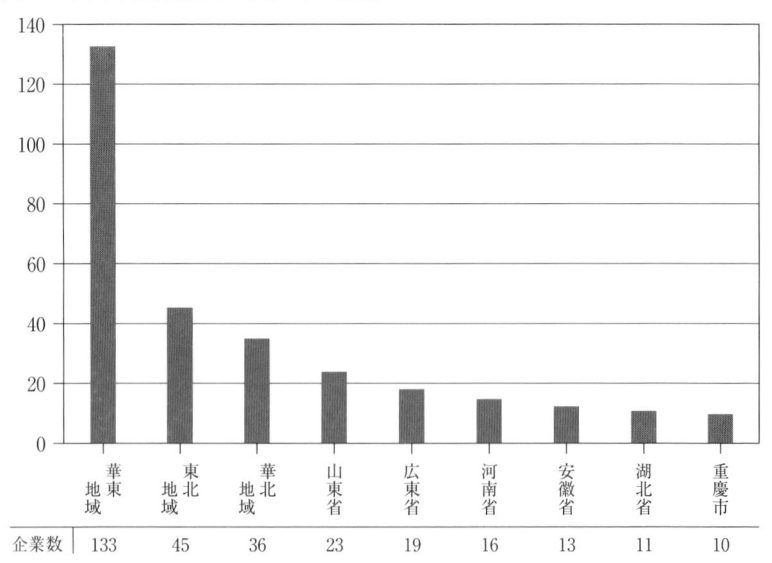

	華東地域	東北地域	華北地域	山東省	広東省	河南省	安徽省	湖北省	重慶市
企業数	133	45	36	23	19	16	13	11	10

出所）図1-6とも、FOURIN『中国自動車部品産業2011』より作成。

欧米系、中国系3者共に共通している。各地域を合した華東の総計は372社を算し、全部品企業の45.3％に達する。約半数近い部品企業が華東地域に集中していることとなる。しかし中国系企業が、華東を筆頭に東北、東北、華北、山東、広東の順で比較的中国全土に分散しているのに対して、欧米系は華東地域が49.5％とほぼ半分を占めていることに象徴されるように、上海を中心とした地域に部品企業が集中している。これに対して、日系企業の場合には華東地域が約4割、広東省、華北がそれぞれ約2割5分とほぼこの3つの地域に集中していることである。欧米系や中国系と比較して、広州地域、華北地域が高い比率を示すのは、ここにトヨタ、ホンダ、日産の日系3社が集中しているからに他ならない。

3　韓国企業の中国進出の歴史と現状

3.1　韓国企業の中国進出

周知のように中国市場には、世界各国の大手自動車メーカーが挙って進出しており、現代自動車グループにとって、中国市場は韓国や米国に次ぐ第3位の販売市場である。現代自動車グループの中国での事業は北京、江蘇省塩城、山東省の3つの拠点を中心に展開されている。図7の現代自動車グループの中国進出図を参照されたい。北京と塩城で、それぞれ北京現代と東風悦達起亜という2つの合弁による完成車メーカーを設立し、その周辺に現代MOBISをはじめとする韓国自動車部品メーカーが随伴進出している。一方、山東省では日照のWIAエンジン工場を中心に、多くのTier2、Tier3の韓国自動車部品メーカーが進出しており、韓国への逆輸入を行っている。山東省平度市同和工業団地には42社の韓国系企業が入っている。

鄭夢九は現代自動車の会長に就任した後、北京に「中国総括本部」を設立し、中国進出事業を進めた(6)。現代自動車グループの本格的な中国進出は2002

図7 現代自動車グループの中国進出図

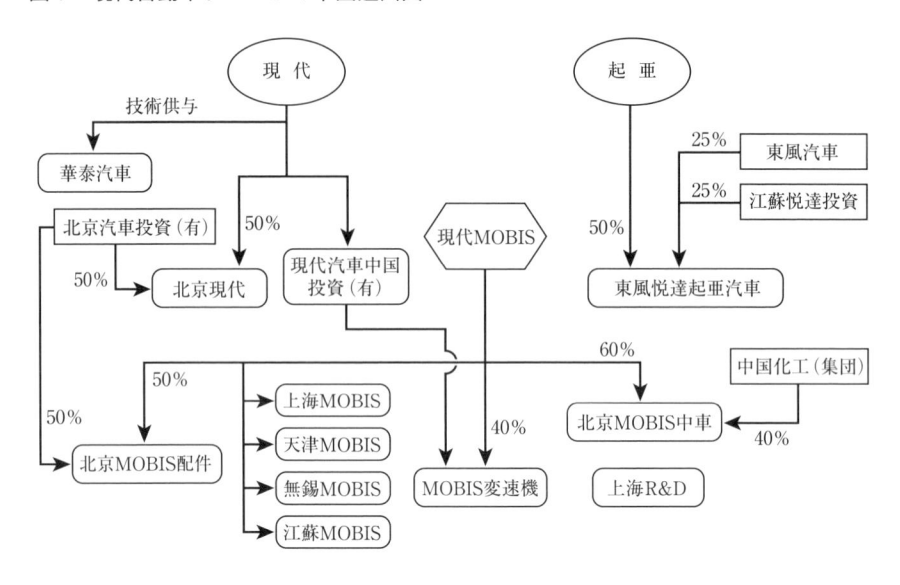

出所）現代自動車グループ中国法人ホームページを参考に作成。

年の北京現代の設立からであるが、それ以前に技術供与という形でも中国で事業を展開した。1993年東風汽車と合弁で、ミニバスを生産する武漢自動車有限公司を設立したのである。そこでは1994年から現代自動車の「H－100」モデルの技術供与を受け、生産開始した。1994年9月には、600万ドルを投資し武漢万通汽車工業総公司とミニバスKD組み立ての契約を締結した。ミニバス「TM（Grace）」の技術供与であった。現代自動車は当初、出資比率21.4%の合弁の形式をとっていたが、2002年に東風悦達起亜の合弁会社設立をきっかけに武漢万通の持ち分をすべて東風グループに譲渡し、武漢万通から撤退したのである。2000年には合肥江淮汽車集団有限公司及び山東省威海市栄成華泰汽車有限公司と技術供与契約を締結した。前者にはMPV車「瑞風」と商務用車関連、後者にはオフロード車関連で技術供与をした。江淮汽車集団有限公司には、2001年からMPV「H－1」をKD方式で生産した。山東栄成華泰には、現代精工が以前生産していた「GALLOPER」の技術を供与した。

「GALLLOPER」に続いて、2003年には「TERRACAN」のKD生産も開始した。年間生産能力はそれぞれ12万台と7万台と規模が小さかった。進出当時は、北京現代で中高級乗用車を、東風悦達起亜ではエコノミータイプを、山東栄成華泰ではSUVを、江淮では商用車をという製品戦略であった。

以上のような経緯で現代と起亜は中国で完成車事業を展開したが、以下では、北京と塩城を中心とする完成車基地、つまり、北京現代と東風悦達起亜2社を中心に現代自動車グループの中国事業の現状を検討する。

3.2 北京現代[7]

ここでは、現代自動車の中国事業をみてみよう。中国への本格的進出のために現代自動車は、2000年12月に同社中国本部を上海に設立し、中国政府とのコンタクトを取り始めた。2002年7月、現代自動車と北京汽車はそれぞれ50％ずつ出資し合弁会社の北京現代を設立した。現代自動車は2.5億ドルを投資し、それまで軽自動車を生産していた北京軽型汽車有限公司の順義工場を使用することにした。同工場は年間8万台の軽自動車生産能力を持っていた[8]。合弁期間は30年間であり、合弁会社の経営権は現代自動車が握ることになった。すなわち、現代自動車は購買、A/S事業も含む販売、企画など収益との関わりが深い部門を握り、生産、管理など収益との関わりが薄い部門は北京汽車側が担当することになったのである。

表3　北京現代生産体制

区分		生産稼動	生産能力	生産（組立）車種
完成車	第一	2002年10月	30	ELANTRA, TUCSON, EF, SONATA, VERNA
	第二	2008年4月	30	AVANTE HD, NF SONATA, i30, ix35
	第三	2012年4月	30	―
エンジン	第一	2004年4月	30	α、βシリーズ
	第二	2007年8月	20	αシリーズ

注）生産能力の単位は万台／年である。
出所）現代自動車グループ中国法人ホームページを参考に作成。

北京現代は2010年現在、2つの完成車組み立て工場と、2つのエンジン工場をもっている（表3）。完成車工場の第一工場は2002年10月に設立され、30万台の生産能力をもっている。第一工場の面積は51.018㎡、従業員は1,286名に達する。第一工場の主要生産車種には、「ELANTRA」（「AVVANTE XD」）、「TUCSON」、「EF SONATA」中国型（中国名：「御翔」）、「ACCENT」（「VERNA」）などがある。小型セダンの「VERNA」は「ACCENT」の後続モデルである。現代自動車は、中国における組立工場のすべてのラインで混流生産方式を導入した。第一工場では、上述の5車種を混流生産方式によって組み立てている。第二工場は2008年4月に設立され、「AVANTE HD」中国型（中国名：「悦動」）、「NF SONATA」中国型（中国名：「NF 領翔」）、「i30」、「ix35」（「TUCSON ix」）の4車種を、同じく混流生産方式で生産している。2010年3月には、生産拡大を目指して第二工場を改造し、同工場の生産能力を30万台に伸ばした。2010年現在北京現代第二工場のUPH（1時間当たりの生産台数）は66に達する。すなわち、54.5秒に1台を生産している[9]。

　現代自動車によれば、第二工場の労働生産性（HPV、車1台の生産に投入された労働時間）は18.9時間に達し、ホンダの22.03時間、トヨタの25.68時間より生産性が高い。ちなみに、現代自動車アラバマ工場の労働生産性は19.9時間に達し、同社組み立て工場の中で最も労働生産性が高い工場であったが、北京現代第二工場の稼動によりその記録が敗れたのである。韓国の蔚山工場の労働生産性は33.1時間（2006年）に達する。北京現代はPull方式により、2009年の稼働率を第一工場は98.5％に、第二工場は99.7％にまで引き上げた[10]。

　2009年には第三工場を設立する計画を発表した。同工場は2012年の稼働予定である。第三工場では「TUCSON」などのSUVを生産する計画で、生産規模は既存の2つの工場を上回る見込みである。上述のとおり、北京現代が順義区にもっている2つの工場では60万台の生産能力をもっているが、2010年の販売目標は70万台弱であり、現在もっている生産能力ではカバーできない。そこで第三工場の立ち上げに乗り出したのである。ただ、第三工場の立ち上げは2009年末から検討していたが、北京市政府が条件として、「中国国産自動車

部品の使用率を引き上げること」、「現代自動車は北京汽車にもっと技術を譲渡すること」等を提示し、進捗スピードが遅くなった。[11]

完成車の組み立て生産の拡大に伴って、現地にエンジン工場も建設した。2004年に、現代自動車は北京に年生産能力15万基のエンジン工場を設立し、北京現代の生産車種「SONATA」や「ELANTRA」に供給を開始した。以降、北京現代の生産拡大とともに、エンジン工場の生産能力を30万台に拡大した。この第一エンジン工場で生産されるエンジンは $α$ と $β$ の 2 種類である。2007年8月には、生産能力が20万台に達する第二エンジン工場を設立し、$α$ シリーズのエンジンを増産した。

北京現代の従業員数は2008年時点に4,700人で、うち韓国人が65人であったが、2010年4月28日の訪問時点では、従業員は7,000人に増加した。韓国人駐在員も増えて69人となった。現地法人の管理職のうち、部長クラス以上は韓国人が就き、経営の中枢を握っている。

2005年1月には現代自動車は同社中国本部を北京に移転した。2005年6月には、現代と起亜自動車の完成車事業部組織を再編した。2つのブランド力の強化のために、北京には現代自動車中国完成車事業室を、上海には起亜自動車中国完成車事業部という2つの事業部に分離させたのである。FOURINの調査によると、2008年4月に南陽研究所で進めていた新型「ELANTRA」の開発を北京に移管した。北京第二工場の立ち上げとともに、工場内に現地向け車両開発のR&Dセンターも設けたのである。中型以下の自動車の開発を中国に移管する方針であった。[12]

3.3 東風悦達起亜

それでは起亜の中国事業からみてみよう。まず合弁先東風汽車と悦達汽車についてみてみよう。東風汽車は中国政府が指定した3大自動車メーカーの1つであり、悦達汽車は塩城の代表企業である。両方ともに、政府との交渉力をもっていたが、技術力がなかった。とりわけ、東風汽車は1967年に設立され

て以来軍用トラックの生産を中心にしてきたことから、乗用車分野の技術がなかった。しかし、東風汽車は国有企業であり、乗用車生産権をもっていた。そこで、乗用車技術の獲得のために、海外有力メーカーと合弁に乗り出したのである。以降東風汽車は、シトロエン、ホンダ、日産と提携、合弁会社を設立した。1992年にシトロエンとそれぞれ30％ずつ出資し神龍汽車を設立し、1997年から生産稼動した。東風シトロエンの2003年販売比率は4.8％に達し、中国乗用車販売第6位を占めていた。ホンダとはそれぞれ50％ずつの出資で東風ホンダを設立した。当時、中国自動車市場で第3位を占めている巨大グループであった。2002年の9月には日産自動車との提携により東風汽車有限公司を設立し、2003年7月から生産が稼動した。商用車では「東風」のブランドを、乗用車では「日産」のブランドという戦略をとっている。[13]東風集団の生産基地をみると、襄樊では軽型商用車を、十堰では重型商用車、自動車部品を、武漢では乗用車を、広州では乗用車を中心に生産している。グループ全体の従業員は2004年時点で10.6万人に達する。2009年のグループ全体の自動車販売台数は189.77万台に達し、業界第3位を占めている。グループの子会社のうち、東風日産の規模が一番大きく、2009年に乗用車51.9％を販売し、中国乗用車市場第6位を占めている。

　一方、起亜自動車側からみると、中国自動車製品目録管理制度の制限により、乗用車市場に進出るためには東風汽車との合弁は不可避であった。以下、その合弁経緯をみてみよう。起亜自動車は、東風汽車との合弁会社を設立する前に、すでに技術供与の形で中国に進出していた。1993年に、現代自動車は東風自動車と武漢万通自動車を設立したが、東風悦達起亜の設立当時と同時に、所有していた持分を東風に譲渡したのである。1997年に悦達グループと50％ずつの出資で悦達起亜自動車を設立した。初期の生産能力は5万台程度で、1999年から「PRIDE」の生産を開始した。アジア通貨危機を経て現代自動車は起亜自動車の持ち株を引き受け、起亜自動車は1998年に現代自動車グループ傘下に入った。起亜自動車を買収することによって、現代自動車は2000年9月に悦達起亜の株式20％を獲得したのである。しかし、中国の自動車製品目

表4　東風悦達起亜の生産体制

区分	生産稼動	生産能力	生産（組立）車種
第一	2002年7月	13	ACCENT,CARNIVAL,OPTIMA,CERATO
第二	2007年12月	30	RV

注）生産能力の単位は万台/年である。
出所）現代自動車グループ中国法人ホームページを参考に作成。

録管理制度の制限により、悦達起亜の乗用車生産が認められなかった。そこで新しい会社の設立に乗り出したのである。2002年には、起亜、悦達、東風が悦達起亜自動車を基に、新規法人を設立した。それが東風悦達起亜である。3社の出資比率をみると、起亜が50％、東風汽車が25％、悦達グループが25％を占めている。

　塩城第一工場は2002年7月に設立され、年間生産能力は13万台に達する。主要生産車種には、「ACCENT」、「CARNIVAL」、「OPTIMA」、「CERATO」などがある。2006年時点での従業員は1,144人に達する。2005年の10月には生産能力の拡大のため、第二工場の建設を始めた。2007年12月に生産能力が30万台の第二工場が完成し、東風悦達起亜の塩城での生産能力は一気に43万台にまで上がった。第二工場では、主にRVの生産をしている。2003年2月には初の4S点を北京に設立し、2008年の11月には南京に東風悦達起亜の販売本部を設立した[14]（図7を参照）。

　当初は、「千里馬」と「PRIDE」の2車種を生産していた。「PRIDE」は合弁工場を設立する前の技術提携時代から生産していた車種である。2002年12月に「千里馬」（1.6L、元「ACCENT」）を投入し、2003年5月には「1.3L」を追加投入した。2車種とも低価格と動力性能が評価され、評判がよかった。2004年の6月には「CARNIVAL」、そして9月には「OPTIMA」を投入した。2005年には「CERATO」（中国名：「赛拉図」；1.6 L、1.8L）を投入した。2007年の1月にはRIOを投入した。2007年12月に稼動した第二工場では、中国市場専用の「CERATO」の生産を開始した。2008年6月から「SPORTAGE2.0」を、2009年には「FORTE」と「SOUL」を投入した。2009

年 11 月に広州モーターショーで、はじめて「SOUL」を公開し、「最優車型設計」などの賞をとった。「SOUL」は起亜自動車の高級ブランドである。[15]

3.4 現代自動車の随伴進出企業の実態

随伴進出企業の進出年別推移

中国自動車市場は世界で最も注目を集めている市場の1つである。2009年の生産、販売台数とも 1,300 万台を突破し、両方世界第1位を占めるまでに成長した。前述のとおり中国自動車市場は現代自動車にとって、3番目に大きい市場である。北京現代と東風悦達起亜の生産開始に伴って、韓国系自動車部品メーカーの対中進出も増大している。そして、中国の潜在市場におけるシェアの拡大を図って、現代自動車は中国における生産能力を続々と拡大しており、それまで中国進出を見送っていた Tier2、Tier3 企業の中国進出も目立ってい

図8　中国進出韓国自動車部品メーカー数の推移

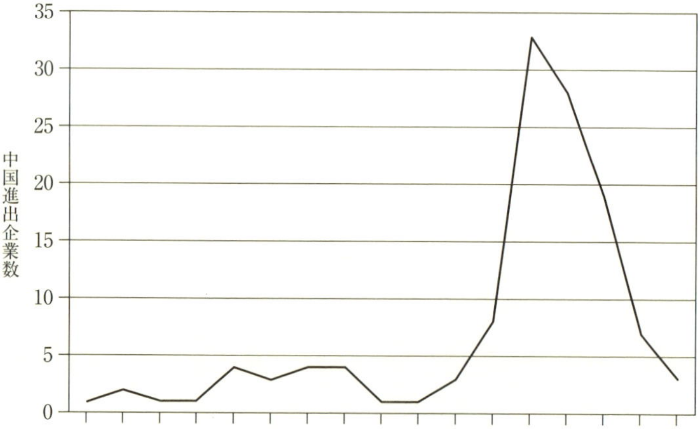

年	1981	1991	1992	1993	1994	1995	1996	1997	1998	1999	2000	2001	2002	2003	2004	2005	2006
企業数	1	2	1	1	4	3	4	4	1	1	3	8	33	28	19	7	3

出所）KIEP ［2007］より作成。

る。

　韓国自動車部品メーカーの中国進出は1981年からであり、1994年から1996年にかけて増加した（図8を参照）。この時期に進出企業数が増加したのは、主に韓国での労賃上昇やウォン切り上げにともない、労働集約的な部品部門が低賃金を求めて中国に進出した結果であった。そして、進出目的からみても、2000年以前は、持ち帰り輸入（逆輸入、Buy-back）を目的とした工程間分業製品が主なものだった。(16)

　韓国自動車工業協同組合（KAICA）の2006年末の統計によれば、会員企業のうち中国に進出した企業は126社にのぼる。同年における韓国の一次自動車部品企業数は901社に達しており、その14％弱が中国に進出したことになる(17)。中国に進出した126社のうち、北京現代自動車が設立された2002年以前に進出した企業は33社のみで、全体の70％に達する90社は現代自動車グループを伴って進出したか、北京現代の設立後に進出した（図8を参照）。とりわけ、2002年の北京現代が設立された年には、33社が現代自動車に伴われ進出し、翌年に28社、翌々年には19社と、中国進出韓国部品メーカーのうち65％が2002年から2004年までの3年間に中国に進出したのである。現代自動車グループの中国進出が韓国自動車部品メーカーの随伴進出を加速させたことがうかがえる。

随伴進出企業の進出地域別分布

　次に、中国進出韓国企業126社の地域別の分布をみると、北京現代が立地している北京、天津、河北省に進出した部品メーカーは41社におよび全体の32％を占めており、東風起亜が立地している塩城の周辺に進出した部品メーカーは35社で28％を占めている。2002年から2004年の間に進出した80社の地域分布を見ると、北京に25社、江蘇省に23社、山東省に15社、その他の地域に17社進出している。

　韓国系自動車部品メーカーが北京及び江蘇省という特定地域に集中する理由は以下のようである。第一に、現代自動車グループの立地に影響されていると

考えられる。同グループの中国における完成車組立の2工場がこの2地域に設立されたからである。すなわち、北京現代は北京に立地しており、東風悦達起亜は塩城に立地している。

　第二に、現代自動車グループのモジュール担当メーカーである現代MOBISがこの2地域に進出していることである。大きい単位のモジュールを完成車メーカーに納品するためには輸送コストがかなりかかり、モジュール組立メーカーは完成車メーカーの近くに立地するのが常識であり、現代MOBISも例外ではない。前述のように、現代自動車グループは中国においても、現代MOBISによるモジュール供給方式で完成車を組み立てている。このような生産方式に対応するために、部品メーカーのほとんどは、北京現代、東風悦達起亜、現代MOBISの近隣に進出したのである。韓国系部品メーカーの場合、直接現代自動車に納品する場合もあるが、そのほとんどは現代MOBISに納品し、モジュール化されて現代自動車に納品される。そのために一次、二次部品メーカーも輸送コストを考え、モジュール組立メーカーに近接して工場を設ける場合が多い。すなわち、北京に進出した25社はほとんど、現代MOBISのTier1であり、その中には同時に北京現代のTier1でもある企業も複数ある。そして江蘇省に進出した23社は江蘇MOBISのTier1企業である。

　第三に、韓国に逆輸入するための低コストの生産基地として活用されていることがある。北京と江蘇省の次に進出企業が多い地域は山東省である。山東省は、地理的に韓国に近く、2000年代前半までは韓国への逆輸出基地として位置づけられていた。しかし2007年以降、日照市に現代自動車グループのエンジンメーカーである日照WIAエンジンが設立されてから、韓国のTier2、Tier3企業の日照進出が増えており、韓国自動車部品工業団地までできたのである。そして、これらのメーカーの製品は従来の逆輸入だけでなく、北京現代と東風悦達起亜、そしてそのTier1への納品も増える傾向にある。

　随伴進出部品メーカーの進出都市をその他の外資系企業と比較してみると、韓国系は天津への進出企業数が一番多くその次が北京と青島、上海である。日系企業の場合は上海を中心とする江蘇省と広東省への進出が圧倒的に多い。進

出目的で調べると36％が随伴進出で、次に多いのが安い人件費を狙って進出したものである。[18]

主要随伴進出メーカー

韓国輸出入銀行の中国進出韓国自動車部品メーカーの生産品目別統計によれば、エンジンおよびその関連の部品メーカーが29社、車体用部品メーカーが59社、動力伝達、電装品関係メーカーが10社である。[19] トヨタの場合中国進出する際に、随伴進出部品メーカーのほとんどがトヨタ系列企業か子会社であることが特徴である。現代自動車グループの随伴進出企業の中には、もちろん現代系列企業が多数を占めているが、現代自動車の資本が入っていない独立系企業も現代自動車の随伴進出要請に前向きな判断を下しているのが印象的である。例えば、ブレーキ関連の大手部品メーカーの万都、車エアコンメーカーの漢拏空調、Seayoung精密などはいずれも現代系列ではない。

主な中国進出韓国部品メーカーは次の表5のとおりである。エンジン・変速機モジュールを生産する現代MOBIS、ブレーキ、サスペンション、ステアリングなどを生産する万都などがすでに中国の北京、天津、江蘇等の地域に進出

表5　韓国自動車部品メーカーの中国進出状況

企業名	進出年	地域	生産部品
現代 AUTONET	2004	天津	カーオーディオ
現代 MOBIS	2002	北京／上海／江蘇	コックピット、シャシー
万都	2002	北京／蘇州／重慶	制動系、ステアリング、懸架
世宗	2002	塩城	マフラー、コンバーター
韓一	2002	塩城／北京	バンパー、クラッシュパッド
SANGSIN BRAKE	2002	無錫	ブレーキパッド、ライニング
S&T 重工業	1990/2004/2002	青島／瀋陽／広州	トランスミッション、アクスル、ブレーキ
SEOYOUNG	2005	天津（Hangjin）	ブレーキ部品
HANKOOK TIRE	1999	南京（1999）	タイヤ
Kwang Jin	2003	瀋陽／北京	ドアモジュール

注）現代AUTONETは2009年に現代MOBISに吸収合併され、天津MOBISとなった。
出所）韓国自動車工業協同組合［2009］より作成。

したのである。これらの大手韓国自動車部品メーカー以外にも以下のような部品メーカーが中国に進出している。たとえば、車用エアコンを生産する漢挐空調、マフラー、コンバーターを生産する世宗工業、バンパー、クラッシュパッドを生産する韓一、ブレーキパッド、ライニングを生産する SANGSIN BRAKE、トランスミッション、アクスル、ブレーキを生産する S&T 重工業、ブレーキ部品を生産する SEOYOUNG、タイヤメーカーの HANKOOK TIRE、ドアモジュールメーカーの KWANG JIN など、有力韓国部品メーカーが挙って中国に進出した。

　現代自動車は中国に北京現代と東風悦達起亜と2つの完成車メーカーがあることから、この2拠点ともに進出しているメーカーもある。そして一部のメーカーは安い人件費を狙って、韓国と近い山東省に進出して、製品を韓国に逆輸入しているメーカーもある。京信がその例である。2002年7月に青島に進出し、現代自動車の中国進出に伴い、2002年11月北京にも進出したのである。北京和信は HWASHIN の100％独資の現地法人である。2003年2月から生産を開始し、「EF SONATA」にシャシーを供給し始め、2004年2月からは「XDC」（「ELANTRA」）の部品を供給し始めた。

4　日系企業の部品調達システム

　次にトヨタ、ホンダ、日産日系3社の中国での部品調達システムを検討することとしたい。ここでは、3社が拠点を有する天津、広州地域に焦点をあて、資本集約的な安全保安部品に該当するブレーキ部品と労働集約的な汎用部品であるワイヤーハーネス部品、コックピット部品に絞りながら、各社の調達システムの特徴を検出してみることとしたい。

4.1　ホンダの部品調達システム

ホンダの部品調達システムの特徴

　日系3社の中で、最初に広州に工場を建設して生産活動を開始したホンダの部品調達システムを見てみよう。まず、広州ホンダだが、前述したように広州には黄埔の本社工場と増城工場の2工場があり、それぞれ年間24万台、12万台の生産規模を有する。それ以外に100％輸出目的の工場を広州の黄埔に擁する。主力車種は「アコード」であるが、2011年3月には広州本田ブランドの新車種「理念」を発売予定である。新車種は、「アコード」をベースにアプリケーションを変えることで、新ブランドの廉価車として売りだしてきており、中国市場での廉価車対応の一種とみることとができる。さて、ホンダの部品調達システムであるが、その最大の特徴は、日本での部品調達システムの横展開にある。その典型は、安全保安部品であるが、ここでは広州ホンダにブレーキ部品を納入している㈱日信を例に見てみることとしよう。[20]日本国内でホンダにブレーキ部品を納入しているのは、日信と曙ブレーキであるが、その比率は8：2と日信が圧倒的比率を誇っている。さて、中国での展開だが、広州でも広州ホンダへのブレーキ部品は、100％近く日信の現地会社である中山日信が納入している。いわば典型的な横展開である。中山日信が設立されたのが2002年12月のことである。それまでは日本の日信本社から部品を送り、現地で組み立てていたのだが、2002年1月に中国政府の法規が改正され、それまで無税だった関連部品の関税が20％付加されることが決定されたために現地生産へと切り替えたのである。したがって、当初は現地拡販は考慮しておらず、広州本田への部品供給が第一だったこともあり、資本金は2,580万米ドル、本社の日信が100％出資の独資企業となった。04年4月には4輪車用のブレーキ部品の組み立てを開始し、10月には一般ブレーキの一貫生産を、そして05年2月にはABSの一貫生産を開始した。会社設立から1年強で生産体制を整備できたというのは、順調な滑り出しだったといえよう。立ち上げ時には日本人派遣

社員は40名いたが、生産が軌道に乗った2008年ころからは10名が常駐している。日本人は、総経理、副総経理を筆頭に工場長を補佐するポジションに2名、生産技術、品質、購買、管理、総務人事、財務、開発センターを補佐する各ポジションに合計8名が配置されていた。工場長を除く主要ポストはすべて日本人が占めるが、これは日本の100％出資企業という特性を反映していたものと思われる。なお開発センターを有するという点は注目されるが、実際の機能は、客先ニーズの把握、市場動向調査などで、本来の意味での開発活動を展開しているわけではない。次に部品の購買関係を見てみよう。購買関係だが、大半が日系企業との取引である。取引の部品点数は300点で、42社と付き合っているが、40社は日系である。現地の部品メーカーとの取引は、わずかに2社にすぎず、1社は天津にある日台合弁の企業で、ブレーキ鋳物部品のキャリパーの供給を受け、他の1社は商社を介して大連の中国企業からピンの供給を受けている。残りの全部品の約50％は日本国内から、残りの50％は、中国に進出した日系部品メーカーからの供給を受けている。つまりは、現地化とはいっても、大半は中国に進出した日系メーカーとの取引ということになる。

Ub社

中山日信の敷地内に工場を有しているのが日系Tier2メーカーのUb社である[21]。同社は、ブレーキ用ポリタンクを生産し中山日信に収めている。中山日信の敷地内のほんの十数メートル離れたところで操業しているので、定時納入は容易である。日系であること、操業場所が中山日信の敷地内であることなど、いろいろな意味でホンダ系Tier2メーカーの典型だといえよう。本社のU社は長野県の上田市にある。中山日信の本社も同じ上田市である。設立当社はマックス社の事務機器の部品を生産していたが、1998年から同じ上田市に工場をもつ日信工業への拡販に成功し、日信工業向けのブレーキ用オイルタンクの生産を開始し、今日に至っている。ブレーキ用のオイルタンクは、エンジンの隙間の狭い空間に設置するため、また振動で空気の滞留がないようにするため、複雑な形状をしている。したがって、上下2個のパーツをつなげて生産す

るため、複雑な形状を満足させ、かつその接合を含め高い技術が求められるという。従業員は 100 人だが、2008 年末から 09 年前半かけては一時受注が激減した。

　Ub 社の設立は 2004 年 10 月のことで、親会社である日本の U 社がブレーキシステムの生産を本格化させた時期に該当する。当初立上げの段階では「フィット」のエンジンオイルタンクの生産だけだったため、従業員数はわずかに 10 名足らずにすぎなかった。しかしその後ホンダの生産する車種の増加とともに仕事量が増加し、2008 年末の段階では従業員 25 名にまで増加してきている。常駐する日本人は副総経理 1 名だけで、経理から生産工程、品質管理すべてを管理監督している。生産ラインは U 社本社にあったものを Ub 社に移したもので、本社と Ub 社のそれでは基本的な生産手法に違いはないという。部材は、ポリタンクに装備されるセンサー機能を持つフロートが U 社から供給されることを除けば、その大半は現地の日系企業から調達される。基本的に日信工業が日本で取引している企業からの調達をベースに広州での取引関係が形成されている。新たな拡販も日信工業の許諾なくしては進めることはできない。

4.2　日産の部品調達システム

日産の部品調達システムの特徴

　では、日産の部品調達システムはどのような姿を成しているのか。ここでは広州地区の東風日産工場に焦点をあてて考えてみることとしよう。日産が東風汽車との合弁で広州に進出したのは、2003 年のことである。「シルフィ」、「ティーダ」、「リヴィナ」、「ジェニス」など比較的幅広いセグメントを用意し、中国政府の小型車奨励政策にも乗って、2009 年には 60 万台生産体制を達成した。そして、2012 年には工場増設をして 80 万台態勢を確立する計画である。また、東風ブランド車の「啓辰」も 2012 年から発売を開始する。では、日産の部品調達システムはいかなる形になっているのか。この問題を明らかに

するために、日産の主要サプライヤーであるカルソニックカンセイを例にとりながら検討してみることにしよう。[22]

　カルソニックカンセイの中国展開は、2002年11月に同社が無錫にモーター、アクチュエーター生産工場を設立したことに始まる。この工場は、日本の同社佐野工場の生産ラインを移したもので、エアコンの構成部品をここで生産しグローバル供給を目指すものであった。しかし同社の親会社である日産が、2002年9月に東風汽車と提携し、2003年7月に広州工場を稼動させ始めると、これに対応するためカルソニックカンセイは、04年10月に無錫に熱交換器、メーター生産工場を、06年12月には広州にコックピット・モジュール部品を生産する工場と金型工場を設立した。そしてこの動きと平行して04年から05年にかけて上海に開発設計と本社機能を移転させた。こうして、2010年までにカルソニックカンセイは、中国展開の本社機能を上海に移転させ、広州と襄

表6　カルソニックカンセイの中国展開

	会社名	略称	企業形態	設立	主要業務／製品	他地区事業所
上海地区	康奈可（中国）投資有限公司	CK中国 CKC	統括会社	2005年7月	本社機能	なし
	康奈可汽車科技（上海）有限公司	CK上海 CKSH	開発	2004年9月	CKJ委託業務、国内原低活動	なし（再編中）
無錫地区	康奈可科技（無錫）有限公司	CKW1	生産	2002年11月	モーター、アクチュエーター	なし
	康奈可汽車電子（無錫）有限公司	CKW2	生産	2004年10月	熱交、メーター、BCM（ボディコントロールモジュール）	なし
広州地区	康奈可（広州）汽車科技有限公司	CK広州 CKGH	生産	2006年12月	CPM（コックピットモジュール）	襄樊分公司の本社
	康奈可（広州）汽車電子有限公司	CKGC	生産	2005年3月	インパネ、排気系製品	なし
	康奈可（広州）汽車模具製造有限公司	CKGT	生産	2005年8月	金型（メンテナンス含む）	なし
襄樊地区	康奈可（広州）汽車科技有限公司襄樊分公司	CKGX	生産	2006年12月	FEM（フロントエンドモジュール）、CPM	CKGHが本社

出所）2010年8月14日カルソニックカンセイ聞き取り調査による。

樊にそれぞれ東風日産用のモジュール工場を整備したのである。しかも、カルソニックカンセイのモジュール関連の開発機能も合わせて上海へ移転させる作業を現在展開している。こうした点は、ホンダやトヨタのTier1企業とは著しく異なる展開なのである。以下、カルソニックカンセイの各工場レベルアまで降りて、やや詳しく、この違いをみてみよう。

CK広州の事業展開[23]

　まず、東風日産の工場の中でモジュール生産を行なっている工場（CK広州1）の場合だが、同工場は、文字通り生産ラインの横に2つのモジュールラインをもって日産に部品組付けを実施している。第一モジュールラインは「チィダー」、「シルフィ」などの小型車であり、第二モジュールラインは「エクストレール」、「キャシュカイ」などの中型車用のラインであるが、この2つのラインでコックピットモジュール製品の組み立てを実施している。第二モジュールラインでは、5車種のうち1車種だけであるが、フロントエンドモジュールを実施している。このモジュールラインにコックピット部品を供給しているのが広州の工場（CK広州2）で、その金型生産を行なっているのが同じ敷地内にある工場（CK広州3）である。カルソニックカンセイの広州工場は、東風日産に対してはコックピットモジュールと排気系部品の供給を担当しているのである。

　東風日産にコックピット部品を供給しているCK広州2の設立は、2005年3月で資本金は2,386万USドル、従業員は505人で、100%カルソニックカンセイの出資である。発注のシステムは、日本のカルソニックカンセイの手法と大差はない。3か月前に内示を受けると1週間以内にTier2に発注をかける。そして1日前に確定データーが得られ、同期生産で当日Just in Sequence（ジャスト・イン・セクエンス）〈時間通り序列通りでの納品〉で製品を送り出す。通常は、オーダー変更は少ないが、年に2－3回大幅な変更が直前にあり、現場が大混乱に陥ることがあるという。代金も、チャイナ・パートーナーと呼ばれるオンライン方式で管理されており、通常は2カ月後の月末〆で支払われる

表7 CK広州のモジュール構成部品の内外製比率

数量ベース	内製	外製			
	CKグループ	日系	外資系	民族系	
CPM	24.0%	61.3%	4.0%	10.7%	100.0%
FEM	26.7%	50.0%	0.0%	23.3%	100.0%
モジュール平均	24.8%	58.1%	2.9%	14.3%	100.0%

出所）2010年8月16日CK広州での聞き取り調査による。

という。日系メーカーで支払いが遅滞するメーカーは皆無だが、中国系企業にしばしば支払いが遅れる企業が出てくるという。

モジュール部品に関しては、コックピット・モジュールで、構成部品の総点数は100から130点で、インストルメントパネル、メーター、集中スイッチ、空調ユニットなどは内製部品だが、エアバッグユニット、情報ディスプレイ、ワイヤリングハーネス、オーディオ、ステアリングコラムなどは外製部品である。またフロントエンドモジュールに関していえば、構成部品は全体で70－80点であるが、そのうちモーターファン、ウオッシャータンク、ラジエター、コンデンサー、ラジエターコアサポートなどは内製だが、一番高価なヘッドランプは外製部品である。金額ベースでみたコックピットモジュールの内外製品比率は60－70：40－30と内製比率が大きいが、部品点数比率でみると逆で、表7に見るように内製比率は著しく低く、外製比率が高くなっている。外製のなかでも日系が占める比率は約半分の50－60％前後だが、民族系が10－20％を占めていることが注目される。この点は、前述したホンダや後述するトヨタとも異なるカルソニックカンセイの特徴だといえよう。

DH社[24]

CKに部品を供給するTier2メーカーのDH社は、台湾企業でCKGCにコックピットモジュール部品であるインパネのフィンの部分の射出成型部品を供給している。これまでボールペンの軸の生産から電気製品へ、そして自動車部品へとその業種を拡大してきたが、射出成型、流体印刷を得意とし、トヨタ、ホンダ、日産3社のTier2メーカーとして活動している。創立は、今から11年

前の1999年で、資本金は4,628万HKドル、従業員は1,980人である。カルソニックカンセイとの取引はCKGCのスタートからで、現在でもKCGHや東風日産へ直接部品を納入している。

　元来、射出成型金型や金型部品は、受注が時期的に変動する業種である。新車立ち上げ時には注文が殺到するが、いったんスタートすると発注が激減する。しかも代金決済も受注時点で4割、中途で3割、最納品時で3割といった分割方式なので、1社取引をしていると資金不足に陥り倒産の危機に直面する。それを回避するためDH社は、発注先をトヨタ、ホンダ、日産3社に分散させ、受注の谷を埋めているという。

DM社[25]

　CKに部品を供給するTier2メーカーのM社は1975年に香港で設立されたプレス事業会社である。同社グループは70年代以降積極的に事業拡張に乗り出し、90年代に入ると大連、東莞、深圳に工場を建設して、電機及び自動車関係のプレス部品の生産を行ってきた。DM工場の建設は2003年のことである。DM社は25トンから800トンの金属プレス機を所有して、電機及び自動車用の金属プレス部品を生産している。従業員数は500人（2010年）である。日本人技術者がいて、従業員の技術指導を行っている。取引先は日産、トヨタ、ホンダ、中国の民族系企業の吉利と幅広いが、主力は日産で、日産系が全体の50％を占める。なかでも主力はカルソニックカンセイで、CKGCにはエクゾーストパイプ関係のプレス部品を納めている。コスト削減要求は厳しいが、日本人技術者の指導のもとで、従来、鋼板で購入していた鋼材をコイルで購入することでコスト削減を図ったり、二交代制を残業一交代制にすることで効率化を図り、コスト削減に努めるなど、日本企業以上のきめ細かな改善運動を展開して受注増に努めているという。

広州HD有限公司[26]

　以上はCK関連のモジュール部品供給企業のTier2企業の実態だが、ここで、

東風日産関連で新たにワイヤーハーネス部門で脚光を浴び始めた中国系 Tier1 企業の広州 HD 有限公司に着目しておこう。この間、東風日産が自主ブランド車を開発設計するなかで、東風側のワイヤーハネス企業としてそのシェアを急速に伸ばしてこの分野の日本企業大手に食い込んできているからである。まず、この企業の概略を紹介しておこう。同社の創業は 1999 年で同じ広東省の恵州でスタートした。同社は 2002 年まで住友電装の技術指導を受けてきた。2007 年新たに東風日産に隣接する花都に新工場を立ち上げて東風汽車用のワイヤーハーネス生産の準備を整え、08 年 5 月から正式稼働した。現在従業員は 950 人、年間 15 万セットのワイヤーハーネスを生産する。同社が注目されたのは、東風の自主ブランド車「啓辰」の設計からテスト段階で入札に成功して、この自主ブランド車のワイヤーハーネス部門で大きくそのシェアを伸ばした点にある。日系同業他社と比較すると製品価格では 20％ほど割安だという。品質的には矢崎、住友電装より若干劣るものの価格的には十分な競争力をもち、しかも R&D 部門では中国現地にそうしたセクションを持たない日系よりは大いに競争力を有していると W 生産管理部長は述べている。自主ブランド車「啓辰」に関しては、前述したＣＫが全く受注できなかったことを考えると、こうした分野でますます中国系企業がそのシェアを伸ばしてくることが予想されるのである。

4.3　トヨタの部品調達システム

トヨタの部品調達システムの特徴

では、トヨタの中国での部品調達システムは、いかなるものなのか。まずトヨタの拠点がある天津に例をとって、その部品調達システムを見てみることとしよう。天津豊田の操業は 2000 年のことで、天津汽車と合弁を組み、さらには天津汽車を買収した一汽と包括協定関係を結ぶに及んで、天津はトヨタの城下町的色彩を濃厚にした。トヨタは、天津市の外環沿いと開発区の双方に工場を持つが、部品企業もこの外環沿いと開発区に集中している。天津への日本企

表 7　豊田系部品企業（天津）

会社名	生産開始時期	主要生産品目
天津津豊汽車底盤部件有限公司	1997年	ステアリング、プロペラシャフト
天津豊田汽車発動機有限公司	1998年	エンジン
天津豊津汽車転動部件有限公司	1998年	等速ジョイント
天津豊田汽車鋳造部有限公司	1998年	鋳造部品
天津豊田沖圧部件有限公司	2002年	プレス部品
天津豊田樹脂部件有限公司	2002年	プラスチック部品
豊田一汽（天津）模具有限公司	2004年	自動車用大物プレス金型

出所）天津豊田ホームページにより作成。

業の進出の方法は、まずトヨタ系の部品メーカーが1990年代に先行して進出し、その後にトヨタ本体が天津に工場を建設し本格的操業に入るという方式を採用した。したがって、トヨタがまずあって、次第に周辺に分社化した部品メーカー群が拡大して同心円状に拡大していく日本の愛知県のトヨタ本体の企業立地と結果的には類似していても、その形成プロセスは逆ということになる。トヨタの部品調達システムの特徴は、まずトヨタ系部品企業が進出し、そのあとにトヨタのカーメーカーが進出した事に象徴されるように、日本での取引関係がそのまま継承されている。ここでは、その典型事例を天津豊田とアイシン精機との関連で見てみることとしよう。

愛信天津の事業展開[27]

まず、トヨタを支える有力部品企業であるアイシン精機系の在中国自動車部品企業は14社、ミシンなど自動車部品以外のものを生産している2社を含めて全部で16社に上る。うちアイシン精機出資が8社、アイシングループ出資は6社である。そのうち天津市には後述する天津愛信（現在のアドビックス）、愛信天津を含めて5社が活動している。天津に拠点をもつ愛津天津に焦点をあててみれば、まず同社の出資比率が日本側63％、中国側37％と日本側がマジョリティを確保していた。しかも中国側の出資比率37％のうち25％は国営の天津汽車だが、残りの12％はアイシン精機と関連が深い台湾系のH社が出資し

ていた。経営の実質的責任を担う総経理は日本人で、副総経理は中国人、工場長は日本人、総務、財務、品質管理、生産、営業調達の5部のうち、総務は中国人副総経理の兼任、財務は日本人総経理の兼任、残りの3つのポストのうち品質管理と生産は台湾のH社からの派遣スタッフで、残りの営業調達は日本人が占めていた。品質管理と生産を台湾人に任せたというのは興味深い。彼らは日本企業との長期にわたる合弁関係を通じて日本的経営の何たるかを熟知しており、かつ同じ中国語を常用していることからコミュニケーションにも事欠かない。つまり後者の企業の場合には、台湾系企業を合弁相手に引き込むことで、日本式、中国式をブリッジする台湾式生産方式を導入させることにある程度成功したのである。

　愛信天津の現在の資本金は、1億3,680万元で、従業員は2010年現在で1394名である。操業当初は、建屋は第一工場だけだったが、その後増築に増築を重ねて現在は第三工場まである。生産品目の主力はウインドレギュレーター、ドア・ハンドル、サンルーフなど車体部品中心で、その数は部品点数で20品目に上る。売上高は、06年度が10億元、07年度が14億元、08年度が16億元で、2008年からの世界同時不況の影響を受けてトヨタが減産するなかで、愛信天津も減産を余儀なくされた。ここにきて、トヨタのリコール問題も生産減に微妙な影響を与えているという。

　サプライヤー数は、全部で69社を数えるが、その内訳は、日系が圧倒的で53社（77%）、台湾系が5社（7%）、欧米系1社（1%）、中国系が10社（14%）となっている。また金額ベースで見た場合には日系が83%、台湾系が13%、欧米系が1%以下、中国系が3%となっている。つまり、日系が社数でも取引金額でも圧倒的比率を占め、逆に中国系は、社数、取引金額ともに極小であることが判明する。

　また、2010年度の売り上げ計画をみると天津一汽豊田への販売が84%と圧倒的で、それ以外には天津英泰に11%、広州豊田に2%、残り3%も四川豊田、長春豊田向けで、すべてがトヨタ及びトヨタ関連企業への部品供給となっている。

愛信天津の会社組織を見た場合、総経理と総経理助理の合計3名はすべて日本人で、副総経理が中国人である。また10の部のうち中国人部長は人材安全部長のみで、他はすべて日本人が占めている。しかし副部長まで降りると3名の中国人と1名の台湾人がそのポストを占めている。先ほど紹介した同社スタート時と比較すると日本人の役職比率が増加し、中国人とともに台湾人の比率と役割の重さが低下している。
　以下、愛信天津のベンダー3社を中心にその供給状況を見てみることとしよう。

日系S社[28]

　S社は、大阪に本社をもつ独立系の精密プレス加工メーカーである。設立は1952年である。設立後は金型、熱処理部門に事業分野を拡大して今日にいたっている。S社が、天津に100％独資の工場を設立したのは2002年のことであった。当初は、プレス部品の日本への持帰りを目的に設立されたが、2002年に天津豊田が立ち上がり、それが本格的稼動を開始するに伴い、04年からアイシンへの納入計画が進行し、新車種立ち上げと同時に06年からアイシン精機へのプレス部品を納入する2次ベンダーへと変身していった。以降確実に販売量は増加を開始している。天津にはS社のようなTier2メーカーは数が少なく、その意味では日系Tier1企業にとっては貴重な存在である。従業員は2010年初頭の時点で280名である。取引先は、アイシンと豊鉄の2社で70％を占め、アドビックス、アスモなどがその残部を埋めている。アスモを通してS社が生産するワイパーの連結棒が北京現代へ納入されている。材料は、ほとんどが日系のトヨタ鋼材、住友金属、日華鋼材から供給される。ほとんどが指定である。ボルト、ナットは集中購買でトヨタ通商から納入する。
　現在競合する中国企業が台頭してきており、確実に実力を蓄えつつある現地企業との競争は相当厳しいものがある。こうした競争に打ち勝っていくためにはよりいっそうの品質向上が要求される。またトヨタが中国市場で勝利するには、安価な車種の投入が必要だが、そのためには開発設計の段階から見直す必

要がでてきている。例えば重要保安部品に関しては、徹底的な品質保証が求められるが、そうでない場合には普通の素材を使用するようなごく単純な発想の転換が求められている。

中国系Y社[29]

Y社の設立は1996年のことである。金型の設計、生産そして納入、プレス部品の生産を行っている。工場は中国全土に8カ所、うち天津には5カ所ある。従業員総数は、2010年現在で1,820名である。その内訳を見れば、ライン工が1,251名で全体の68％を占め、工程技術員が217名で12％、管理部門が210名で同じく12％、そしてQC要員が142名で8％となっている。また学歴別に見ると大卒以上が357名で全体の20％、高卒が791名で43％、約半数を占める。以下中卒が520名で29％、小卒が357名で全体の20％を占めている。

取引先は国内では、北京福田、東風日産、天津一汽などの主要メーカー、国外では日産、小松などが主な会社である。天津一汽への納入は2000年から、小松との取引は、2002年から開始されている。日産に関しては2006年から部品のサンプル調査を受けており、07年12月から2010年まで毎月技術指導を受けている。日産へは、90件の部品を納入しているが、そのなかには安全保安部品が含まれているので、参入には長期期間が必要となる。また、アイシン天津とは08年から取引が開始されているが、プレス部品を納入している。

これからの部品納入の増加が期待される企業である。企業取引先数の増加とともに売上高も上昇を開始、2002年の2億元は、2006年には3.2億元に、2009年には8億元に増加している。日本企業の場合には指定部品の数が多く、その分利幅が少ない欠陥があるが、見返りに、技術指導やブランド向上などが受けられるメリットも大きい。材料となる鋼材は、宝山製鉄からの供給が大きいが、韓国のPOSCOが激しい参入を図っており、新会社設立に際しては、POSCOは宝山より安い価格で同じ品質の鋼板を納入するという約束しており、今後は、POSCOの納入比率が拡大することが予想される。

中国系 J 社[30]

　設立は2000年3月である。主な生産品は、金型の設計、生産、保全と各種プレス部品の生産である。工場は、天津と東莞、常州の3カ所に所有している。天津は主力工場で385名が、東莞には236名の従業員が、常州には55名の従業員が従業している。取引先は、現代関係が20％（内訳は現代MOBISが13％、平和が7％）、トヨタ関連が15％（内訳はアイシンがドア小物プレス部品を中心に8％、残りの7％は豊鉄、アスモが占める）である。J社の出発当初は家電プレス部品が中心であったが、経営の安定化と技術の向上を志向して自動車部品関連に進出、2005年からはアイシン天津と2007年からは現代MOBIS、平和と取引を開始している。2010年現在で家電関連のプレスが55％、自動車部品が45％となっている。

　プレス金型の設計と生産には2名が日本で研修を受けている。設計部門には35名が所属し、21名が品質管理に従事している。取引各社は、発注とともに材料指定を行っているが、日本企業は主にトヨタ鋼材と華中が、韓国企業は聯合と宝山を指定している。サブプライムローンを原因とする世界不況の中で、J社も2009年には12％ほどの売上ダウンを経験したが、2009年11月以降回復した。

トヨタ系Tier2メーカーの特徴

　以上愛信天津のTier2企業を3社取り上げて検討を試みた。S社は日系独立メーカーであるが、他のY、J2社はいずれも中国系の企業である。各社いずれもそれぞれおもな製品は小物プレス部品で、Tier1企業にとっては金額的にはそれほど大きくはなく、せいぜい数％程度にとどまる。逆に日本国内から輸入する部品は、その大半が電子部品や半導体がらみの保安部品で、大半は愛知県周辺の日本部品メーカーからの支給品である。残りのパーツ部品は、おもに天津のみならず上海や大連から引いてくる部品も少なくない。たとえばシート部品に使用する曲げパイプの類は、日本国内で取引し、現在大連に工場を持つR社からの供給を受けている。それ以外に中国在住の日系企業からの部品調達

は、その大半がR社のケースのように日本国内での取引の中国での横展開である場合が多い。

こうした一種の「系列取引」的な閉鎖的取引構造が、一面で日本企業の品質管理を容易にし、かつ高度なものにする一因であるが、他面で割高コストの重要な要因を構成し、他の欧米・中国・韓国企業との廉価車生産、販売競争に敗退する条件にもなっている。

一般に日本のTier2メーカーは海外展開を躊躇するといわれているが、天津に進出したS社のようなケースは少なくない。前項でホンダ系の二次メーカーのUb社のケースを紹介したが、この種の会社もその数は決して少なくはない。日系部品企業のTier2は海外進出をしないという主張もないわけではなく、たとえば朴泰勲「階層的分業構造の海外移転と組織間システム」[31]のように組織間生産システムのモジュール化がTier2の海外進出要因だ、と述べて日韓Tier2企業の海外進出の強弱の相違を説明する。興味深い指摘だが、以下の点も併せ考える必要がある。

天津愛信を始めとする日系メーカーで注目すべき事実はTier1のTier2化というシステムで、これは取引関係ではクローズド型なのだが、変形クローズド型ともいうべき関係で、愛信天津の場合、他の日系企業のTier1企業でありながら、愛信天津との関係ではTier2的機能を果たすのである。先に挙げたS社などがその一例だが、R社は電子関連のエンジンパーツではトヨタのTier1企業なのである。実は、日系企業の中国展開の1つの特徴は、Tier1のTier2化という取引関係で、高度技術をもった日本部品企業群ならではの多重的取引ネットワークなのである。愛信天津の場合には、上海矢崎、松下電工天津分社、広州シラキなど半分以上はそれに該当する。むしろ純粋のTier2企業を探し出すのが難しいほどである。

実は、こうした濃密なネットワークは何も天津だけではなく日本の関東地域や中部地域にもしばしばみられる現象で日本ならではの取引ネットワーク型だということになる。そして天津もその例外ではないのである。

最もこうしたサプライヤーシステムの特徴は、高度の品質管理は可能であっ

ても、価格面でのコストダウンには大きくは寄与しないということである。つまりコスト的には、日本から引いてくるより輸送費分が安いだけで、中国系企業や韓国系企業の割安部品と対抗することは非常に困難であることである。コストダウンという課題をいかに解決するかというと、やはりTier1のTier2化という取引関係で、高度技術をもった日本部品企業群ならではの多重的取引ネットワークでは無理な面があり、前述したホンダのUb社のようなTier1企業の敷地内で間借りしたTier2の活用というスタイルが必要なのかもしれない。こうしたケースは、天津愛信の場合には少なく、どちらかといえば単独で天津進出している場合が少なくないのである。

4.4 トヨタ・ホンダ・日産の中国展開の特徴

系列を崩さないトヨタ・ホンダの中国展開

以上、トヨタ・ホンダ・日産の中国展開の実情を追ってみた。日系3社のなかで、トヨタ・ホンダの中国展開の特徴をいえば、両社ともに日本での系列関係をそのまま中国に持ち込んできていることである。トヨタのアイシン精機の動き、ホンダの日信工業の動きを見ても、いずれも日本での取引関係が主流を占めた部品供給構造となっている。それはいい方を変えれば、現地企業を活用していないということにもなる。アイシン精機にしても日信工業にしても、その部品の大半は、日本ですでに取引の長い歴史をもつ日系企業の中国進出企業から調達している。しかも、ある場合には日本での取引を重視するという視点から天津にあって、わざわざ遠路広州から調達する、あるいはその逆の場合も少なくはない。また、トヨタ・ホンダの場合には、開発機能が中国に移管されておらず、開発及びそれに附帯する設計・生産統括の極端な中央集権体制が確立している。つまり中国の工場は、生産に特化して、開発や設計は日本に集中する体制が取られていることである。その意味では、生産の現地化がほとんど進んでおらず、いわんや開発の現地化などはこれからの課題である。生産スタイルもロボットを多用する本国工場とは対照的に人力を主体にしたラインが設

定されていて、生産効率は決して高くはない。

系列を崩した日産の中国展開

　これと対照的なのが日産の中国展開である。日産の中心的 Tier1 メーカーであるカルソニックカンセイの動きをみると明らかにトヨタやホンダとは対照的な動きを見せている。1つは、日本国内同様コックピット・モジュール、フロント・エンド・モジュールといったモジュール生産方式が採用されていることである。そして日本国内の展開とは異なり、現地地場のメーカーの製品を大幅に取り込んできていることである。いま1つは、カルソニックカンセイが、その中国本社機能を日本から上海へ移したことであろう。そして、それにともない、開発機能も同時にまた中国へシフトさせていることである。2005年7月の中国統括会社（CKC）の上海設立、それに先立つ04年9月の設計開発会社の設立（CKSH）の設立はそれを物語る。つまり、カルソニックカンセイは、積極的に生産と開発の現地化を推進していることである。この点は、先に挙げたトヨタやホンダとは著しく異なる点だといわなければならない。

5　中国における現代自動車の部品調達システム

5.1　モジュール専門メーカーとしての現代 MOBIS の役割[32]

　現代 MOBIS の特徴をみると、韓国最大の一次部品メーカーであり、技術的にも現代自動車と協力して二次部品メーカーの育成をリードしている。現代 MOBIS の急成長の裏には、現代自動車のモジュール部品メーカーを育てようとする経営戦略がある。特に、現代 MOBIS は M&A により従来欠けていた分野の技術開発力を高めつつあり、そして統廃合過程を繰り返した結果、従来の設計・開発、生産、部品調達の機能の一部が現代 MOBIS に移り、モジュール化の役割も現代 MOBIS に集約されており、中国進出先でも例外ではない。

中国進出の欧米メーカーは、VWにみられるように、地場メーカーやその他外資系メーカーに設計図やサンプルを渡し現地調達率を高めている。日系メーカーは中国でも系列サプライヤーとの取引を重視しており、進出前後に多くの系列部品メーカーを進出させている。これらの完成車メーカーは、一次部品メーカーに複数の製品を発注することでサプライヤーの数を絞り込んでいるが、必ずしもモジュールでの納入にこだわっているわけではない。それとは反対に、現代自動車は中国でもモジュール化を積極的に進めることで一次部品メーカーの絞込みを図っており、この点で日系メーカーとは異なる。すなわち、モジュール調達は、現代自動車の部品調達政策の基軸的な役割を担っている。

　中国では、北京現代と東風悦達起亜は現代MOBISの中国法人経由の独特な部品納入方式をとっている(33)。すなわち、北京MOBIS（順義MOBISとも呼ばれる）、江蘇MOBISなどの現代MOBISの中国法人は、完成車メーカーと多くの自動車部品メーカーを結ぶ仲介企業の役割を果たしている。これも中国で現代自動車（あるいは現代MOBIS）がモジュール化を急展開に成功した要因の1つである。北京現代も東風起亜も、シャシーモジュール、コックピットモジュール、フロントエンドモジュールという3大モジュールを北京MOBISと江蘇MOBISに外注する。2006年のインタビューでは、外注するモジュールは部品件数全体の40％程度であると答えた。2010年3月のインタビュー時点では、モジュール化率は2006年40％から、65％まで上昇していた。そして、北京現代MOBISにおけるモジュール化の効果をみると、部品企業数が25－40％削減、従業員数は30－60％削減、コストは10－20％減少と予測される、とインタビューに答えた(34)。

　現代MOBISの中国法人経由の独特な部品納入方式は、その一次部品メーカーとの取引概要からもうかがえる。北京MOBISの一次部品メーカーのうち、データの収集ができた28社の企業概要および取引概要をみてみよう。北京MOBISは、主にシャシーモジュールとコックピットモジュールを北京現代に供給していることから、その一次部品メーカーのほとんどがシャシー及びコックピットモジュールに組み付けられる部品を供給している。28社のうち、シャ

シーモジュール用部品を供給している企業は15社、コックピットモジュール用部品を供給している企業は12社あり、1社のみがそれ以外の部品を供給している。地域別にみると、北京と天津に17社、上海を含める江蘇省付近には6社、山東省に3社、遼寧省に2社立地している。これらの一次部品メーカーのうち、同時に江蘇MOBISの一次部品メーカーでもある企業が5社、そして、同時に北京現代自動車の一次部品メーカーでもある企業が3社ある。2006年時点で従業員規模をみると中小企業が大多数を占めている。取引比率でみると、1社は100％北京現代1社とのみ取引をしており、9社は複数社と取引している。

5.2 北京MOBISにみる部品調達

　北京現代自動車を支えるモジュール事業の中核は、北京MOBIS（順義MOBIS）である。同社は、現代自動車が100％出資している独資企業である。傘下のTier2企業数は45社を数え、彼らが北京MOBISに納入する部品数は649種に及ぶ。北京MOBISは、これらの多岐にわたる部品をコンピューターで管理する。傘下の45社のロケーションをみれば、45社中17社は、北京から半径75km以内の北京・天津地域に立地しており、その社名をみれば、万都、ビステオン、デンソーなど重要保安部品を生産する企業が集中している。北京、天津地域の現代MOBISは現地法人6社、その他の随伴進出企業が32社、多国籍企業が4社、中国ローカル企業が3社ある。われわれが注目すべきは、この最後のローカル企業の3社である。JH社をはじめとするこの3社からそれぞれ6、3、3品目を調達する。いずれもプラスチック成型部品を北京MOBISに提供している。ローカル企業のちのJH社は1996年3月に設立された。主要生産製品はモーターであり、主な納品先には、北京現代のほかに、第一汽車、東風汽車、奇瑞汽車などがある。[35] 残り2社は完全に中国ローカル企業である。

　このように地場企業の参入件数が少ないのは、何も北京MOBISに限定された話ではなく、この業種に一般的に見られる現象である。担当者のJさんの言

によれば、「コスト的には問題ないが、品質面で合格できない企業が数多い」との話である。2006年時点の地場企業の参入件数が、同じ3件であることを考えるとTier2企業の活用という問題は、品質面での厚い壁に阻まれて計画どおりには増加していないことがわかる。また、多国籍企業の4社は、バレオから2品目、上海サクスから3品目、デンソーから6品目、ブコジメンスから10品目の合計21品目に及ぶ。先のローカル企業が3社で、合計12品目にのぼり、社数の割には品目件数が多いのが特徴である。

5.3 Tier2の事例

ここでは、現代自動車のTier2であるD社のケースをみてみよう。D社の本社は韓国大田市にあり、1972年11月に設立された。1979年9月から自動車用エンジン部品のBearing Cap-blockを生産しはじめた。1987年から1992年まで日本の冷間鍛造㈱（大宮市）と技術提携を行った。1991年に自動車用Differential Bevel Gearを生産し始めた。2007年8月からD社はSolenoid事業を拡張（Remy Global business）し2010年1月に第三工場を設立し今日に至っている。天津にはサムソン電子に随伴進出し、当初は電子部品パートの生産を行ってきたが、その後は自動車部品に切り替え、上記のようなパーツ生産に乗り出した。D社は、現代と起亜が19％の株を所有しており、したがって独立系とはいえず、広くは現代グループに所属する。また、サプライヤーシステムという観点からみれば、天津では北京現代のTier2企業であるが、韓国の本社は、現代自動車に直接納入しているという点ではTier1企業に該当する。

従業員の規模をみると2008年12月時点では111名で、うち韓国人は合計7名であった。その内訳を見れば、管理部門が、総経理1名、副総経理2名（品質担当と開発担当）の3名で、残りの4名は品質担当の課長1名と生産現場に配属されている3名であった。ところが、サブプライム危機を経た2010年時点では従業員総数は90名、うち韓国人は4名、と両方とも若干減少した。韓国人の内訳は品質管理が2名、現場が2名となっている。D社の主要取引相手は、

万都（北京とハルピン）が40％、WUXIOBISが50％、YOUNGSINが10％となっている。また、売上高も2009年は2008年に比べて84％ほど増加した。ちなみに、2009年の売上高のうち53％は輸出であった。2010年時点の生産製品はSolenoid Switch、C/Piston、Oil-Pump Shaftなどである。実際の生産過程をみれば、CALIPER PISTONを万都と現代MOBISに納品する。そこでブレーキシステムに組み立てられて北京現代、GMに納品されるが、それ以外に部品単体でブラジル、メキシコ、オランダに輸出されている。重要保安部品なので、アフターマーケット市場向けの製品はない。

　生産は、承認図と貸与図両方で実施しているが、比率としては貸与図の方が多い。完成品の図がTier1企業から貸与され、それに基づいて鍛造図、加工図などを作成する。ちなみに、開発担当は2008年時点で2名、うち中国人が1名、韓国人が1名である。

　2008年にはウオン安も絡んで、生産ラインの一部を韓国へ移管したが、2009年春から生産が回復し、4、5月から受注が急増し、アメリカのアラバマ工場への製品納入も重なって9月にはピークに達した。この間、中国から撤収した韓国系企業も多かったので、設備投資を控え、人員も削減してきたD社の損益分岐点は下がっていたため、受注増がそのまま収益の増加につながり、経営状況は好転した。現在受注をこなせない部分は外注でクリアしている。

　D社のベンダーは合計7社で、そのうち韓国企業は1社のみで、他は中国系である。原材料は、万都や現代自動車から指定を受けたところから納入される。例えば鋼材は、河北省にある石家荘鉄鋼有限公司から購入する。もっとも、ウオン安の関係で、このような原材料を韓国からの輸入に切り替えたものが多い。

　現在D社が取引している主要な企業は、現代、起亜、上海GMおよびヨーロッパ企業だが、日系企業やボッシュへの拡販を計画中である。かつて錦州ハンラに拡販をかけたが、条件面が折り合わず断念した。いずれにせよ、日系や欧州企業への納入実績は、企業ブランドの向上につながるので、全力を挙げているということであった。

D社の品質管理では、現代自動車からSQ審査が実施され、Aランクの最高点をとれば検査工程のチェックの頻度が2年に1度ですむが、以下B、Cランクとなると、それぞれ年に1度、6カ月に1度といった具合に増し、Cランキングよりも下になると部品供給契約の更新が不可能となる。もっとも上記の検査は、現代自動車のそれであって、現代MOBISや万都となると、その検査はもっと頻繁に実施されることとなる。現代MOBISや万都の審査表や評価表は、現代のSQと酷似していて、塗装、原材料、生産工程など多数のチェック項目で評価する。2010年初頭トヨタのリコール問題は、韓国企業にも大きな影響を与え、生産設備や検査設備の更新、計測器の交換、老巧設備の交換、品質教育を強化など品質検査の頻度が急増した。

　D社の品質管理に関して、いま1つ注目すべきことは、SQA（品質管理組織）が協力会社全体に組織され、たえず品質管理に関してグループ全体が一丸となって取り組んでいることである。同様の組織は現代自動車最大のTier1企業である現代MOBISにも組織されていて、これがTier2以下のグループ全体の部品企業の品質管理に大きな力を発揮している。

5.4　中国における部品調達の特徴

　取引関係の特徴を把握するために、筆者は2005年から2008年まで、Tier2、Tier3企業を対象にインタビューを行った。そのうち、同じ企業を2－3回訪問したこともある。これらのインタビュー調査の結果をまとめる以下のようである。取引は原則的には1年単位で行い、取引先からの契約中止がない限り取引は継続される。現代自動車と現代MOBISの購買政策に応えられれば、長期的取引関係が部品メーカーには保証されるという[37]。ただし、品質の面で一次メーカーに対しては「5スター制度」、二次メーカーに対して「SQ Mark」制度を定期的に実施しており、工程検査で不合格となれば取引を中止される場合もある。一方、取引は継続性をもつが、部品メーカーは完成車メーカーの厳しいコストダウンに常に応えなければならない圧力がないわけでもない。北京現

代に部品を供給してきたA社の社長はインタビューで自動車部品産業はマージンが、2006年時点で5％ほどしかないのに、さらにコストダウンすることを要求されたと答えた。(38) このような現象は、韓国でも同じく現れている。大手部品メーカーが中小下請け部品メーカーとの取引で、従属的な下請け関係を利用し、単価の引き下げ、人件費の削減などのプレッシャーをかけ、コスト削減の負担を下請メーカーに転嫁している話はしばしば聞く。

　インタビューに回答をよせた韓国系部品メーカーの9社の部品調達の特徴は次のようである。(39) まず、現地調達率は70％から90％である。ここでいう現地調達とは中国進出韓国系部品メーカーと地場メーカー、そしてその他外資系メーカーからの調達を指す。2006年時点では、韓国から輸入する部品はすべて技術集約的な部品で、現地では調達ができない部品であった。ただ2007年から、中国市場における完成車メーカー間の値引き合戦がますます激しくなり、現代自動車グループも地場メーカーからの調達比率を引き上げる必要性について検討し始めた。ただ、中国の地場部品メーカーの品質水準はまだ低いのも事実である。それに現代自動車の選定基準に沿って選定すること、南洋技術研究所と上海MOBISの試験センターのテストを受けることなど、取引を開始するまでに数年かかるという。

6　日韓両国企業の中国生産現地化の特徴

6.1　日本企業の中国展開の2類型

　拡大を続ける中国市場に対して日韓企業はいかなる対応をしてきたのか。トヨタの中国展開は、強力なサプライヤーにサポートされた「系列システム」をもって特徴づけられる。トヨタは海外展開する際に、この日本的な「系列システム」を基底においた「系列」をもってシステム作りを行ったわけだが、そのポイントは、要所での日本人スタッフの活動だった。これと類似したシステム

で中国展開を実施したのがホンダだった。トヨタとホンダの相違は、トヨタが強力な「系列」網を前提に中国展開したのに対して、ホンダは、系列関係を作りつつ中国展開を進めたこと、さらにはトヨタが4輪車生産一本で進出したのに対してホンダはそもそも2輪車を先行させて、4輪車生産を追随させるという戦略をとったため、サプライヤー情報をホンダがより豊富に所有して中国進出を展開した点にある。トヨタ、ホンダの戦略に対して、日産のそれは異質であった。2000年代から該社の指揮権を握ったルノーのカルロス・ゴーンCEOは、「系列解体」を呼び声にカルソニックカンセイなど少数のサプライヤーを除いて、すべてを解体し、グローバルサプライヤーシステムを強行に推し進めた。その結果、「系列」を残したトヨタやホンダとは異なるオープンなサプライヤーシステムが構築されていったのである。このオープン・サプライヤーシステムが、日産の中国展開の特徴ともなった。

6.2 韓国企業の中国展開

　その点で韓国の現代・起亜を見れば、「系列システム」を持って中国展開をしている点ではトヨタ、ホンダに通じる面があるが、総ぐるみの「系列システム」ではなく、一部汎用製品に関しては大胆に日産的グローバル調達方式を採用しているという意味では、トヨタ、ホンダのそれとは異なる方式である。また、トヨタ、ホンダの場合には、主要部品を束ねるTier1企業は、各部品ごとに平均2.5社程度に抑えているが、現代・起亜の場合には、現代MOBISが一元的にTier1サプライヤーを統合している。したがって、中国進出の場合には、現代MOBIS、万都、漢拏空調などがワン・セットとなって現代・起亜を支える体制をとっているのである。この点でも、韓国企業の海外展開は、日本企業のトヨタ、ホンダとは異なる展開を見せている。

おわりに

　本論文は、日韓両国企業の対中進出の現状と問題点、両国企業の進出とサプライヤーシステムの相違を明らかにしたものである。大きくその特徴を述べれば、日系企業のうち、トヨタとホンダは、系列関係を基本的には堅持しつつ、しかし中国現地企業からの部品供給を待たずに自前主義を貫く点にあった。他方、同じ日系企業でも日産は、系列関係を保持しつつも、保安部品以外の点では現地部品の活用に大きく一歩を踏み出す方向性を取り始めている点であった。これに反して韓国の現代企業の場合には、安全保安部品も汎用部品ともに、自前主義を保つという戦略であった。また、日系と韓国系企業の大きな差は、日系企業が基本的にライン供給システムを採用し、本社機能と進出先企業の機能分離を明確にしているのに対して、韓国企業はモジュール生産方式を採用し、Tier1企業の現代モビスが大きな力と役割を演じ、現代モビスが本社機能の一部を代替する「擬似本社機能」を果たしている点であった。

［注］
(1) 中国市場での自動車産業をめぐる部品サプライシステムをめぐる最近の主だった研究としては、藤本隆宏・新宅純一郎［2005］、小林英夫・竹野忠弘編著［2005］、丸川知雄［2007］、小林英夫・丸川知雄編［2007］、広島大学大学院総合科学研究科編［2010］、駒形哲哉編［2010］、山崎修司編［2010］、小林英夫［2010］、櫨山健介・川辺信雄編［2011］等がある。しかし、これらの研究の多くは、その分野をカーメーカーとTier1メーカーまでにとどめており、したがってサプライチェーンの基底を掌握してはいない。本稿は、こうした従来の研究史の空白を埋める目的で執筆された。
(2) さしあたり小林英夫［2010］参照。
(3) 小林英夫［2004］参照。
(4) 2011年4月12日広汽本田事務所での聞き取り調査による。

(5) 2011 年 4 月 13 日東風日産事務所での聞き取り調査による。
(6) 現代 MOBIS [2007] p.302
(7) 紙面の関係で、北京現代と東風悦達起亜の製品投入戦略の詳細と生産販売実績については割愛する。
(8) 北京汽車ホームページによる。
(9) 「北京現代第 2 工場の品質管理」『北京現代新聞』2010 年 4 月 12 日。
(10) 「北京現代万里の長城を超え、進出 7 年ぶりに 4 位に」『日曜ソウル』2010 年 4 月 26 日。
(11) 「北京現代、第 3 工場を計画　SUV を生産」『中国経済・産業ニュース』2009 年 8 月 14 日。
(12) FOURIN [2008] p.226
(13) 東風汽車有限公司ホームページより。
(14) 4S 店とは、自動車の販売（Sale）、部品の販売（Spare parts）、修理などのアフターサービス（Service）、顧客情報の管理（Survey）の 4 機能を持つ店舗を指す。
(15) 東風悦達起亜ホームページによる。
(16) 小林英夫 [2004] p.168
(17) うち約 9 割にあたる 806 社が中小企業であり、大企業は 95 社にすぎない。901 社のうち、現代と取引している企業が 364、起亜と取引している企業が 373 社、GM 大宇と取引している企業が 322 社ある（韓国自動車工業協同組合（KAICA）ホームページ）。
(18) 対外経済政策研究院 [2007] p.157 の調査結果による。
(19) 韓国輸出入銀行 [2009] より集計した。
(20) 2010 年 7 月 9 日中山日信事務所での聞き取り調査による。
(21) 同上。
(22) 2010 年 8 月 14 日カルソニックカンセイでの聞き取り調査による。
(23) 2010 年 8 月 16 日 CK 広州での聞き取り調査による。
(24) 2010 年 8 月 17 日 DH 社での聞き取り調査による。

(25) 2010年8月17日DM社での聞き取り調査による。
(26) 2011年4月13日広州HD有限公司での聞き取り調査による。
(27) 2010年7月15日愛信天津での聞き取り調査による。
(28) 2010年7月15日S社での聞き取り調査による。
(29) 2010年7月15日Y社での聞き取り調査による。
(30) 2010年7月15日J社での聞き取り調査による。
(31) 朴泰勲［2008］。
(32) 現代MOBISの事業内容と統廃合過程の詳細は、小林英夫・金英善・大野陽男［2010］を参照されたい。
(33) 現代MOBISの中国法人は、北京だけでなく上海、塩城、無錫、天津各地にある。その詳細については本稿では割愛する。
(34) 2010年3月と7月16日、BM社K氏とJ氏に対するインタビューによる。
(35) JH社ホームページによる。
(36) 2010年7月16日、BM社のJ氏に対するインタビューによる。
(37) 2008年12月、HJ社、PS社、DY社、DH社等に対するインタビューによる。
(38) 2006年2月、MD社のY氏に対するインタビューによる。
(39) 2006年2月から3月にかけて実施したインタビューによる。
(40) 小林英夫・大野陽男［2005］p.191

［参考文献］

韓国輸出入銀行［2009］「海外投資統計情報――製造業種別」。

KIEP、정성춘（鄭成春）、이형근（李炯根）［2007］『한일 기업의 동아시아 생산 네트워크비교연구（韓日企業の東アジア生産ネットワーク比較研究）』대외경제정책연구원（KIEP、対外経済政策研究院）。

小林英夫［2004］『日本の自動車・部品産業と中国戦略』工業調査会。

小林英夫［2010］『アジア自動車市場の変化と日本企業の課題――地球環境問題への対応を中心に』社会評論社。

小林英夫編著［2010］『トヨタvs現代――トヨタがGMになる前に』ユナイテッド・

ブックス。

小林英夫・大野陽男［2005］『グローバル変革に向けた日本の自動車部品産業』工業調査会。

小林英夫・竹野忠弘編著［2005］『東アジア自動車部品産業のグローバル連携』文眞堂。

小林英夫・丸川知雄編［2007］『地域振興における自動車・同部品産業の役割』社会評論社。

小林英夫・金英善・大野陽男［2010］『日韓自動車産業の中国展開』国際文献印刷社。

駒形哲哉編［2010］『東アジアものづくりダイナミズム』明徳出版社。

趙亨済［2009］「モジュール化による部品供給システムの変化」金英善訳、早稲田大学日本自動車部品産業研究所『日本自動車部品産業研究所紀要』3号、p.27－43

朴泰勲［2008］「階層的分業構造の海外移転と組織間システム」『国際ビジネス研究学会年報　2008年』。

櫨山健介・川辺信雄編［2011］『中国・広東省の自動車産業——日系大手3社の進出した自動車集積地』早稲田大学産業経営研究所。

広島大学大学院総合科学研究科編［2010］『中国の自動車産業』丸善。

FOURIN［2008］『中国自動車産業2008』。

FOURIN［2011］『中国自動車産業2011』。

藤本隆宏・新宅純一郎［2005］『中国製造業のアーキテクチャー』東洋経済新聞社。

藤本隆宏［2003］『能力構築競争』中公新書。

丸川知雄［2007］『現代中国の産業』中公新書。

山崎修司編［2010］『中国・日本の自動車産業サプライヤー・システム』法律文化社。

한국자동차공업협동조합（韓国自動車工業協同組合）［2009］『2009 자동차산업편람（2009 自動車産業便覧）』。

한국자동차공업협회（韓国自動車工業協会）［2009］『2009 한국의 자동차산업（2009 韓国の自動車産業）』。

한국자동차산업연구소（韓国自動車産業研究所）［2010］『2010 자동차산업（2010 自動車産業）』。

현대자동차（現代自動車）［1997］『도전 30 년 비전 21 세기 - 현대자동차 30 년사（挑戦 30 年、ビジョン 21 世紀——現代自動車 30 年史）』。

현대자동차（現代自動車）［各年］『사업보고서（韓事業報告書）』。

현대모비스（現代 MOBIS）［2007］『현대모비스 30 년사（現代 MOBIS30 年史）』。

현대모비스（現代 MOBIS）［各年］『사업보고서（事業報告書）』。

第5章 中国民族系自主ブランドの製品開発を支える自動車設計会社
イタリア・カロッツェリアと中国民族系設計会社

遠山恭司・曹玉英

はじめに

　アメリカ発の世界不況にあえぐ先進工業諸国を尻目に、2009年に入って中国の自動車販売市場は月間100万台超えを継続し、アメリカを抜いて世界一の市場となった。2000年の国内販売台数は208万台だったが、2008年には935万台とこの間に4.5倍の市場規模へ拡大し、2009年は1,000万台以上が確実視されている。また、自動車の生産台数でも日本、アメリカに並ぶ1,000万台生産大国として中国が並び、日米中鼎立時代に入っている（関［2009］）。

　高い経済成長と国民所得の増加にともなって、自動車市場も活況を呈している中国自動車市場で、シェア上位を占めるのは海外自動車メーカーと中国メーカーとの合弁企業である。上海汽車集団傘下の上海VWと上海GM、第一汽車集団傘下の一汽VWと一汽トヨタを筆頭に、北京現代、広州ホンダと広州トヨタ、東風日産などがその筆頭といえる。この中で注目されるのは、海外企業との合弁によらない民族資本自動車メーカーのうち奇瑞汽車、吉利汽車、比亜迪汽車の3社で、トップ10に食い込んでおり、その健闘ぶりがしばしばメディアに取り上げられている。中国国有企業の遺産を引き継ぐわけでもない、海外自動車メーカーとの合弁・技術供与にもよらない、これら民族系メーカーの台頭は2000年以降のことで、もはや無視し得ない存在となっている。

　ところで、この民族系メーカーの台頭は、開発を行っていて、自主モデルを

出している。これは各社それぞれの自力による製品開発とモデル展開で可能となったのではなく、国内外の自動車設計・エンジニアリング会社のサポートがあって、はじめて可能となったというのが現実である（李春利［2006］、張［2006］、李澤建［2007］）。

本章では、中国における民族系メーカーの自主ブランド自動車開発で、中国内外の自動車設計会社がどのように関わり、かつ、それらの設計会社がどのような存在として役割を果たしているかを明らかにする。中国の自主開発に中国企業から内容を解明することが非常に難しいため、イタリア・カロッツェリアや日系メーカーの調査によって、その実態を解明する方法をとっている。

1 民族系自動車メーカーの生産・モデル展開

1.1 生産台数と民族系比率

中国自動車産業の生産台数は2000年代に入って継続して上昇し、2006年には世界3位のドイツを抜いた。2001年には235万台だったが2005年には2倍の572万台に、さらに2008年には935万台にまで生産を拡大させ、2009年には1,000万台を超えるのは確実とみられる（図1）。生産台数で肩を並べる日本・アメリカと中国が大きく異なるのは、そのメーカー数の膨大さである。

日本のメーカー数が13社、アメリカのそれが3社に比べて、中国の自動車メーカーは巷間、140社以上もあるといわれる（丸川［2007a, 2007b］）。そうなると、単純計算しても1社あたりの生産台数は100万台に満たないことになり、実際、2008年の生産を国有・外資合弁大手でみても、一汽VW48万台、上海VW49万台、上海GM40万台、天津一汽トヨタ36万台、東風日産35万台、広州ホンダ31万台と1社あたりの生産規模は非常に小さいといえる。民族系大手としては奇瑞汽車の35万台を最大に、そのほかは10－20万台クラスのメーカーが屹立し、そのほか10万台以下のメーカーが膨大に存在するという状況

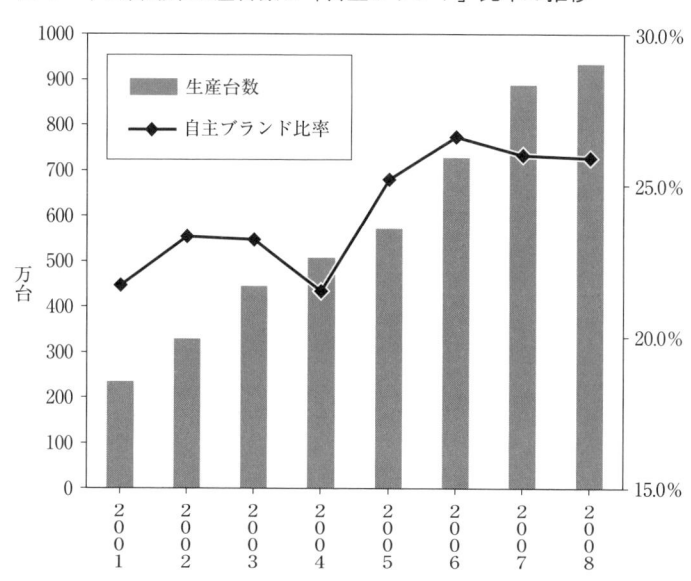

図1　中国自動車生産台数と「自主ブランド」比率の推移

出所）『中国汽車工業年鑑』各年版より作成。

である。

　2008年、セグメント別の乗用車販売では、勃興しつつある中間層を軸にした顧客特性を反映して、ベーシックカー（1.4L未満）と小型車（1.4－1.8L）とで市場の63.3％を占めている（フォーイン［2009］）。中大型セダンが20.4％、高級車が4.8％で、近年ではSUVモデルの販売が伸びており7.8％となっている。ともあれ、中国の自動車市場の中核を占めているのは1.8l未満の小型車で、国有・外資による合弁メーカーと民族系メーカーがこのマーケットで激しくしのぎを削っている。

　ところで、中国汽車工業年鑑によれば、2001年から2008年までの中国自主ブランド比率という指標を公表している（図1）。ここには海外の自動車設計会社にスタイリング開発を委託し、場合によってはシャシーの開発まで海外企業に依存したようなモデルも含まれているので、いわゆる中国メーカー・ブランドであればその開発履歴は問わない数値としてのみ利用できる。それをそのま

ま読み取れば、2001年の中国系メーカーによる自主ブランド比率は21.7%であったが、2005年には25%近くまで上昇し、その後はほとんど横ばい状態で、26%付近を推移している。大雑把にいえば、中国自動車生産の4分の1が100社を超えるメーカーによる自主ブランドで、4分の3は十数社の海外企業ブランドで占められている。

　こうした中国の自動車メーカー過多と自主ブランド比率の伸び悩みという2つの特性について、中国政府当局も規模の経済性の発揮や世界レベルの企業への未発展などの面から問題視している。国務院は、2009年3月に3カ年にわたる「自動車産業調整振興計画」を発表して、目標と政策を打ち出した（表1）。

　上記の問題点と自主ブランドに関連した点だけを述べれば、第一に自動車産業の全国的再編の中心的企業集団として第一汽車、東風汽車、上海汽車、長安汽車を、また地域的再編の核となる企業として北京汽車、広州汽車、奇瑞汽車、重慶汽車をピンポイントで指定した。これらいわゆる「四大四小」企業を中核とした企業合併や買収を、政策的に支援することが打ち出された。中国有力企業の過小な生産体制を集約して200万台クラスの生産規模を持つ自動車メーカーを2-3社ほど育成していくことが謳われた。

　第二に、自動車メーカーの独自ブランドの確立を支援するとしている。現在26%程度とされる中国自主（独自）ブランドの比率を3カ年で30%程度に引き上げ、また、それらの自主ブランド製品の輸出比率を10%前後に伸ばすこととしている。

　第三に、政府は、企業の「自主革新と技術改造」の支援のために1000億元の特別資金を用意している。環境面や先進技術への適用が見込まれるが、技術力の向上や部品開発力を高め、中国産自動車の品質向上と消費者訴求力を高める目的と考えられる。

　これらの政策を推し進めることで、中国自動車企業の国際競争力や国内市場における自主ブランド製品の普及を図ろうとしている。これに並行する形で、それぞれ自動車メーカーのある省・市政府レベルでも、独自に振興・支援策が展開されることも予想される。

表1　中国自動車産業調整振興計画　2009年－2011年

計画目標	1　自動車の生産と販売の安定的な成長を保ち、2009年の自動車生産販売能力を1,000万台超、3年間の平均伸び率を10％とする。
	2　自動車市場の発展を促進するために、自動車消費に関連する政策、法律、税制、サービス体制、先進的交通管理システム、電気自動車を普及させるためのインフラなどを整備し、自動車を巡る市場環境を更に改善する。
	3　排気量1,000cc以下の乗用車が乗用車市場全体に占める割合を40％以上に引き上げ（排気量1,000cc以下の乗用車の市場シェアは15％以上）、大型トラックがトラック市場全体の25％以上に達するように、市場需要構造を最適化する。
	4　合併再編を推進し、年産200万台超の規模の自動車メーカーを2-3社育成する。現在は14社で市場の9割以上のシェアを持つが、これを10社以内とする。
	5　独自ブランド製品のシェアを拡大。独自ブランド乗用車の国内シェアを3割超とする。また、独自ブランド自動車の輸出比率を10％前後に引き上げる。
	6　電気自動車産業の成熟化。新エネルギー自動車の生産能力を50万台まで、新エネルギー自動車の販売量を乗用車市場全体の5％まで引き上げる。
	7　完成車の研究開発水準を向上させる。安全性と環境保全のレベルを国際的水準に引き上げる。
	8　コアとなる自動車部品を独自に開発する。
政策措置	1　自動車市場を育てるための措置として、2009年1月20日から12月31日まで、排気量1,600cc以下の乗用車に対する車両取得税は従来の10％から5％に引き下げられる。また、2009年3月1日から12月31日まで、オート三輪や低速トラックを廃車し、軽トラックに買い替えるか、排気量1,300cc以下の乗用車を購入する農民に対して、補助金を出す。
	2　自動車業界の再編を推進する措置として、大企業やグループの合併や再編を支援し、自動車部品を生産する主要企業が合併や再編を通じて規模を拡大することを支援する。具体的に、全国的再編の中心的企業集団として第一汽車、東風汽車、上海汽車、長安汽車が、地域的再編の核として北京汽車、広州汽車、奇瑞汽車、重慶汽車が選ばれた。
	3　企業の自主革新と技術改造を支援する措置として、中央財政は今後3年で100億元の特別資金を準備し、企業による技術革新・技術改造や、新エネルギー車とその部品の開発を支援する。
	4　新エネルギー自動車戦略を実施するための措置として、電気自動車とその関連部品の産業化を促進する。中央財政は補助金を計上し、省エネ車や新エネルギー車の大中型都市での普及を進める。
	その他、自動車メーカーの独自ブランドの確立を支援し、自動車と自動車部品の輸出拠点の建設を進め、流通、アフターサービス、自動車ローン、レンタカー、中古車市場、自動車保険など、近代的な自動車サービス業を発展させる。

出所）国務院発表（2009年3月20日）。

1.2 民族系自動車メーカーのモデル展開

ところで、100社以上あるといわれる民族系自動車メーカーといっても、数が多すぎて一般論では実態をつかみづらい。そこで、筆者らは主要な乗用車メーカーと思われる7社を選び、若干の数値データを用いてその代表性を探ってみた。選んだ7社とは、奇瑞汽車、吉利汽車、哈飛汽車、江淮汽車、華晨金杯汽車、比亞迪汽車、長城汽車で（以下、社名の汽車を省略）、最後の長城のみSUV中心のメーカーだがその分野で急成長しているので加えることにした。

これら7社のうち、2008年の生産と販売で最大なのは先にみた「自動車産業調整振興計画」で「四小」に数えられた奇瑞で35万台、もっとも生産・販売台数の少ないのは江淮で約6万台弱といったところである。7社の合計販売台数は約150万台となり、中国乗用車市場全体の22.1%に相当する。

図2　民族系自動車メーカー7社の生産台数と新モデル投入数

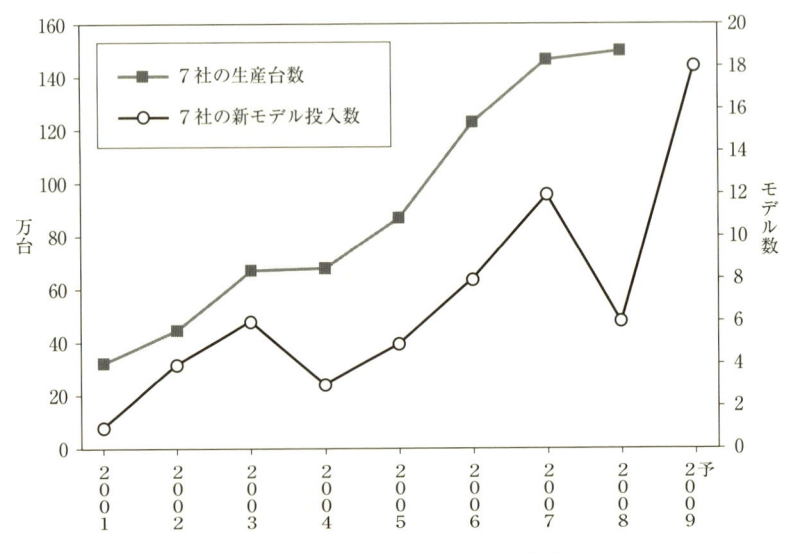

出所）フォーイン［2007, 2009］『中国汽車工業年鑑』より作成。

民族系自動車メーカーの実質的な生産・販売活動は2000年に入ってからのもので、徐々にその存在感を高めてきたといえる。そこで、2001年から2008年の間で7社の合計生産台数と年間新型モデル投入数の推移をみてみよう（図2）。

　2001年の生産は32.4万台で、この時点では長城と比亞迪が生産を始めていないため5社の合計であり、この年に投入された新型モデルは1モデルに過ぎなかった。2002年から2003年にかけては10万台程度生産が増加しているが、それは新モデルが4から6つ市場投入された結果といえる。2007年には12モデルが新しく発表されて生産台数は146.3万台へ増えたが、2008年は6モデルの投入にしては生産台数の伸びはわずかにとどまっている。傾向的には、新モデルの投入が低調になると生産台数の伸びが鈍化して、投入数が増えるとそれに応じて生産が拡大している。2009年に投入される新モデルは過去最高の18車種と予定されており、これら民族系自動車メーカーの中には過去最高の生産台数にのぼるところも出てくるものと予想される。

　ただ、新モデルを投入すれば市場が喚起され、生産が増えるのは当然といえば当然で、問題は、1モデルあたりの生産と販売の規模が自動車の量産効率や利益創出につながるかという点である。民族系自動車メーカーには非上場企業も多く、財務データの入手ができないため、踏み込んだ検討はできない。ただ、主要なモデルの販売価格と販売台数について、国有・外資の合弁メーカーのそれとを比較して、市場競争の状況と量産効果の程度を推し量ることは可能である。

　そこで、民族系メーカー各社と一汽VW、上海VW、上海GM・上海GM五菱、天津一汽トヨタ、東風日産、長安フォードマツダ、長安鈴木の代表的なベーシック・小型車を選び、最安値モデルの小売価格と2008年販売台数を比較した（図3）。

　それによれば、民族系メーカーの各モデルは価格が3－6万元と外資系モデルに比べて安く、また、販売台数もほとんどが10万台以下に集中している。民族系メーカーはローエンド市場で低価格を武器に追加的なモデル投入で生産

図3 中国自動車の価格と販売台数の相関図（2008年販売データ）

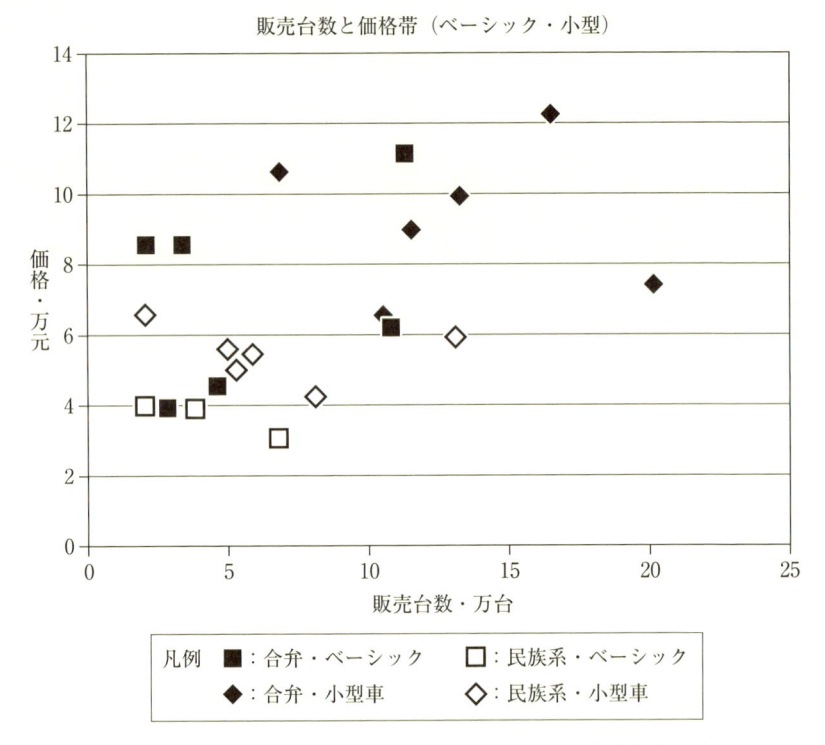

販売台数と価格帯（ベーシック・小型）

凡例　■：合弁・ベーシック　　□：民族系・ベーシック
　　　◆：合弁・小型車　　　　◇：民族系・小型車

注）ベーシック・小型車の最低販売価格と当該モデルの年間販売台数を利用。
出所）フォーイン［2007,2009］、『中国汽車工業年鑑』、新浪汽車サイトより作成。

台数を伸ばしているが、実際には十分な利益を捻出するのは難しい状況にあるといわざるを得ない。

　ここでのサンプルのうち外資系モデルの最高値は約12万元の天津一汽トヨタ・カローラで、販売台数は約17万台と、民族系メーカーに比べて価格、販売ともに2倍程度の水準にある。もっとも販売台数が多いのは一汽VWのジェッタで20万台、民族系メーカーに比べて価格は2万元程度高いが、売れ行きはほぼ3倍に近い状況となっている。これほどではないにせよ、外資モデルの価格は民族系に比べて2倍から3倍で、販売台数は同等かほぼ2倍以上と

230

いうのが一般的な傾向と読み取れる。

　しかしベーシックカーだけをみてみると、民族系モデルの中には健闘しているモデルが中には存在する。約3万元という最低価格にして、7万台弱が販売された奇瑞QQがそれである。2003年の発売以降、ベーシック市場で現在でも上位に入り続けているモデルで、2005－2006年にかけては年間販売台数が10万台の大台に乗り、民族系メーカーの存在感を一躍高めた車種として知られる。それに対して、低価格の外資系ベーシックモデルで販売不振なのが上海GM五菱Sparkで、奇瑞QQとは外観意匠係争にも発展した曰く付きのモデルも存在する。

　ともあれ、これらの相関関係から読み取れることは、民族系自動車メーカーの主要モデルは外資系のそれに比べてローエンド市場を狙っており、かつ、国有・外資合弁メーカーばかりか民族系メーカー同士の激しい競争状態に置かれているということである。そのため、価格競争で収益率は低い水準が予想され、かつ、大量生産による量産効果も獲得することが困難な状況が予想される。ただ、外資モデルはベーシックカーの分野では小型車市場と違って苦戦を強いられている。小型車市場では外資モデルはその知名度とブランド力で、一定の量産規模と採算性を確保できていると考えられる。

　ここでみた外資系モデルは、外資メーカーの母国や世界市場ですでに開発・発売されたモデルの現地投入が主流である。したがって、開発費用の回収はゼロから開発する場合に比べてかかっていないと考えられ、この点についても外資系モデルの収益創出は大量生産による費用低減効果へ依存度が低くてすむといえる。逆に、コピーや模倣といわれようとも、それなりの開発費用をかけてつくりあげた民族系メーカーのモデルは、その生産・販売規模の小ささから開発費用の回収も不可避となる。さらにいえば、売り上げた収益から次のモデルの開発費用の捻出もしなければならないのが常識とすれば、自動車メーカーの生命線ともいえる開発費用の点でも経営上の困難さを抱えているのが民族系メーカーといえるだろう（李春利［2006］）[1]。

　それにも関わらず、民族系各社は2009年に投入するモデルは過去最高を予

定しており、ベーシック・小型車からさらに上位の中大型セダンやスポーツカー、SUV、MPV、高級車などフルライン体制を目指すメーカーもでてきている。民族系といっても省・市政府が出資する奇瑞にいたっては、2008年末に中国輸出入銀行から1,500億円近くの融資を受けるなど、当局の特別な配慮を受けるにいたっている。他方で、多くのメーカーはそうした状況になく、吉利は香港株式市場で割当増資による7.7億香港ドルを調達するなどしているが、こうした手段に出られないメーカーは厳しい環境におかれているといえる。

2　中国民族系自動車メーカーの製品開発

2.1　「疑似オープン・アーキテクチャ」・「同質化」の陥穽

　自動車産業を中心としながら、製品開発・設計の思想とフレームワークからものづくり能力や産業横断的研究にまで活用されているのが「製品アーキテクチャ」論である（藤本［2003］、藤本ほか［2007］）。
　中国自動車産業では、基幹部品などの「寄せ集め設計」による「疑似オープン・アーキテクチャ」型の製品開発が多く確認され、その類型も一様ではないとしている（李・陳・藤本［2005］）。多大な政策的保護と支援を受けられるほんの一部の国有大手を除けば、民族系自動車メーカーなどはR&D資源の構築や蓄積を経ないまま市場参入した「R&D資源過少」状態にある。そのため、設計段階から工程エンジニアリング、生産準備や設備・治工具・金型、重要基幹部品にいたるまで、かなりの部分を海外や外部の資源に依存せざるを得ない。
　同時に、現在の技術・経済社会的環境が、中国自動車メーカーにそれを可能にしている状況もある。設計技術についていえば、デジタル設計ソフトウェアが高度に発展した結果、人手による設計から大幅に作業効率が上げられ、また先進的設計手法の利用可能性が拡大した。極論すれば、世界の先進的メーカーと最後発の新規参入メーカーとが、ほぼ同じ設計ソフト（CAD）を使って製

品設計と解析（CAE）をすることが可能である。それを使える人材・設計者も、欧米日の自動車産業で経験を積んだ中国人が母国のメーカーへ帰国して、持てる力をふるえる時代になっている。さらに、海外の自動車部品メーカーや設計・設備メーカーらは、先進諸国に比べてこれからも急激に成長する中国自動車産業でビジネスを拡大したい意向が強く働き、積極的にアプローチして設計業務や設備・金型の受注獲得に乗り出している。中国民族系メーカーにとって市場参入や認知度向上を図るのが経営戦略上優先されるなら、ゼロから設計して技術・経験を積んで製品投入するよりは、利用できる外部資源を可能な限り利用しようとするだろう。

こうして「寄せ集め設計」と「疑似オープン・アーキテクチャ」的側面の強い中国民族系自動車メーカーは、中国オートバイ産業のように「技術的ロックイン」「競争の激化」「価格の下落」、利益利の低下、ローエンド市場での定着によって「生産量の拡大と製品開発力の蓄積不足という跛行性」に陥る可能性が指摘される（葛・藤本［2005］）。単純なコピーや模倣の段階から、既存製品や部品のリバース・エンジニアリングから設計思想や技術データを逆探知・復元する段階を積み上げ、さらにはみずからの製品コンセプトと設計思想、技術から製品設計・開発（フォワード・エンジニアリング）していくことで、オリジナル製品を世に問うメーカーへと成長していくのが、企業発展の経路であったといえる。

そうした状況にまでいたらない中国の民族系自動車メーカーは、外国部品サプライヤーのモジュール部品と改造・コピーしたプラットフォームから製品統合性の面で疑問視されかねない自動車を製造している。こうした行動によって、中国民族系メーカーは「同質化の罠」に陥る可能性が指摘されている（丸川［2007a］）。それに、規模の経済性の点で小規模メーカーになればなるほど生産効率が悪化し、かつ、収益性の面でも問題を抱えているケースが少なくない（丸川［2007b］）。「同質化」した魅力の乏しい製品と量産性の悪さにもかかわらず、小規模な民族系メーカーが存続できる理由は、地元政府によるバスやタクシーなどの「内輪からの購入」ともいえる優先調達があったり、政策的な

意図による融資によるといわれる（丸川［2007a］）。

2.2　設計の外注化と自動車設計会社の存在

中国民族系自動車メーカーの製品開発について特徴をまとめた李春利［2006］によれば、筆頭にあげられたのが設計の外注化、外国設計資源の活用である。[(2)]自動車の車体やシャシーの設計・開発を海外、とくにイタリア企業へ委託するケースが突出しているとして、主要な民族系自動車メーカーのケースの中で具体的なイタリア設計会社の名前やプロジェクト・製品名を記述している。

他方で、海外の設計会社ばかりでなく、民族系資本による設計会社の存在と民族系自動車メーカー自身によるR&D部門の強化についても言及している。そこでは海外での留学や就業の体験をもって帰国した「海帰派」の果たしている重要性や、海外・国内労働市場の流動性の高さからくる「技術者の争奪戦」現象についてふれている。

こうした中で、民族系メーカーはローエンド市場で認知された一方で、低価格販売ゆえに開発費用の回収もままならず、しかしローエンドから脱却を図ってミドルエンドの車両開発に突き進む傾向にある。そこでもR&D資源過少の問題は解決しておらず、海外の設計会社へ依存する体質は現在でも継続しているといえる。

以上、これら先行研究をふまえて、本論では中国民族系自動車メーカーについてできるだけ新しいデータを用いて、中国自動車市場における位置づけを明らかにし、民族系メーカーの製品開発を支える設計会社についてその役割と企業特性、実態を明らかにする。

急激に変化する中国企業の発展状況に鑑みれば、先行研究の製品データや企業情報がやや古くなり、かつ開発プロジェクトの内容や価格競争力、人材管理・組織などについてあまり踏み込んで検討されていない。また、イタリアの設計会社が抜きんでた存在感を示していると指摘されるが、彼らがどのように中国

民族系メーカーからの設計注文に対応したかについては考察の対象から外れている。以下、民族系自動車メーカーの位置づけや製品特性を概観し、イタリアの設計会社・カロッツェリアと中国民族資本による代表的設計会社について分析する。

3 設計・エンジニアリングの欧州アウトソーシング
　　――イタリア・カロッツェリアへの依存

　欧州の中でも、イタリア・トリノに本拠を置く自動車設計会社はその歴史と名声から、イタリア語でカロッツェリアと呼ばれる。その歴史は自動車産業の歴史とほぼ同じ1世紀にわたり、その起源は貴族用の馬車製造業といわれる。
　イタリア自動車工業会（ANFIA）は自動車メーカーや部品メーカーなど、250社の加盟企業からなるが、そのうち、カロッツェリア部会に21社が所属し、実に19社がトリノに集中している。これらカロッツェリアは自動車のデザインと開発・製造エンジニアリングを行う企業の総称だが、実際には、会社によってその事業・業務範囲は一様ではない（遠山［2008］）。
　自動車は、スタイリング（デザイン）、レイアウト、試作、デザイン決定、部品決定、製品エンジニアリング、工程エンジニアリング（生産準備）という一連の製品開発作業を経て、量産される。その製品開発プロセスの上流から生産準備までをトータルに受注できる総合型のカロッツェリアと、スタイリング部門を除くエンジニアリングを中心に受注するエンジニアリング型カロッツェリアが代表的な存在形態である。既存モデルの特別改造や特装車両を製造する元来型のカロッツェリアとスタイリングのみを提案・受注するソフトハウス型カロッツェリアは、ここでは考察の対象としない。
　イタリアおよび世界の自動車設計・エンジニアリング業界において、名実ともに代表的企業として知られる総合型カロッツェリアは、1912年創業のベルトーネ、1930年創業のピニンファリーナ、さらにベルトーネなどを経て独立

開業にいたったイタルデザイン・ジウジアーロ（1968年設立、以下、イタルデザイン）の3社である。以下では、これら代表的なカロッツェリアを中心に、中国民族系自動車メーカーとの受注関係とカロッツェリアの経営行動を明らかにする。

3.1　民族系メーカーのカロッツェリア依存志向

すでにみたように（前掲図2参照）、2001年－2003年、2005年－2007年にかけて民族系自動車メーカー7社の新車投入モデル数が増加したのは、イタリアなど海外の設計・エンジニアリング会社のサポートを受けてのことであった。具体的な自動車メーカーとその発売モデル、投入時期、ボディ設計委託先を先行研究などに依拠して示したのが、表2である。

李春利［2006］によれば、哈飛が1996年にピニンファリーナへ軽ワゴン「松花江・中意」のスタイリング・車体設計と金型開発を委託したのが、

表2　民族系メーカーにおけるボディ設計（海外）外注の概要

企業	モデル	発売時期	設計委託先	カテゴリー
哈飛	松花江・中意	1999年	ピニンファリーナ（伊）	軽ワゴン
哈飛	路宝	2003年	ピニンファリーナ（伊）	乗用車
哈飛	賽豹	2005年	ピニンファリーナ（伊）	乗用車
華晨	中華	2002年	イタルデザイン（伊）	乗用車
華晨	尊馳	2004年	ピニンファリーナ（伊）	乗用車
華晨	駿捷	2006年	ピニンファリーナ（伊）	乗用車
華晨	駿捷FRV	2008年	イタルデザイン（伊）	乗用車
長安	CM8	2004年	I.DE.A（伊）	MPV
長城	哈弗	2004年	？（日）	SUV
吉利	自由艦	2005年	Rucker（独）	乗用車
奇瑞	A1	2007年	ベルトーネ（伊）	乗用車
奇瑞	A3	2007年	ピニンファリーナ（伊）	乗用車
奇瑞	M14	2007年	ピニンファリーナ（伊）	スポーツカー
奇瑞	東方之子Cross	2007年	シヴァックス（日）	MPV

注）コンセプトカー・ショーカーの設計委託を除く。
出所）李［2006］などより作成。

イタリア・カロッツェリアへの設計アウトソーシングの嚆矢とされている。その際、「中意」のシャシーは哈飛自身によるスズキの軽自動車のそれを模倣して開発され、ピニンファリーナによって完成された車体設計図面を哈飛が吸収・学習して、「中意」は1999年に発売された。

同社はさらに乗用車モデルについても相次いでピニンファリーナにスタイリングとボディ設計を委託し、2003年に「路宝」、2005年に「賽豹」を市場投入した。

民族系自動車メーカーの乗用車モデルとして、イタリア・カロッツェリアの協力を得て2002年に最初に発売されたのは、華晨金杯の「中華」であろう。「中華」のスタイリング・車体設計はイタルデザインによって行われ、シャシーなども海外設計会社に委託された。「中華」は1999年の奇瑞「風雲」、2000年以降の吉利の3モデルと並んで、民族系乗用車モデルとして2000年末に発売される予定が2002年にずれ込む不運に見舞われたモデルといわれる。華晨金杯はそれ以降の2モデルについて、哈飛の乗用車開発時期とほぼ重なる形で、ピニンファリーナをスタイリング・車体設計委託先として選んでいる。

このほか、民族系メーカー最大手の奇瑞も、やや遅れて量産モデル「A1」「A3」「M14」をベルトーネとピニンファリーナへ設計委託している。このほか、各社の試作車やショーカーなどモーターショー向けのモデルがイタリア・カロッツェリア各社へ発注されている。

このように、一部にドイツや日本の設計・エンジニアリング会社も受注しているが、民族系自動車メーカーの市場参入時期においては、スタイリング・車体設計協力の面でイタリア・カロッツェリアの存在感が抜きんでている。1960年代から世界の自動車スタイリングを名だたる完成車メーカーと並行してリードし、とりわけ高級車やスポーツカー領域では確固たる地位を築いてきたのがイタリア・カロッツェリア業界といえる。かつて、多くの日本と韓国の量産車メーカーはイタリア・トリノへ社員を派遣して、スタイリングを学ばせる時期があったが、主力となるモデルのスタイリング・車体設計をこれほど大がかりにアウトソーシングすることはなかった。

それには、中国民族系自動車メーカーの特殊な事情が存在している。まず第一に、これらの民族系メーカーは後発企業である。国有大手企業とそれらと外資系大手自動車メーカーの合弁メーカーが、中国乗用車市場をほぼ占有してきた。これらの国有大手や合弁企業でさえ、独自にスタイリングするまでにいたらない中国で、小規模な民族系メーカーにスタイリング・車体設計に不可欠な経営資源を持つことは不可能に近かった。設立してわずか10年程度の民族系自動車メーカーは、そのほとんどがR&D資源過少の状態のまま、苛烈な市場競争に参入している。

　第二に、中国企業につきものの既存モデルの模倣・コピー批判を回避するには、スタイリングの専門業者であるカロッツェリアへ委託することが有望といえる。コンセプトや技術スペックにもよるが、要望した範囲で可能な制約条件の下で、先進的なスタイリングを提案できるカロッツェリアを活用しない手はなかっただろう。

　第三に、中国の乗用車市場の拡大とそのスピードの速さは特筆されるが、メーカー数も多くて競合が激しいことが関係する。最重要部品ともいえるエンジンでさえ外部調達する中国では、後発民族系メーカーはスタイリングでも差別化を図る必要があった。搭載エンジンで「Powered by Toyota」や「Powered by Mitsubishi」などでイメージアップすることと同様に、「イタリア・カロッツェリア・デザイン」が中国で開催されるモーターショーで注目され、消費者受けアピールも期待されたものと考えられる。

　このように、設計思想と設計・エンジニアリング能力を自前で構築することに時間を要するために、早期の新製品投入による市場参入を優先した一部の民族系メーカーと、それらの能力を構築しながら同時にアウトソーシングを同時に利用して製品ラインナップの充実を図る民族系メーカーらが少なくないという状況から、カロッツェリアへの設計・エンジニアリングの外部委託がこれほど普及したものといえよう。

3.2 カロッツェリアの実相　体制強化とM&A

ここで、イタリア・トリノのカロッツェリアを代表する3社の実相に迫ってみたい。

既述のピニンファリーナ、ベルトーネ、イタルデザインの3社における大まかな特徴は、受託生産機能までそなえたピニンファリーナとベルトーネ、生産機能を持たないイタルデザインとに分けられる。機能的にはこのように分けられるが、事業特性という観点では、イタルデザインが量産用モデルのデザイン開発を他の2社に比べて幅広く手がけている点に、その特徴をみることができる。また、昨今の世界不況より少し前から、ベルトーネとピニンファリーナの受託生産事業はふるっておらず、2009年、ドイツのカルマンでさえ受託生産事業からの撤退におよんでいる。

これらの企業は、いずれも1,000人を超えて、イタリアの企業としては規模が大きい（表3）。製造機能を持たないイタルデザインはデザインとエンジニア

表3　イタリア・カロッツェリア主要3社の概要

企業名	ピニンファリーナ	ベルトーネ	イタルデザイン・ジウジアーロ
操業年	1930年	1912年	1968年
従業員数	3,549名	1,900名	1,100名
事業領域	デザイン 製品エンジニアリング 工程エンジニアリング 受託生産	デザイン 製品エンジニアリング 工程エンジニアリング 受託生産	デザイン 製品エンジニアリング 工程エンジニアリング —
デザイン部門	172名	120名	N.A.
エンジニアリング部門	910名	300名	N.A.
工場部門	2,021名	1,350名	—

注）各社のグループ企業などを合計した従業員数による。そこには営業支社・管理部門等も含む。ベルトーネの部門別従業者数は、それぞれグループ部門会社のそれを示す（工場部門会社は破産）。
出所）遠山恭司［2008］。

リング部門と中心として1,100人、製造工場をもつピニンファリーナはデザイン部門183名、エンジニアリング部門900名、工場部門2,013名で、合計3,549名と大企業の部類に属している。ベルトーネも総勢1,900名を擁し、それぞれスタイリング部門120名、エンジニアリング部門300名、工場部門1,350名となっている。[3]

　ここでいうスタイリング部門には、車両デザイン・スタイリングとモデル・試作車製作、バーチャルリアリティを利用したプレゼンテーション・スタッフなどから構成されており、いわゆる自動車の外観をスタイリングするデザイナーは各社とも20名程度にすぎない。現在では、かつてのような伝説的デザイナーによるスタイリングではなく、社内デザイン・コンペから選出されたものに、チームを編成して作り上げていくスタイリング方法が一般化している。それでも、イタリアのカロッツェリアには世界中から選りすぐりの逸材が集まってくることは、かつてと変わらないといえる。

　現在、スタイリング（デザイン決定）以後のエンジニアリング・試作・製造プロセスとの不調和やコンフリクトをできるだけ削減し、開発期間の短縮が求められ、かつ、顧客の生産段階で発生する生産技術的な問題が生じにくいスタイリングが強く要求されている。しかも、その顧客は常に一定ではなく、さらにエンジニアリングや生産技術面で、その対応力や提案能力が不可欠となってきている。

　中には、日本の大手金型メーカーが金型の受注を受けることが決まっていると、同社のエンジニアがイタリアのカロッツェリアまで出向いていくこともある。ボディ設計の段階でプレス部品の分割や金型製作の観点、さらには、プレス工程の設定にいたるまでを見越してさまざまな意見を述べて、デザイン承認の前のスタイリングにそのような情報を織り込むサポートを行うこともある。

　自動車の製品開発は多くの制約条件の中で、コンセプトと持てる技術を集約して進められていくものである。したがって、デザイン性ばかりの新規性を追求するわけにはいかないし、また、製品図面や工程エンジニアリングのプロセスを考慮しないわけにもいかない。したがって、スタイリングとエンジニアリ

ングの双方を一括して総合型カロッツェリアへ発注する中国自動車メーカーは少なくない。効率的で精度の高い開発を短期間に進めたいメーカー側の要望もあって、総合型カロッツェリアは1990年代から2000年はじめにかけてエンジニアリング部門の積極的な拡充と欧州のエンジニアリング会社を買収するなどして対応を図ってきた。

具体的にはイタルデザインが1990年代にはモデル・試作メーカーを買収し、2000年にはフランス・ドイツにそれぞれ合弁と支社を開設、さらにエンジニアリング企業を買収した。ピニンファリーナは2001年にエンジニアリング・センターを新設して機能を集約化、デザイン部門施設と隣接して相互のコミュニケーションの促進を図った。また、2003年にはフランスのエンジニアリング会社Matra社を買収し、同社のエンジニアリング能力と傘下でテストコースをもつ関連会社とその試験評価機能をも手中に収めた。

顧客コンセプトや市場ニーズにあったスタイリングを提案するだけでも容易ではない今日、後工程にあたるエンジニアリングを想定した効率的で短期間の製品開発サービスを行うことは、カロッツェリア・ビジネスの機能高度化と新規参入への必要最低資本を大幅に高め、それへの対応力を欠いたカロッツェリアの存立をより厳しくするものとなっている。そのことは、大手の総合型カロッツェリアをして、買収や投資によって製品エンジニアリングばかりでなく、工程エンジニアリングまで含めたトータルな提案とサービス供給可能な体制構築へと向かわせているのである。

3.3 スタイリング・エンジニアリング業務受託の組み合わせ

以上のように、総合型カロッツェリアは世界最高峰のスタイリング・センスと提案力、エンジニアリング・サービスを含めたトータル・プロバイダーともいえる存在で、その委託費用は決して安いものではない。そこで2000年代はじめころになると、総合型カロッツェリアへの一括発注ばかりでなく、エンジニアリング業務を専門とするイタリアのエンジニアリング型カロッツェリアが

図4 中国自動車メーカーの設計・エンジニアリング外注と
　　　カロッツェリアの取引相関図

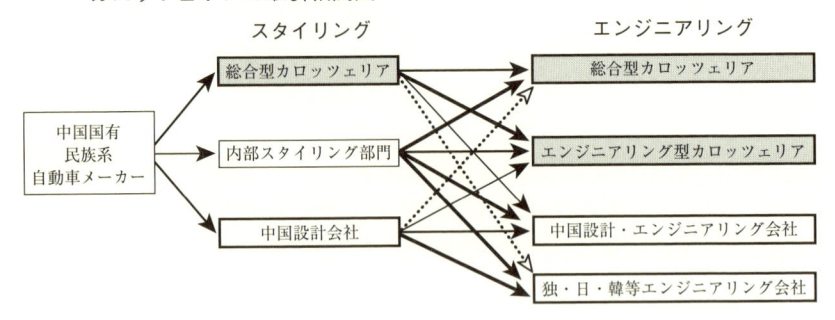

スタイリング　　　　　　　　　エンジニアリング

中国国有民族系自動車メーカー → 総合型カロッツェリア → 総合型カロッツェリア
　　　　　　　　　　　　　　　→ 内部スタイリング部門 → エンジニアリング型カロッツェリア
　　　　　　　　　　　　　　　→ 中国設計会社 → 中国設計・エンジニアリング会社
　　　　　　　　　　　　　　　　　　　　　　　　→ 独・日・韓等エンジニアリング会社

注）総合型、エンジニアリング型カロッツェリアはいずれもイタリアのカロッツェリアを意味する。理論的な可能性を点線で表現したが、実際にこれらの流れは非現実的といえる。
　中国設計会社と中国設計・エンジニアリング会社は同一、別会社それぞれのケースが想定される。
出所）インタビューなどに基づき作成。

スタイリングの後を引き継ぐ形態も現出した。

　中国自動車メーカーのカロッツェリアへの設計・エンジニアリング業務の全体像を、詳細に論ずることは困難である。しかし、おおまかなとらえ方として、スタイリングとエンジニアリングの2つの業務を一括して発注するか、切り離して発注するか、また、その委託先をいくつか想定して概略化したのが図4である。

　スタイリングからエンジニアリングにいたる工程の組み合わせは12通り存在するが、太い線で表した8つの組み合わせが現実的なものを代表していると考えられる。すなわち、中国自動車メーカー内部のスタイリング部門で設計をしたものは、エンジニアリングについては、イタリア企業以外に中国の設計・エンジニアリング会社や独・日・韓国などの同様の会社を含めて4つの委託先が利用できる。現実的にはイタリアでは総合型カロッツェリアが一括受注するか、そこからエンジニアリング型カロッツェリアへ引き継がれるかが一般的となろう。また、次節で紹介するが、中国の設計・エンジニアリング会社もイタリア同様に一括受注で引き受ける会社と、エンジニアリングだけを中国あるい

は他の先進国（独・日・韓等）へ委託する可能性も指摘できる。

　こうした状況下でも、イタリアのカロッツェリアはその伝統と実績、トリノ自動車工業の集積や試験・評価機関など欧州自動車産業ネットワークの利用可能性という点で、中国メーカーにとっては利用価値が高い存在といえる。

　2000年代以降、中国、インドをはじめとした新興国自動車市場の成長と民族系自動車メーカーの製品開発・製品投入競争は、イタリア・カロッツェリア業界にとって新たな顧客開拓機会となり、またその存立基盤を提供するものとなっている。しかし、次節にみるように、中国民族系自動車メーカーの開発・設計を支える存在が中国国内でも台頭してきており、これまでの10年とこれからの10年では競争環境に厳しさを増す可能性が指摘できる。代表的な総合型カロッツェリアをはじめ、欧州のエンジニアリング会社は中国オフィスを立ち上げて現地情報の取り込みと現地サポート体制の強化を図り、こうした状況への対応を図っている。[5]

4　中国民族資本の独立系設計会社
　　　——上海同済同捷科技有限公司

　2009年現在、世界の自動車メーカーは中国拠点の拡大・充実を図り、また中国市場に投入する製品開発とその開発体制の充実にも取り組んでいる。他方、技術やブランドで劣位にある中国国有大手メーカーや民族系メーカー各社にとって、製品開発が最も重要な課題となっている。

　中国国内における設計会社は、おおむね以下の3種類に分けられる（中国汽車工業協会［2008］）。まず、中国国有大手自動車メーカー傘下の設計会社である。これらの設計会社は自社の製品開発を行っており、例えば第一汽車集団技術中心などがその筆頭にあげられる。これらの設計会社はR&D資源が豊富だが開発成果は相対的に少ない。第二に、外資との合弁企業としては、上海汎亜

汽車技術中心有限公司のように上海汽車とGMの合弁方式で上海GM向けの開発業務に特化した設計会社も存在する。第三は、中国民族資本による独立系の設計会社である。技術の内部蓄積が未熟で、開発資金の不足がちな民族系自動車メーカーは、製品開発でイタリア企業ばかりでなく、こうした独立系の自動車設計会社に開発・設計を委託している（李春利［2006］）。これらの独立系設計会社には、イタリア・カロッツェリアと同様にスタイリングからトータルな設計を受注する総合型タイプと、設計・エンジニアリングを主体とする設計会社の2つのタイプがやはり存在すると考えられる。

本節では、そのうちの前者の代表的存在と考えられる上海同済同捷科技有限公司（TJ INNOVA ENGINEERING & TECHNOLOGY CO., Ltd、以下、同済同捷）を取り上げ（李春利［2006］、張軍宏ほか［2007］）、2009年2月の現地調査と中国語による経営者インタビュー記事を利用して、その設計能力と取引関係、開発案件の取り組みについて具体的に検証する。

4.1　会社の概要

同済同捷は1999年に設立された、中国民族資本による初の自動車設計会社で、同時に大学発ベンチャーの成功事例としても有名な会社である（張軍宏ほか［2007］）。董事長で創業者の雷雨成氏は東北地方の出身で、ハルビン工業大学から上海同済大学自動車工程学院へ転身後、同僚教員や大学院生ら10名とともに出資して同社を設立した。雷氏は25％の最大出資者となり、うち15％を大学に寄付することで大学の研究・実験施設を利用できる権利を見返りとして受け取った。現在、同社は1,400名を擁する国内最大の独立系設計会社となっている。

1990年代に自動車設計CAD技術が普及して、その精度や機能が高度化する状況下で、同済大学大学院で自動車工学を教える雷氏は中国でも自動車設計会社を立ち上げるチャンスを見出した。毎年大学院を修了した学生らが国有大手や外資合弁企業へ就職して活躍するのを目の当たりにする一方で、開発力をも

たない民族系の小規模な自動車メーカーが市場に参入して自動車の設計・開発市場がにわかに立ち上がるのを敏感に読み取ったのである。雷氏の起業は、乗用車設計を中国民族資本でも十分にできるということを提示したが、中国自動車工学の学術界と実業界に大きな波紋を広げることになった[8]。

結果的に同済同捷は、中国自動車設計業界のパイオニアとして上海傑士達や昌河鈴木、力帆汽車などのモデル開発を成功させた。2007年時点では、同社による設計で量産されたモデルが中国乗用車販売の10％、中でも民族系メーカーのモデルに限れば30％を占めるほどになった。創業10年でこれまで開発した乗用車や商用車、特装車のモデル数は300を超えるという。その結果、海馬、江淮、長城といった規模の小さな民族系メーカーばかりでなく、一汽、東風、上海、上海GM、東南（三菱）、栄成華泰（韓国系）など国有大手や外資合弁メーカーをも顧客に取り込んで、取引先の多角化を実現している。

4.2　設計開発・エンジニアリング能力

理論と実践、学術と実業の両面から雷氏個人と同済大学自動車工程学院の諸資源を最大限に利用して、自動車の設計開発とエンジニアリングの能力を構築してきた。2009年現在、同社は、イタリア設計会社にも引けを取らない企業規模と、スタイリングからエンジニアリングまでカバーする事業領域をもつにいたっている。

コンセプト段階からのサポート

同済同捷は総合型設計会社として、新車開発の各段階でフルサービスを提供する。つまり、コンセプト（市場分析、製品企画）段階からスタイリング、製品基本計画（クレイモデル、レイアウト、製品仕様、中核部品の製品様式の設定）、製品エンジニアリング（詳細設計、試作、実験）、工程エンジニアリング（生産準備）までトータルに提案することができる[9]。同社の設計技術標準は多岐にわたり、顧客の要求に基づいて世界各国の型式認証まで対応可能であ

る。

　特に中国民族系自動車メーカーの製品開発で問題となるのは、最初のコンセプト構想能力の欠如である（王伟杰［2006］）。中国の自動車メーカーも設計会社もすでに基準となるフォカルモデル（模倣対象）があれば、形状的な設計業務はITやCADの高度化と普及によって技術的に可能である。しかし、製品独自のアイデンティティ、思想、消費者訴求性をゼロから考案してモデル開発するためには、そのコンセプトが構想できなければ新製品の開発とはいえない。模倣やコピー、リバース・エンジニアリング（逆行開発）はできても、フォワード・エンジニアリング（正向開発）ができないということである。同社は製品開発の最上流に位置するコンセプトづくりからサポートし、また、設計からエンジニアリングまで品質保証することで、その問題を解決できるとしている。これは中国メーカーのコピー・模倣批判に対して、一定の解決策を提供できるという点で同社の強みといえる。

スタイリング

　同済同捷は中国でCADを最も早く導入し、自動車設計をデジタル化することのできた会社の1つといえる。

　同社の目指すスタイリングの方向性は、イタリア設計会社のデザイン能力を学びつつ、「エンジニアリングに基づいたスタイリング」で「高い品質と優れた耐久性」を特徴とするドイツメーカーを手本とするというものである（南超［2008］）。独特な流麗さや感性のスタイリングを意識しつつも、10年経ても売れ続け、支持されるようなドイツ車のもつスタイリングを目指すとしている。設計品質水準としては、BMWやメルセデス、あるいはレクサスなど高級車をはじめとした最高クラスを意味する意匠曲面、クラスA＋サーフェスかクラスAサーフェスを保証することができる。

設計データベースの構築

　顧客に対して多様な選択肢を用意し、顧客の要望に応じて製品開発情報、す

なわち設計、評価、試作の情報を規格化、標準化、システム化することが同社の開発サービスである。顧客メーカーの設計・開発設備の実情と能力にフレキシブルに対応する一方、同社は設計・設備データをメーカー別に標準化してデータベースとして蓄積している。顧客メーカーの海外輸出モデルに対しては、欧州、米国、日本、ロシアで課される技術と品質、型式認証を保証している。

　スタイリングの三次元データと設計データ、金型データの蓄積は、顧客との連合開発によって行われるのとは別に、海外有名メーカーの新車を購入してリバース・エンジニアリングから収集している。これまでに100台を超える自動車からデータが採取され、様々なカテゴリー別に標準としてデータベース化されている。こうして蓄積した設計標準を使ってコピー・模倣を行うことは、知的財産権を軽視することとして、強く反対の意思を表明している（王偉杰［2006］）。ただし問題は、車両デザインの決定権が顧客側にあることで、顧客の設計要求が同社の意図に反して、結果として模倣デザインとみなされかねない事態が発生することであろう。

価格競争力

　低コストで市場に受け入れられるモデルを開発できることは、民族系メーカーが同済同捷を選ぶ理由の重要な要素だと考えられる。

　ここで強力な武器となるのが、先述したデータベースの蓄積とその活用による設計作業の効率化である。スタイリング、クレイモデルの作成、設計データ作成、CAEによる検証の各工程が設計標準を基に行われ、その作業が経験によって効率化できれば時間とコストを大幅に低減することができる。欧州の設計会社に依頼すると50億円程度かかる委託費が、同社ではその5分の1の費用で引き受けられるという。

　さらに、試作金型レス要求への対応と金型費用から同社の価格競争力を取り上げてみよう。

　中国民族系自動車メーカーは開発資金が不足しがちなため、同済同捷などの設計・エンジニアリング会社に新車開発を依頼する時、試作用の簡易金型を作

らないように求めることが多いという（王偉杰［2006］）。通常、ボディ外板の形状と加工性を確認するため、本型の製作に先駆けて、簡易金型をつくるのだが、その費用を浮かしたいわけである。それに対応するために、金型の設計と加工のデータを作成し、CAEによる解析シミュレーションを精緻に行い、試作用簡易金型なしでプレス金型を製作している。

　プレス金型の製造はローカル協力メーカーと連携して、欧米価格の10分の1程度で調達するといわれる。「ベーシックカーの金型費用は平均約7,000万元（約10億円）、小型車クラスでは平均約9,000万元（約13億円）が必要である。欧米なら9,000万ユーロ（約130億円）かかるだろう」と雷氏は述べている（南超［2008］）。金型用鋳物についても、同社の協力金型メーカーは民族系自動車向けにはローカルメーカーのものを使い、価格を抑えている[10]。

　公表されている具体的な開発事例としては、江西昌河鈴木の軽ワゴン「昌河海豚」とオートバイメーカー力帆汽車が乗用車事業に参入した最初のモデル「520」がある。江西昌河鈴木は軽ワゴン「海豚」を同済同捷に、同じセグメントの「海象」を日本の設計会社へそれぞれ発注し、その際の価格比は、後者が前者の5倍であったという。2003年に発売された2モデルのうち、「海豚」は2年にわたって月間3,000台の販売を記録したが、「海象」は初年度4,000台にとどまり生産中止となった。力帆汽車「520」は2006年の発売以来、3カ年で7万台以上の販売を記録している。同済同捷によれば、このモデルの設計・開発費用は海外の設計会社に比べて、10分の1程度ですませることができたという。

開発期間

　製品開発期間を短縮化できれば、それだけ開発費用も節約できる。その両方を同時に追求して自社ブランド商品を投入したいのが民族系自動車メーカーであり、同社はその要求に応えてきた。その最近の実績を紹介すると、表4のようになる。

　ここでいう同社の「全面的開発協力」とは、スタイリング、クレイモデル、

表4　同済同捷の「全面的開発協力」実績例

顧客	モデル	開発開始時期	量産開始時期	開発期間
長城汽車	炫麗 Florid	2005年	2008年11月	28カ月
長城汽車	嘉譽 Cowry	2005年	2007年11月	24カ月
長城汽車	精霊 Gwperi	2005年	2007年3月	22カ月
江淮汽車	瑞鷹 Rein	2005年	2007年6月	22カ月
東風汽車	景逸 Joy-year	2005年	2007年10月	30カ月
力帆汽車	520	2003年	2006年1月	26カ月

出所）インタビューノートより作成。

車体構造設計、レイアウト設計、インテリア設計、インパネ設計、CAE解析、電子・電機系設計、シャシーの最適化と調整、金型設計と調整、部品の構造設計と選択、全体プロジェクトの管理と品質管理、製造段階における技術支援などのトータルな設計・開発・エンジニアリング支援業務を担当したことを意味する。

サプライヤー管理

　自動車産業集積の分厚い上海地域で、自動車の開発と生産に必要な資源を外部に求められることは、同社の強みでもある。金型や治具、実験・評価・試験はほとんどを外注しており、細かなものから重要部品まで含めると1,500社にのぼるサプライヤーを管理している。性能に対する価格競争力、いわゆる「価格性能比」のよい各種の資材を調達するために、設計段階からサプライヤーとは緊密な連携を図ってコスト低減に努めている（王伟杰［2006］）。また、開発段階からサプライヤーと積極的にコミュニケーションを図っているので、エンジニアリング工程をオーバーラップさせて進行でき、開発リードタイムの短縮化が図られている。

4.3 開発組織と人材管理

マトリクス組織

筆者らのインタビューによれば、同済同捷は年間20－30モデルを同時に開発する能力をもつという。それらプロジェクトの高品質・短期間での遂行を可能としているのがマトリクス組織である。すなわち顧客別の開発案件ごとにプロジェクトチームが垂直的に組織され、水平的には工程別の専門チームが配置され、お互いに有機的に連携してプロジェクトを遂行していく組織構造である。

個々のプロジェクトはプロジェクトマネジャーによって統括され、その配下にエンジニアとアシスタントエンジニアが配置されている。プロジェクトマネジャーは開発スケジュール、品質、予算などを管理して、専門工程チームとの連絡調整を図って開発を進めていく。各部門の研究員（専門家）は、個々プロジェクトに対して業務の指導や技術管理を行う。

同済同捷ではプロジェクトごとに、研究員（専門家）、高級エンジニア、エンジニア、アシスタントエンジニアが一緒になってチームを構成して開発業務にあたる。そうした環境におくことで、アシスタントエンジニアやエンジニア達は各部門の専門家から試作や生産技術など多くのことを学んでレベルアップすることが可能となる。常に新しいことに挑戦し、顧客と同等かそれ以上の知識、スキル、経験を蓄積して開発能力を高め続けることが、同社の存立に決定的に重要である。[11]

人員構成

人員構成についてみてみると、中国自動車開発を代表する第一汽車集団技術中心や汎亜汽車技術中心有限公司に比べて同社はいささかも遜色がない（表5）。社員総数約1400名の多くが、国内自動車関連企業の生産現場や海外企業での仕事経験があり、デザイン設計、試作・評価、生産技術設計、製造、部品調達

表5　中国を代表する自動車設計エンジニアリング会社の人員構成

	第一汽車集団技術中心	汎亜汽車技術中心有限公司	上海同済同捷科技有限公司
従業員数	2,110人	1,431人	1,400人
研究員	38人	3人	98人
シニアエンジニア	517人	46人	126人
エンジニア	371人	118人	392人
アシスタントエンジニア	469人	502人	784人

出所）『中国汽車工業年鑑 2008年版』より作成。

など、多様な製品開発業務の経験をもっている。たとえば第一汽車、東風汽車、上海汽車など国有企業からの転職者やマツダ、フォード、GMなどの海外自動車メーカーから来た専門家もいる。海外出身の技術専門家の中には10名くらいの外国人も含まれている。[12]

社員の勤続年数は10年以上が12％、7年から10年が40％、3年から7年が24％、3年以下は12％である。

表5が示すように、研究員の人数を他の2社と比べると、同済同捷は創業者の雷氏をはじめとして多くの大学教授や研究者を有する特徴がある。設計エンジニアの学歴は大学卒以上が70％を占め、そのうち博士2％、修士8％、大卒60％、専門学校卒30％で構成される。

採用と雇用契約

エンジニアの採用方法には、いくつかのルートがある。1つは人材派遣会社を通じての採用、もう1つは同済同捷の養成学校からの採用[13]、さらにインターネットを通じて応募して採用される人もいる。

一般エンジニアの雇用契約には、1年と3年の2種類の契約期間がある。基本的に会社側はプロジェクトの繁閑に応じて人員調整したり、エンジニアの能力に応じて契約を延長するかを判断するが、従業員にも一定な選択肢を与えている。管理職エンジニアの契約期間は自分で選択できるが、大体5年、8年、無固定期限契約[14]の3種類に分けられる。

人材流失の防止

中国企業は離職率が高いといわれるように、同済同捷の離職率も低くないのは事実である。全国の五十数社の国内自動車設計会社の中で、三十数社は同済同捷から独立していった人材によって設立された会社といわれ、同社は「中国自動車設計業界の黄埔軍校」(15)ともいわれている。雷氏自身の言葉によれば、「私たちは中国で自動車設計の分野に 1,000 人以上の人材を送り出した」とのことである（邝新华［2006］）。

とはいえ、人材の育成と定着は経験とノウハウの蓄積という点で重要なことである。人材流出を防ぐ手段として、いくつかの方策を実施している（邝新华［2006］）。ハイテク分野の人材に対しては海外での学習機会を提供し、幅広い職務を経験できるようにしている。福利厚生も業界でも高い水準を維持し、エンジニアの平均賃金は手取りで平均 3,000 元である。また管理職に対してはストックオプションを付与し、会社負担で自動車を貸与するなどして遇している。

同社を退職した「黄埔軍校」出身者の一部とは、同業者として、またサプライヤーとして関係を築くなど、人材流出にも一定のメリットが存在している。

これまで検討したように、同済同捷は中国自動車設計業界を代表する有力な設計会社の 1 つであることに間違いない。自動車設計会社としては世界的にも希有な大学発ベンチャーでスタートし、民族系自動車メーカーの製品開発と市場投入をサポートした実績は揺るぎないものといえる。そこでは CAD データベースの活用と価格競争力を武器としたが、イタリアなど海外の設計会社に比べて歴史が浅く、経験が少ない点は否定できない事実だろう。

今後の成長戦略としては、中国国内の自動車メーカーを主軸としつつも、新興国をはじめ発展途上国の完成車メーカーにまで顧客を拡大することを目指している。そのために不可欠なこととして、国内外の設計会社や金型メーカー、試作メーカーの買収を計画しており、すでに一部で能力強化が進んでいる。董事長の雷氏は「今後の 20 年間、（中国）自動車産業はブランド力を構築すべき

だ」（捜狐汽車［2009］）とし、同済同捷は「ポルシェを目指して自動車製造業へ参入したい」（周洁［2009］）と語っている。(16)

5　開発能力の不足を補完する
　　エンジニアリング・サポートビジネス

　ところで、近年、イタリアに発注したモデルなどに比べ、中国民族系設計企業に外注したモデルの販売が好調だという現象が現れている。これはあたかも、中国の民族系開発企業が十分な力量を持ったように受け取られる可能性があるが、実態はそのように安易に好意的に受け取ることはできない。なぜならば、昨今の中国民族系企業が、中国国内開発設計会社に発注する場合には、具体的に外国の既に開発・販売されている1つまたは2つのモデルを指定し、これに似たモデルを設計するように、という指定が行われている。ある民族系設計会社が中国のモーターショーに出展している自主開発モデルは、実は単なるコンセプトカーのレベルであり、実際の量産モデルの自社開発は困難であること、外国モデルのコピーがせいぜいであること、さらにその製造ラインへの展開に際しては、結局は日本を始め、外国企業の支援を受けなければならない状態にあることが大きな問題となる。

　中国の民族系自動車メーカーであれ、民族系の設計会社であれ、製品開発能力には依然として様々な領域における能力不足の問題が確認できる。とりわけ、外部に依存して調達した図面を読み取り、実際の製造図面に作り直し、これに基づいて設備設計を行い、あるいは金型・治具の製作を行ってゆくためのエンジニアリング能力に不足している。すなわち、設計図面が出来上がっても、それを製造に移すための能力が無い、作られないというのが現実である。したがって、中国自動車産業においては、設計図面、設計データを、再度、製造のための図面に作り変え、必要な機械設備や治工具・金型などの製造準備といった仕事を、再度、開発・製造能力のある企業群に依頼しなければならない。

これらの部分については十分な調査と検証ができていない。しかし、そこにも中国メーカーの能力不足を補完する海外企業によるサポートビジネスの存在を調査から確認することができたので、断片的な記述に限られるが、いくつか整理して述べてみたい。

5.1 外注設計への改善提案サポート

中国自動車メーカーや設計会社の開発・技術能力が不足しているため、日本などの外国メーカーのサポートを受けなければならない。そのサポートの内容については、民族系大手自動車メーカーA社に対する日系エンジニアリング支援会社の例を挙げて説明したい。

A社はある中国独立系設計会社に設計外注したが、同時に日系エンジニアリング支援会社に生産準備や量産の段階で発生しかねない問題点を設計図面から予防的に指摘してもらう。日本や先進各国では当たり前に社内で行われているこの手の取り組みには、一般的すぎて呼称は特にないが、中国自動車産業にはこの手のサービス需要が高い。

「3Dデータを見て、生産性の問題を指摘した。これはA社の内部に入って、提案書を作成して提示した。例えば、電着液流入の問題、Sealer塗布性の問題、合わせ部の塗料問題、PVC塗布の問題など。日本では当たり前のような、生産準備や量産段階を考慮した設計ができていないために、こうした問題が後から生じてコストがかかる。だから技術支援会社によるチェックがいる。このモデルはA社が設計を外注したもので、そもそも外部の独立系設計会社は設計力が実はあまりないのが実情だ。したがって、そういう設計会社に設計をアウトソーシングすると、必ずこの手の業務が必要になってくる。そもそもA社自体にも設計力がない。だから、技術支援会社に依頼せざるを得ない」[17]。

このように、民族系自動車メーカーは全面的に民族系設計会社を信用しているわけではなく、あらかじめ設計段階から海外のエンジニアリング支援を必要としている。

5.2　ボディパネルの分割とプレス工程設定のサポート

　中国民族系自動車メーカーはおろか、イタリアのカロッツェリアにおいても、できあがったデザインからボディパネルをどのように分割し、金型を製造し、プレス工程で生産するかを構想するのは難しい。販売実績からみれば年間数万台の生産規模で、かつ、販売価格は海外ブランドの3分の1程度となれば、金型コストはできるだけ安価にして生産効率の高いボディ分割構想が不可欠となる。そこで、日本の大手金型メーカーの中国法人が支援業務を依頼される。

　日本の大手金型メーカーは、国内大手メーカーとの取引を通じて、ボディパネルを4工程でプレスするための設計能力と工程設定能力を備えている。工程が少ないほどプレス設備と金型が少なく済むのでコストを抑えることが可能となるが、1工程あたりの金型に要する技術・ノウハウには高度な水準と製造能力が求められる。中国民族系メーカーの自主ブランド製品の年間販売台数が10万台以下であることを鑑みれば、できるだけプレス工程の数も金型数も少ない方が生産コストの面で望ましいことはいうまでもない。しかし、工程を少なくするには、1工程あたりの金型に関する構想・設計・製造・メンテナンスにいたる、すべてに渡って高度な技術とノウハウがなければ金型をつくることは困難である。中国のローカル金型メーカーにそれを期待することはできないので、6工程程度に収まり、かつ金型製造コストも安く済ませられるようなコンサルテーションが日本の大手金型メーカーに依頼されるのである。

　「中国カーメーカーはイタリアのカロッツェリアにスタイリングを任せたりしているから、プレスをどうするかというところまでイメージしていない（できていない）。カロッツェリアは設計だけやっているから、工程設定までは分からない。スタンピング、プレス、生産技術の人がデザインをみて分割線を決めるという作業してやらないとなかなかプレスの工程設定というところまではいかない」。

　「イタリアでデザインした車の金型を当社に発注する条件として、イタリア

に行ってくれということもある。その場合は、別途費用という形でイタリアにいく。行かないと金型を作るとき困るので、金型を作る立場でこの線は駄目とか、このデザインにしてほしいということをローカルの自動車メーカーに代わってお願いをするための打ち合わせをする」[18]。

　総開発コストに占めるボディ金型費用は膨大で、プレス工程を減らせる複雑な形状で耐久性も保持した金型開発のための技術と経験が、日本では蓄積されてきた。これらの技術知識がスタイリングと製品エンジニアリング段階に反映されると、効率的な開発と生産が実現される。こうしたボディパネルの分割構想とプレス工程設定の能力が、イタリアのカロッツェリアばかりでなく、民族系自動車メーカーや民族系設計会社、中国ローカルの金型メーカーにも存在しないか、決定的に不足している。ここに、日本の大手金型メーカーによるサポートビジネスの機会が発生しているのである。

5.3　金型エンジニアリング・製造のサポート

　中国ローカルのプレス金型は、価格は安いが精度が先進国に比べると半分から3分の1程度といわれる。日本の業界関係者がローカル金型メーカーを視察すると、巨大な工場に最新の工作機械がずらりと並ぶ状況に驚くとよく聞く。

　「アウター部品については、中国ローカルの金型工場もアウターのできる設備－加工機械からプレスまで日本の従来の設備よりいいものを使っていて、ある程度の金型工場であったら、全部導入されていて、それを利用してアウターを造っている。それでアウター金型とプレスができているというのか、やっているというのかは、非常に言いにくい状況である」。

　「出来上がったアウターの金型をみると、使用可能な金型になってない。なってないのに十分なっているという基準で納入しているのが日常的になっている。日本メーカーの要求する品質水準に達してないのに、それが分からない、分かってくれない状況である。苦笑いするという表現が一番当てはまる。うっかりすると当社に修正依頼されることも多い」[19]。

工場を建てて最新設備を購入すること、とりあえず金型らしきものをつくることはローカル金型メーカーでも可能である。しかし、それは海外自動車メーカーが一般に要求する精度水準を満たすことを意味する訳ではない。したがって、ボディ外観に直結するアウターパネル用の金型は日系大手金型メーカーの中国法人が、ローカルメーカー製の金型を修正指導する業務を受注するのである。

5.4 専用生産ラインのフルターンキー・サービス

中国自動車メーカーの設備や生産ラインは、主に欧米メーカーのモデルチェンジなどで不要となった旧型自動車の図面や冶工具、中古ライン全体を安く購入して生産する方式から[20]、近年、日本や韓国などの最新設備や最先端生産ラインをフルターンキー方式で外注する傾向に変わりつつある。中国自動車メーカーが素材投入から生産加工、人員配置、量産品質まで丸投げ外注できるならば、それを利用できる資本力を備えてきたともいえる。

「民族系自動車メーカーなどが生産ラインやエンジンラインをもっているが、そこには日系や韓国系設備メーカーが支援している。最先端のエンジンラインをつくるメーカーがラインをそっくり作ってあげて、サポートまでしてあげる。フルターンキー・サービスだ。韓国の財閥系メーカーが日本の工作機械を織り交ぜたラインを受注して納入している」「しかし、技術のない中国メーカーはメンテナンスができない[21]」。

ここにラインや生産技術に関するエンジニアリング支援ニーズが中国メーカーに発生し、日本と韓国の支援会社が競合する場合が多いという。

「韓国のエンジニアリング支援会社はウォン安になっているので、価格競争力をもっている。安くやれる。そこに受注機会を持って行かれる。それから、中国の自動車メーカーも、日本ほどの品質を求めていないという事情もある[22]」。

韓国メーカーは、中国側が求める適切な品質や価格で生産ラインをサポートすることで日系メーカーより優勢に転じているケースもある。世界不況下で先

進各国の設備投資が激減する中、急成長する中国自動車市場での設備需要が拡大しており、日米欧韓の設備・ラインメーカーは、フルターンキー方式で対中国ビジネスの強化を図ろうとしている。中国自動車メーカーにとって、このような生産設備やラインの外注は短期的に一通り取り揃えて生産にこぎつけるための有効な手段となっている。

5.5 量産エンジニアリングのサポート

中国自動車メーカーは生産準備、生産試作、量産の各段階で必要な人材、設備、ノウハウの蓄積などが不十分なため、量産エンジニアリング段階でも外国企業の支援サービスを受けることが少なくない。

「B社の自主モデル1号に当社は関わったが、どうやら彼らは試作をまじめにやっていない。何台かは作ってみるが、日本の試作・評価というプロセスをきちんと踏んでいない。考え方として、リバース・エンジニアリングのスタイルで、スタイリングができた、金型も全部できた、しかし、基本的な問題が出て、もう金型を直す段階にない、ということになる。例えばそこで、当社が指導した結果、設計変更が不可避となった。」

「当社としては仕上げ段階のサポートのつもりで契約して入ったのだが、行ってみると仕上げどころか、生産準備で大きなトラブルを抱えていた。そこで、派遣したスタッフでは対応できないということで、設計担当のスタッフに切り換えてサポートに当たった[23]」。

先進国における自動車の開発は、自動車メーカーと部品メーカーが設計・開発段階から生産工程の効率化まで想定して開発業務を進めていく。ましてや量産直前の設計変更の場合、関連部品の設備や治工具などの修正を部品メーカーまで含めて検討せざるを得なくなる。

「B社は中国独立系設計会社を使って設計した。ところが自動車メーカーの設計を理解できていないので、部品メーカーと量産前になってもめることになった。B社は、まだまだ部品メーカーを指導しきれない。そこで当社に依頼

があって部品メーカーに指導へ出向いた。ところが、その部品メーカーはドイツ系サプライヤーで、やはりいう事をきかない。なぜか。Ｂ社に３回もサンプルを提出して、これでいいとゴーサインが出ている、それなのに、この段階（量産前）で変更を言われても非常に困る、というのがドイツ系サプライヤーの言い分。これは至極まっとうなことだ。しかし、どう見ても、これではうまくいかないと当社でも見て取って、なんとかドイツ系サプライヤーに縷々説明して納得してもらった(24)」。

　これらの事例が示すように、中国自動車メーカーに対する外国企業の量産エンジニアリング・サポートは、効率的な生産準備をサポートするだけに限られず、設計変更や治工具などの修正、部品サプライヤーとの協議折衝にまで及ぶことが明らかとなった。

5.6　試作エンジニアリング・サポート

　前項で取り上げた日系エンジニアリング会社の証言にもあるように、中国民族系自動車メーカーの製品開発プロセスにおける試作・評価の取り組みの不十分さは、前節の民族系設計会社代表・雷氏の発言からもうかがえる。
　「現在、海外メーカーでは200－500台の試作車を作った後に、金型を投入することになっている。しかし、中国の情勢はそれを許さない」。
　「中国企業（自動車メーカー）の特徴としていえることは、我々（設計会社）に試作車の簡易金型を作らないように求めていることである。それは、企業がこの費用を投入できる余力がないか、あるいはこの費用の投入を惜しんでいるためである。それ故、我々の車体の制御技術では、車体用の金型制御の面で必ず成功しなければならない。我々は試作車のテストをしていない状態で直接金型を作るのである。このリスクはとても大きいが、我々は凌いだ」（王伟杰［2006］、ただし、文中のかっこは筆者が加筆）。
　同様の発言は、部品メーカーでも聞くことができた。
　「中国メーカーは簡易金型の費用を払わないので、直接、金型をつくる。そ

して問題が発生してから金型を改造する」[25]。

　設計図面に基づく金型製作の前に、簡易金型でパネル取りをして図面の完成度や実物評価を行うのが開発試作で、これによって設計図面の修正・変更と金型発注用のデータの完成度が高まる。同時に部品同士の干渉・不具合が洗い出され、また、生産用の治具やライン設計に必要な情報も精度を高めることが可能となる。逆に、このプロセスをおろそかにすると、これらの図面・情報が不正確度を増し、後工程でさまざまな問題が生じ、その都度、大幅な修正コストを要することとなる。

　日系技術支援会社が支援した民族系メーカーのモデル第1号への支援でも、きちんとした試作と評価がなされていないケースを前項で紹介した。

　このように、中国民族系自動車メーカーに対する支援ビジネスは、量産エンジニアリングばかりでなく、その上流工程の設計・試作段階をも包摂していく可能性が出てきている。量産エンジニアリング支援ビジネスでは韓国系企業との競争激化が激しく、為替による価格競争力に劣る日本勢にとって、設計から試作まで支援業務の範囲を広げていくことは1つの選択肢となる。同時に、中国民族系自動車メーカーは、設計から試作、評価、金型、量産エンジニアリングとほぼすべての工程で海外支援企業のサポートを受けなければ車両開発ができない実態が浮かび上がる。

おわりに

　本章の目的は、2000年代以降に勃興した中国民族系自動車メーカーの自主開発の特性と、それらの開発・設計をサポートする海外および国内設計会社の実像に迫ることであった。

　技術力やブランドに劣る後発参入の宿命としてローエンド市場で低価格製品を投入したものの、国有・外資合弁メーカー製品に比べて3分の1程度の販売台数にとどまっているというのが、平均的な民族系メーカーの市場ポジション

となっている。設計・開発力がなくとも、イタリアのカロッツェリア各社に外注すれば世界最先端のスタイリングとエンジニアリング・サポートを受けることができ、他方でイタリアの設計会社もそれに応えられる企業体質の強化と海外拠点の開設を積極化してきている。ただ、そこで最大の問題は開発・設計委託費で、数十億円から100億円以上といわれる開発・設計委託費をすべてのモデルで、多モデル同時に展開するのは後発メーカーにとって不可能といえる。

そこで中国民族資本かつ独立系の設計会社が民族系自動車メーカー側から求められ、また、設計会社をベンチャーとして立ち上げる側にとってもチャンスととらえられたのが2000年前後であった。先端的な設計ツールと大学自動車エンジニアリング学部の設備を活用し、外国人専門家の支援を受けてイタリア設計会社に比べて数分の1から10分の1で設計受託を可能にしたのがパイオニア設計会社、同済同捷である。これら国内外の設計会社における自動車開発・設計業務のサポートが受けられるようになって、2000年代以降の民族系自動車メーカーの「自主開発」「自主ブランド」モデルの多様な展開が可能となったのである。[26] ただ、エンジンやトランスミッションなどといった基幹部品の独自開発や、大手外資サプライヤーに独自の仕様部品を開発・供給してもらわなければ、いくら設計会社を活用して自動車開発しても、「同質化」の罠にはまる危険から免れることはない。また、生産準備エンジニアリングや金型、設備ラインといったさまざまな要素技術についても外資系エンジニアリング会社からサポートを受けることで量産体制を実現している点で、民族系メーカーの限界性と課題を指摘することができる。

ところで、イタリア・カロッツェリアと同済同捷は中国の自動車設計市場において、どのような位置づけにあるのか整理しておこう。

第3節で図示したように（図4）、民族系自動車メーカーは、自社の開発部門で開発・設計をやるか、海外設計会社あるいは中国民族資本の設計会社へ外注するか、あるいは共同（連合）開発方式を採るか、いずれかの選択肢がある。そこで、カロッツェリア各社と同済同捷の取引実績をメーカー別にみてみよう（表6）。

表6　イタリア・カロッツェリアと同済同捷の取引先メーカーと設計関与の実績

属性	自動車メーカー	カロッツェリア	同済同捷	同済同捷の設計関与
国有大手	一汽	○	△	部分的
国有大手	上海	—	△	部分的
国有大手	東風（柳州）	(○) —	— (○)	全面設計
国有	一汽海馬	○	△	部分的
合弁大手	上海GM	—	△	部分的
合弁	東南（三菱）	—	△	部分的
合弁	栄成華泰（韓国系）	—	△	部分的
民族	奇瑞	○	△	部分的
民族	吉利	○	—	—
民族	長安	○	—	—
民族	華晨金杯	○	△	部分的
民族	哈飛	○	—	—
民族	江淮	○	○	全面設計
民族	長城	—	○	全面設計
民族	比亜迪	—	○	全面設計
民族	力帆	—	○	全面設計

注）「全面設計」はスタイリングから生産準備までトータルサポートしたモデルがあることを意味する。「部分的」設計は、外形・内装デザインの一部を手がけたり、試作・ショーカーに関与したことをいう。
出所）表2、および各社資料、フォーイン各報告書、インタビューなどより作成。

　カロッツェリアは一汽や東風など国有大手やその系列、奇瑞や吉利、長安、華晨金杯など民族系メーカーまで広範にわたっており、すでに量産されたモデルも多岐にわたっている。他方、同済同捷の取引関係はカロッツェリア以上に幅広く、国有大手から後発の民族メーカー、外資との合弁メーカーにまでおよんでいる。ただし、スタイリングから量産準備にいたるトータルな「全面開発」業務に携わったモデルは、国有大手では東風系列の柳州汽車があるものの、その多くは長城や力帆など後発民族系自動車メーカーがほとんどといえる。民族系自動車メーカーの中でも後発組は、資金的な制約面は各社各様にあるだろうが、海外設計会社と同済同捷の実績を比較考量・評価する機会に恵まれ、あるいは中国資本による「自主開発」を志向する気運などが入り交じった状況で、同済同捷への開発・設計委託を積極的に選択したと考えられる。

　このように、これまでのところ、カロッツェリア主要各社と同済同捷では比

較的棲み分けができており、両者が直接競合する状況はそれほど多くはなかったといえよう。

　しかし、同済同捷のスタイリング能力と開発・設計能力の高度化によっては、民族系後発メーカー中心の受注ばかりでなく、国有大手や国有・外資合弁メーカーからの受注獲得も視野に入ってくる。そうなると、やや棲み分けができていたこれまでの市場ポジションから、直接、イタリア・カロッツェリアら海外設計会社との激しい競合関係へとシフトしていく可能性が高い。カロッツェリア各社の歴史と伝統、ブランドは、伝説的経営者の手腕、世界的なカリスマ・デザイナーの輩出と名車の創造、名だたる欧州自動車メーカーとの共同開発実績、世界中から人材が集まる吸引力などの複合的有機的な結合の上に築かれてきた。中国自動車市場において同じような経路を一歩一歩積み上げて、さらに中国独自の特性を世界にアピールすることが、同済同捷など中国民族系設計会社には求められ、また、それができなければその存立と存続は容易ではない。

　現状、基幹部品の「寄せ集め設計」で同質化の避けられない製品特性、ローエンド市場のロックインによる低価格・低利益、量産効果による開発費捻出サイクルの不在などを特質とする民族系自動車メーカーの「乱立」が、これら中国設計会社の存立条件になっている。

　また、民族系自動車メーカーは、こうした開発・設計段階ばかりでなく、金型の設計と製造、試作と評価、量産エンジニアリング、重要部品専用ラインの設営にいたるまで、海外メーカーやエンジニアリング会社からの調達やサポート抜きにして、自動車をつくることはできていない。

　このような中国メーカーの能力不足とアウトソーシング経営が市場の拡大とローエンド需要の隆盛に応えられる限りにおいて、先進工業国における自動車開発・生産の分業構造とは異なる性質の産業構造と設計会社・エンジニアリング会社の存立基盤を強固なものにしている。

謝辞および付記

　本研究にあたっては、関東学院大学清晌一郎教授、イタリアおよび中国にお

ける各社関係者の皆様、仲介の労を執ってくださった方々に大変お世話になりました。また、中国語の記事の翻訳で関東学院大学大学院生、高英月さんの協力を得ました。記して感謝申し上げます。執筆分担は、第4、5節を曹が、それ以外と全体調整を遠山が担当した。

[注]
(1) すでに家電などから参入したいくつかのメーカーは、自動車産業から撤退したといわれる。
(2) 同氏によれば、中国民族系自動車メーカーにみられる製品開発特性として、①設計の外注化、外国設計資源の活用、②基幹部品の外部調達から内製への切り替え、③外国企業との知財係争の激化、④技術争奪戦の激化、⑤国際市場の開拓、海外進出の5つを指摘している。ここでいう開発・設計・エンジニアリングは外観、内装、レイアウト、試作、生産準備を意味し、シャシー開発やエンジン開発は除かれる。
(3) ベルトーネ工場部門会社（Carrozzeria Bertone）は、2009年8月現在、1,137名の従業員を抱えたまた経営再建中あったが、フィアットが国内でクライスラーの複数モデルを生産するために経営を引き継ぐと現地紙は伝えている。La Stampa紙2009年8月6日号、Il Sole 24 ORE紙2009年8月6日号。なお、スタイリング部門会社（Stile Bertone）をはじめ、工場部門会社以外は堅調な経営を維持している（遠山恭司［2008］）。他方、イタルデザイン・ジウジアーロは2010年5月にフォルクスワーゲンによって買収された。
(4) こうしたプレス工程と金型設計・製作について、世界最高水準の日本企業の関与は少なくない。2009年2月の中国上海日系金型メーカーでのインタビューによる。
(5) カロッツェリア、欧州のエンジニアリング会社は中国ばかりでなく、インドにもほぼ同時期に現地オフィスを開設している。
(6) 汎亜汽車技術中心有限公司（PATAC）は、1997年に上海汽車工業集団総公司とGMによる折半出資によって設立された。主な業務内容は、GMの既存車種

を中国市場に最適化するためのデータ収集や改良・仕様変更や、車両トラブルの解決や故障対応に備えるなどとなっている。なお、人員構成については後述参照。

(7) ハルビン工業大学時代の雷氏は、本校勤務ではなく、長春で自動車生産に関する実習指導を担当した。「長春流刑」に処せられた氏は、第一汽車の工場や長春汽車研究所の現場へ赴き、自動車の設計・開発と生産技術を理論と実践の双方で吸収したといわれる（邝新華［2006］）。この体験が後の起業と業界リーダーへと彼を駆り立てたといえよう。

(8) 当時を振り返り、雷氏は以下のように述懐している。「中国の自動車業界にもう1人の李書福が出てきたと。つまり、自動車製造業の狂人である。自動車を設計開発できるとうそぶく雷雨成が出てきた。製品設計の狂人である」（邝新華［2006］）。李書福氏は中国国内唯一の民営自動車メーカー、浙江吉利控股集団有限公司の創業者である。いずれも「無謀なことに挑戦して失敗するだろう」という批判的予測が投げかけられたものといえよう。

(9) 2008年、無錫のスタイリング会社を買収してその能力をさらに強化した。

(10) 上海市にある200名程度の協力金型メーカーによれば、奇瑞など民族系メーカー向けの金型はローカル調達した鋳物を、一汽VW、上海VW、上海GM向けには関税がかかるにも関わらず日本から調達した鋳物を使うことが多い。このほか、無錫の日系メーカーからの調達もある。現地インタビュー（2009年2月）による。

(11)「多用な顧客のプロジェクトを受注している当社は、ハードな仕事だが、仕事を引き受けながら様々なプロジェクトを通じてトレーニングを積んでいることと同じだ。プロジェクトを受注することが、学習の機会である。これが重要で、まさにwork and learn, work and learnの繰り返しだ」。同社でのインタビュー（2009年2月）による。

(12) 例えば同済同捷汽車設計工程研究院の首席デザイナーLuciano氏は元イタリアCarrozzeria Bertone会社の造型部門マネジャーである。同済同捷のシニアエンジニアDick Ruzzin氏GMスタイリング部門の元マネジャーである。（出所：

汽車制動網 http://www.chebrake.com/design/2007/4/3/0743164552130.asp）

(13) 同済同捷はエンジニアを養成・訓練するため、2002 年に上海同捷進修学院を設立した。そこでは、中国全土に向けて自動車スタイリング設計、3 次元ソフト、CAE および自動車、金型、電器など製品設計技術者を輩出している。

(14) 無固定期限契約とは中国労働契約法によって、勤続 10 年または期限付きの雇用契約を 2 回連続して更新した場合などに無固定期限の雇用契約を労働者と締結する義務を企業に課している。

(15) 「黄埔軍校」とは、1924 年に孫文が広州黄埔長洲島に創設した陸軍士官学校のことである。そこから、優秀な人材を輩出する機関をそうたとえていうことがある。（出所：中国黄埔軍校　http://www.hoplite.cn/）

(16) 出所は文中の通りだが、それぞれ意訳の上、短縮した。

(17) 中国北京日系エンジニアリング会社でのインタビューによる（2009 年 8 月）。

(18) 中国上海日系金型メーカーでのインタビューによる（2009 年 2 月）。

(19) 注（8）に同じ。

(20) 例えば 1980 年代の一汽ＶＷは北米のＶＷウェストモーランド工場をバラして、溶接設備や治工具などをすべて持ちこんだ。奇瑞の 1 代目モデル「奇瑞」はスペイン・セアト社から中古ラインを導入、「風雲」はイギリス・フォードの中古エンジンラインとエンジン技術を購入した。

(21) 北京日系大手部品メーカーでのインタビューによる（2009 年 8 月）。

(22) 北京日系エンジニアリング会社でのインタビューによる（2009 年 8 月）。

(23) 同前。

(24) 同前。

(25) 中国瀋陽韓国系部品メーカーでのインタビューによる（2009 年 12 月）。

(26) 同済同捷の設立以後、中国民族系設計会社の開設が活発化した。阿爾特汽車技術有限公司（2001 年）、佳景科技有限公司（2001 年）、北京長城華冠汽車技術開発有限公司（2003 年）、蘇州市奥杰汽車技術有限公司（2003 年）、上海汉风汽車設計有限公司（2003 年）などがある。

(21) 海外設計会社と中国民族系設計会社の補完関係は、調査などでまだ裏付ける

ことができていない。しかし理論的には、中国自動車メーカーがスタイリング、製品エンジニアリング、工程エンジニアリングを3分割して、国内外の設計会社を組み合わせて外注する方法も除外できない。しかも、その場合は、図3で示したように、欧州ばかりでなく、韓国や日本の設計会社との組み合わせもありうるし、グローバルな共同受注設計なども想定される。

[参考文献]

張軍宏・平野真・劉鳳・劉培謙［2007］「中国における大学発ベンチャーの変容と成長——上海同済大学科技園での事例を中心に」『国際ビジネス研究学会年報』第13号。

張松［2006］「自動車メーカーの現状と課題（上・下）　奇瑞、長城汽車、吉利を中心に」『世界経済評論』第50巻第6号、第50巻第7号。

中国汽車工業協会［2008］『中国汽車工業年鑑2008年版』。

藤本隆宏［2003］『能力構築競争』中公新書。

藤本隆宏・李春利・欧陽桃花［2005］「中国企業の製品開発——動態分析・比較分析・プロセス分析の視点から」藤本隆宏・新宅純二郎編［2005］所収。

藤本隆宏・新宅純二郎編［2005］『中国製造業のアーキテクチャ分析』東洋経済新報社。

藤本隆宏・東京大学21世紀COEものづくり経営研究センター［2007］『ものづくり経営学』光文社新書。

フォーイン［2007］『中国自動車市場の製品競争力比較』。

フォーイン［2007, 2009］『中国自動車調査月報』各2月号。

葛東昇・藤本隆宏［2005］「疑似オープン・アーキテクチャと技術的ロックイン－中国オートバイ産業の事例から」藤本隆宏・新宅純二郎編［2005］所収。

関志雄［2009］「世界一の自動車市場となった中国」『中国経済新論』経済産業研究所。http://www.rieti.go.jp/users/china-tr/jp/090601sangyokigyo.htm

丸川知雄［2007a］『現代中国の産業』中公新書。

丸川知雄［2007b］「自動車産業の高度化」今井健一・丁可編『中国　高度化の潮

流──産業と企業の変革』アジア経済研究所。

李澤建［2006］「奇瑞汽車の競争力形成プロセス──研究開発能力の獲得を中心に」『産業学会研究年報』第 23 集。

李春利・陳晋・藤本隆宏［2005］「中国の自動車産業と製品アーキテクチャ」藤本隆宏・新宅純二郎編［2005］所収。

李春利［2006］「中国自動車企業の製品開発：イミテーションとイノベーションのジレンマ」『國民經濟雜誌（神戸大学）』第 194 巻第 1 号。

遠山恭司［2008］「イタリア・トリノにおける自動車デザイン関連企業と産業集積──伊自動車工業会・カロッツェリア部会加盟企業を中心に」『中央大学経済研究所年報』第 39 巻。

郑学军［2002］「独立汽车设计的拓荒者──校友雷雨成」『中国高新技术产业导报』哈工大信息网络中心信息小组开发。http://todayhistory.hit.edu.cn/54/2002/540709075039/

邝新华［2006］「汽车设计和其他技术一样，都是一层窗户纸，没什么神秘的」新经济導刊。http://www.arting365.com/vision/character/2006-06-30/content.1151643351d129322.html

王伟杰［2006］「雷雨成：世界同步水准的汽车精细设计工程」搜狐汽车。http://auto.sohu.com/20061120/n246503933.shtml

南超［2008］「雷雨成：中国未来 10 年汽车最佳路线」搜狐汽车。http://auto.sohu.com/20080418/n256380054.shtml

周洁［2009］「本土汽车设计公司生存志 S11 量产筹备中」搜狐汽车。http://auto.sohu.com/20090525/n264145156.shtml（原资料『经济观察报』）

搜狐汽车［2009］「树立品牌能促进产品质量提高」搜狐汽车。http://auto.sohu.com/20090423/n263587484.shtml

終章 開発・生産の現地化と
　　　日本的生産方式の歴史的位置

清晌一郎

1　日本的生産方式の意義と歴史的位置
　　＝バイパスとしての日本的様式

　生産と開発の現地化に関する本書の研究のまとめとして、日本的生産方式の意義と歴史的位置について考えてみたい。本書は、グローバル展開が進む日本自動車産業の、生産と開発の現地化において直面する諸問題についての研究成果を取りまとめたものである。本書の問題意識は以下の点にある。
　1970年代以降、いわゆる「日本的生産方式」は、日本自動車産業の国際競争力の原点を形づくり、現実の海外生産に適用され、そのグローバル展開を支えてきた。しかし今日、開発の現地化が課題となるような発展段階において、本書の各章に示すように、改めてその移転に際しての諸問題が現場から報告されている。20年以上の海外オペレーションの実践を踏まえた上で、なお現地化の困難を指摘する発言には重みがある。また急速に発展する中国・インドでの、想像を絶する低価格を前提とした否応なしの現地化要請にどのように対応すべきか、深刻な課題が提起されている。それゆえ、我々は「日本的生産方式の海外移転の困難（突き詰めていえば「日本的本質」の移転不可能性)」にこだわって本書の議論を展開しようと考えたのである。その理由は、この問題を掘り下げれば、1970年代以降の世界の学会で議論されてきた、フォーディズムに続く新しい生産システムとして何を提示すべきか、トヨタ生産方式（およ

びそれに代表される日本的生産方式）が果たして普遍性を持ち得るのか否か、この大テーマに一定の貢献ができるのではないかと考えるからである。この問題へのアプローチは、それぞれの学問分野の数と同じほどに多くあるものと考えられ、本書の執筆者もそれぞれの問題意識に従って執筆している。

　歴史的にも蓄積のあるこの議論について、ここで全面的検討を行うことは困難である。筆者はかつて、日本的生産方式の意義と歴史的位置付けに関して「バイパスとしての日本的生産方式」[1]という見方を示した。本章ではこの見解の概要を示した上で、そこで充分に展開されていない2つの論点、すなわち①日本製造業の発展を支えた歴史的条件の変化、②日本における分業と協業＝日本特有の仕事のやり方をどう考えるか、の2点に絞って問題提起をしておきたい。私の論文における「バイパス論」の要点を示せば、概略以下のとおりである。

　機械体系から複合機械体系への歴史的な発展と位置づけられるフォードシステムは、現在、次世代の技術体系への発展途上にある。新技術体系の特徴は、人間労働による機械・機械体系の制御を機械へ移転する、すなわち機械制御による自動機械体系への移行の開始にある。トヨタシステムの歴史的意義は、機械制御の機械体系を構築するに際し、膨大なノウハウを蓄積して設備管理システムとこれに対応する労働組織を組み替え、自動機械体系への現実的プロセス（と同時にその困難をも）を解明した点にある。

　トヨタ生産システムでは改善活動を通じた生産過程の研究が進められ、不必要な諸要素である無理・無駄・ムラを取り除き、必要な基本要素を取り出して確立し、これを再構成することを通じて生産のシステム化が進められた。個別加工工程間の空隙を排除し、加工工程の直接結合によって再構成された生産ラインでは、全面自動化一貫生産工程、多種類の機械を直結した集成的製造装置が開発され、これに伴って直接的・物的生産性は70年代後半以降の10－15年間に100倍以上の飛躍的発展をみた。またこの発展は生産システムの情報化に直結するという点で歴史的にも重要な位置を占めている。

　設備機械体系は、生産に直接携わる機械体系と、この機械体系を制御・管理する設備管理システムに大別され、設備管理システムはさらにコンピュータ、

コントロールユニット、アクチュエータ、センサーによって構成される制御機械体系と、これを設計・製造・保守管理・点検を行う人間系（ヒューマンバックアップシステム）とに区分される。自動化機械体系では、仮に1カ所の故障が発生すると全ラインがストップし設備稼働率は一挙に低下、コストの上昇を引き起こす。従って稼働率を維持するためには、熟成された設備管理システムとこれをバックアップするヒューマンシステムの構築が決定的に重要となる。

さまざまな製造ノウハウは、技術的に確立されれば設備機械体系にビルトインされ、そうでないものは新しい熟練・ノウハウとして人間系に蓄積され、これに伴って労働過程と労働組織は大きく変わる。労働過程では、直接労働の意義の低下に伴って間接労働の役割が肥大化した。この間接部門に蓄積される改善活動を基礎とした機械体系の不具合に関する膨大なノウハウの蓄積が、複雑な機械体系の高稼働率、すなわち低コスト・高品質の保証である。

以上の日本的生産方式は、日本的労使関係や系列・下請け関係に見られる日本独特の社会慣行を基盤として成立した。配置転換を積極的に推進する労使協調的労働組合と、カスタマーからのQCDの要請を受け入れる系列・下請け企業の存在は、労働組織や職務区分の変更を伴うさまざまなトライアンドエラーを伴う技術革新と最強のものづくりにとって最も都合がよかったのである。さらにこの生産システムは、輸出の構造化による生産量の安定的な発展に支えられて成立した。それは系列・下請企業との安定的な取引を可能とし、また雇用の安定と熟練の形成、そして何よりも巨大な生産力発展を支える生産技術上の変革の基盤であった。

要点は以下のとおりである。日本的生産方式は、コンピュータによる制御の機械化という現代技術革新の主側面に対して、日本の独特の労使関係・系列下請け関係という社会システムに依存してナローパスを通り抜けた。その点で現代産業合理化運動を主導する優れた内容を持っているが、同時にそれは、特殊日本的な社会関係に依存しているという点で歴史に規定されたものであり、歴史的制約を負っている。それゆえ日本的生産システムは、特殊的条件に支えられたバイパスとしての位置に置かれるべきである。またこの技術革新の本質が

理解されれば、技術革新の経路は必ずしも単一ではなく、さまざまなバリエーションの展開が可能になる。

この叙述から10年が経過し、中国・インドの経済成長、アメリカ発金融恐慌以降の不況と環境激変、これらの事態を経過しても、基本的にこの叙述は大きく変える必要はないものと考えている。ただし、本書の各論文との関係で、日本的特殊性にかかわる以下の2つの論点について問題提起をしておきたい。第一は、日本的生産方式を規定する歴史的条件の変化をどう理解するかであり、第二は、日本的生産方式の成立を支えた日本に特有の職種区分を越えた分業と協業の意義、特に管理労働の位置づけについてである。

2　世界史の局面転換、日米関係の変化と日本的生産方式

東京大学ものづくり経営研究所の藤本隆宏氏は、2001年6月に『生産マネージメント入門』を刊行した（藤本 [2001]）。この著作は教科書という形態をとっているが、日本的生産方式の全体像を把握する上で最も優れた著作の1つであり、日本の製造業のものづくりを支援しようとする氏の面目躍如たる作品である。氏は日本のものづくりに対する悲観論について以下のように述べている。

「90年代半ばから、長引く不況を背景にわが国製造業に対する悲観論が目立ち始めた。しかしそうした状況を『日本型もの造りが通用しなくなった』の一言で片付けるのは短絡的である。もの造りの基本はそれほど変わってはいない。先ず基本のロジックをおさえることだ。もの造りの基本に戻れ。本書ではわが国製造業企業の『もの造り経営』の最良の部分を体系的に抽出した(2)」。

注意すべきは「短絡的に悲観論に陥ってはいけない」という藤本氏の指摘にある。藤本氏の『生産マネージメント入門』（Ⅰ・Ⅱ）は、主として経営学の立場からの、日本的生産方式の全体を取りまとめて紹介するという途方もない仕事であり、その基本的内容は、日本において実践されている（あるいは実践

されてきた）ものづくり経営の最良のものを体系的に紹介するという立場から書かれている。しかしそれは、「短絡的」な見方を排除して、「日本的生産方式に内在してそのエッセンスを導き出す」という限りでの議論であって、日本的生産方式に内在するのではなく、むしろ外在的に、これを歴史の産物として捉え、その歴史的意義と限界について考えることを否定してはいない。筆者は、「日本製造業のもの造りが通用しなくなった」原因は、主として歴史の局面が変化し、日本資本主義がおかれた位置が大きく変化していることにあると考えている。

　藤本氏が述べるように、日本製造業のものづくりの優位性は変わらないし、ものづくりそのものの正当性も疑うべくもない。しかし、日本製造業の作り出したものづくりの仕組み＝日本的生産方式は、歴史の中で作り上げられたものであり、それゆえに歴史的条件が変化すればその妥当性にも問題が生じる可能性がある。別のいい方をすれば、ものづくりの仕組みは、基本的には利潤生産＝価値生産の枠組みの中で機能しており、価値生産の枠組みが変われば、ものづくりの手法として正当なものであっても、場合によっては生き延びることを許されない可能性もあるということである。また現実の過程を見れば、日本企業の海外展開が個別企業としてはものづくりの正当性を持ち、その競争力を基盤としてグローバル展開を進めて行くとしても、国民経済的にいえば国内産業の空洞化、雇用労働者数の減少、関連サプライヤー数の減少という深刻な現象として表現されている。すなわち個別企業としての生産性の向上、競争力の強化が、国民経済全体としての生産性の向上ではなく、むしろ生産力の過剰と国民経済としての総生産性の低下に結びつく。これらの諸問題に関する研究は大きなテーマであるが、ここでは歴史的環境条件の変化を指摘して問題を提起するにとどめたい。

2.1　資本制生産様式発展の新段階

　資本制生産様式の発展を見ると、産業革命以降の英国を中心とした産業資本

主義段階、1860年代以降の米独日露の後進国が産業革命を遂行して先進資本主義国として君臨した時代に引き続いて、現在は先進資本主義国の衰退が顕著になり、かわって中国・インドを中心とした新しい途上国が経済発展の主導権を持つ時代に突入したものと考えられる。

近代資本主義社会は、イギリスにおける産業革命を契機として資本制生産社会＝機械制大工業の時代を成立させた。1770年－1840年にかけての産業革命を経過し、イギリスの圧倒的な優位のもとで展開した19世紀前半の資本制生産社会が変化するのは、パックス・ブリタニカのもとでの自由貿易が成立した1860年代である。1861年－1864年の南北戦争を経て植民地貿易のくびきから解き放たれ、北部工業資本の主導の下に発展を開始したアメリカはその瞬間にイギリスの鉱工業生産を追い抜き、世界最大の資本主義国として発展を開始した。1840年のアヘン戦争の結果に衝撃を受けた日本では、植民地化を回避するための対外政策をめぐる議論が激化し、1868年明治維新を経過する中で自らが帝国主義国となる道を選択して近代化を進めた。小国家の分立の中でイギリスからの工業製品の輸入、イギリスへの穀物の輸出によって従属的位置に置かれていたドイツでは、1871年、皇帝ヴィルヘルム1世、宰相ビスマルクのもとにドイツ帝国を建国、以降、強力な近代化政策を展開し、イギリスとの貿易戦争を展開し、これに勝利して国力を強化し続けた。ロシアにおいても1861年には農奴解放が行われ、近代化への取り組みが展開された。こうして、世界史における1860年代は、イギリスの世界支配に対して、後進諸国が一斉に近代化を開始し、帝国主義列強を形成する歴史的な画期になるのである。

この時代の特徴は、経済発展をする国々の人口の増加である。産業革命を開始した時のイギリスの人口はわずかに600万人にすぎなかったが、1860年代に米（南北戦争・1861－64年）、日（明治維新・1868年）、ドイツ（帝国の成立・1871年）、ロシア（農奴解放・1861年）など、後進諸国が近代化と人口増加を開始し、以降、今日に続く先進国の時代を形成してきた。1860年代に人口爆発を開始した先進諸国の人口は現在、6－7億程度まで増大したが、これらの国々での過剰生産は深刻化し、多国籍企業が一般化した。総人口23

億人を擁する中国・インドの産業化が開始された1990年代は、世界史の中で1860年代に匹敵する大変革の時代であると考えられる。

　中国・インドの巨大国家の特徴は、何よりもその人口規模の巨大さである。人口9億を擁するインドは近い将来、14億を擁する中国を追い抜いて、世界一の人口規模に達する見通しであり、中国・インドを合わせた人口規模は30億人にも達することになる。ここでの産業発展の意義は、単に社会主義国が市場経済に移行したというような単純なものではない。中国の場合でいえば、外国資本を導入して投資を拡大しただけでなく、資本主義的な発展様式そのものを導入したという点に最も重視すべき内容がある。すなわち、近代資本主義社会の成長の主内容は、生産手段生産部門における内部循環とその優先的発展に支えられている。中国社会主義建設の過程で批判されてきた「走資派」による議論の要点は、資本制生産を経過していない社会主義建設は歴史の段階を飛び越している、という点にあった。ここで資本制生産を経過するというのは、単に最終市場での「市場経済」を経験するという意味ではなく、資本制生産において構築されてきた中間市場＝資材・部品・設備機械その他のあらゆる資本財生産を充実させ、Ⅰ部門の優先的発展に主導された経済成長＝産業化を実現することに他ならない。これが可能になるとすれば、現代におけるグローバリゼーションの展開は、実は先進資本主義国7億人程度の経済規模から、中国・インドの30億人を対象とした巨大な生産力発展の段階に突入することを意味している。我々の議論の対象である自動車産業についていえば、自動車生産の規模だけではなく、関連する部品産業はもちろん、鋼材・樹脂をはじめとする素材産業、設備機械を生産する工作機械・加工機械を含む巨大な機械工業が形成されることになる。

2.2　対先進国競争の武器としての日本的生産方式

　日本的生産方式は、先進諸国産業化の時代における最後の様式として誕生した。先進各国がスタグフレーション（過剰生産のためにインフレ政策が機能し

ない時代）の中で財政抑制と金融主導の成長に向かい、新自由主義的政策をとるのに対し、日本は新自由主義的政策をとりながらも、他方で製造業における合理化の新しい様式を模索し、独特の新しい生産方式を確立した。その特徴は、欧米各国が福祉国家の中で構築した労使関係と企業間取引関係を日本的労使慣行と日本的系列・下請関係とを基盤に再構築し、資本による労働者の直接的組織化および個別資本ごとの系列・下請企業の組織化を進め、企業間競争に全てを動員する高度な組織化を進めた点にある。これらの合理化手法は、成熟した労働運動と自立したサプライヤー企業という頑強な社会基盤に苦しむ欧米諸国との競争においては圧倒的な優位を示し、日本からの輸出の拡大による成長と国際競争力の強化・合理化の推進は車の両輪のごとく、機能し続けたのである。ここでは福祉国家の時代において「日本の産業社会の遅れ」として認識されていた日本的労使関係や系列・下請関係が、時代を先取りするものとして「先進性」を獲得するという逆転が起こったのである。

　先進国の人口が6-7億という時代、過剰生産が深刻化し、多国籍企業が一般化された時代の先進国間競争には、日本的生産方式は極めて有効に作用した。それは競争の最大の対象であるアメリカとの量産・コストダウン競争として展開した。1960年代初頭、自由化に直面した日本製造業は量産・コストダウンと産業再編成を通じて国際競争力強化を図った。その直接の比較対象は、戦後日本に占領軍として、次いで日米安保体制のもとで多大の影響力を行使してきたアメリカであり、日本のほぼ倍の人口のアメリカに対して、アメリカ並みの大量生産を実現して大量生産の経済効果を得るというものであった。これを実現した日本製造業の実力が、アメリカの2倍、欧州の3倍程度という表現はそれほど的外れではなかったであろう。事実、人口規模が2倍程度のアメリカとの競争においては、生産の技術的方法がほとんど同じであっても、設備効率と労働生産性を高めてアメリカ並みの生産を行えば競争は可能だったのである。

　しかし同じ方式が、それぞれ人口が日本の10倍にも達する中国・インドとの競争において機能するであろうか。合理化によって10倍の労働生産性を獲得することは極めて困難であり、従来の日本的生産方式の延長上で事態が解決

されるとは考えることは難しい。とはいえ、中国・インドでもそのままの形で人口が寄与するわけではない。現実の市場は充分に形成されておらず、市場そのものが多層的で市場価値・価格の整合性・一体性も難しいこと、また製造業の技術基盤が脆弱で品質・価格ともに先進国水準とは隔絶した部分があり、一部には高級市場も成立している。このような巨大市場において現在見受けられるのは、歴史のさまざまな時代において現れた多様な様式が、互いに併存するという事態であり、この状態はしばらく続くと考えるのが妥当であろう。この間、日本的合理化様式を吸収した欧米企業のさまざまな経営スタイルを含め、多様な取り組みが錯綜する事態であると考えられる。

2.3 冷戦構造の終焉と日本産業の発展構造の破壊

戦後日本の経済発展は、社会主義との対抗関係の中で、日本とドイツの工業化を推進したアメリカの世界戦略の一環として、アメリカのサポートを受けながら発展した。政治・軍事的にはアメリカに従属的であり、また経済的には資本と技術の導入のほか、最終商品の販売市場としてもアメリカに依存した日本経済の発展構造は、アメリカに依存しつつ、アメリカの力を借りてアメリカと競争するというパラドクシカルな構造を持つにいたった。

冷戦構造の終焉に伴う1990年代の世界経済の転換は、同時に日本経済にとっても大きな転換点となった。プラザ合意後も日本の貿易黒字が減らないことに業を煮やしたアメリカは、日米構造協議を通じて日本経済の発展構造そのものの転換を求め、また円高を推進した。600兆円の公共投資による財政赤字、大店法撤廃による商店街のシャッター通り化はいずれもその「成果」であり、並行するbis規制の適用は金融とこれに支えられた産業の発展基盤を厳しい局面におかれ、さらに1ドル＝79円を記録した1995年5月のカンター・橋本会談での合意は、世界最適調達路線による製造業中小企業の衰退をもたらすことになった。「とても対抗できるものではなかった」と当時の官僚が述懐するアメリカの対日強硬姿勢は、日本産業基盤を破壊してもアメリカのコントロール下

に置くという強い意思の現われであり、冷戦の終焉に伴って、社会主義圏への砦としてではなく、アメリカのアジア展開への足がかりとして、改めて組織しなおされたと考えることが可能であろう。[7]

　戦後日本の復興・再建から高度成長にいたる過程について、政治的・軍事的には従属的立場にあるが、経済については自立的に発展したとの主張があった。しかしこれはやはり幻想であったというのが適切であろう。1980年代の日米貿易アンバランスは、この対米従属の構造を覆したかに見えたが、結局はアメリカ側の日米構造協議と円高の推進により、日本製造業の発展構造は根本的に覆され、その基盤を失うことになった。営々とした努力の結晶であった国際競争力は、単なる為替レートの関数でしかなくなったのであり、日本資本主義発展の前提条件であった「輸出依存」による成長は、結局はアメリカ市場の動向いかんにかかっている。[8] 90年代以降、日本の政治勢力が一様に「日米関係が基本」であることを繰り返し確認せざるを得ない理由がここにある。

　現代自動車産業のグローバル競争における日本自動車産業の競争条件は大きく変化している。中国市場においては、急成長する巨大な低価格市場の中で、短期に確実に成長しながらプレゼンスを拡大してゆかねばならない。新規に建設した工場がわずかの間に1万人を超える規模に拡大するように、人材育成どころではなく、人を確保することで手一杯で、それでも米系をはじめ他の外国資本の勢いに追いつかない。インドにおいては日本メーカーの狙うやや高級な市場では苦戦が続き、その下の低価格領域でのモデル開発と販売競争の展開を迫られている。ものづくりを支える設備・技術体系と人材を供給し続けるのも限界があり、しかも日本での合理化の結果として、多くの日本のOB技術者が渡航し、現地企業に技術アドヴァイスを行っている。日本における合理化＝人員削減が、競争力の強化ではなく、相手国の産業基盤を強化することに繋がるという悪循環は、近年の日本企業が、実は短期的視野での合理化路線を追求せざるを得なくなった結果でもあり、その脆弱性の表現であると考えることもできる。

3 職種区分を超えた働き方＝分業と協業の機能と日本的生産方式

　本章で取り上げるもう1つの論点は、日本的生産方式の特質について内在的に考察し、新しい論点を付け加えるという作業である。ここで取り上げるのは、日本製造業の国際競争力の基底にあると思われる、「協業と分業のあり方」あるいは「日本に特有の仕事のやり方」の特異性をどのように理解するか、更にいえば日本独特の旧来の労働内容がどのように分解され、新しい生産技術とともに再構成されてきたのか、すなわち日本的生産方式をバイパスとして成立させたメカニズムの検討である。

3.1　日本流の仕事のやり方

　次ページの表に掲げたのは、いわば日本流の仕事のやり方とでもいうべき特徴をまとめたものである。筆者がここで注目したいのは、これらのすべての現象が示している共通の傾向、すなわちさまざまな職種の境界領域の処理において、日本人の働き方は独特の仕組みを持っている点である。問題の範囲は単に労働現場だけではなく、開発と生産技術エンジニア、カスタマーとサプライヤー、そして各種の管理部門の全ての領域にまで広がっている。日本独特の分業と協業のあり方は、下記のように、開発された製品や生産技術上の優位性などのパフォーマンスにも示されている。

①製品開発・生産技術の分野では、異なった種類のエンジニアの共同作業、あるいは両者の間のコミュニケーションの良いことが、新しい分野の発展に効果的に作用している。特に機電一体化＝メカトロニクスにおける電気・電子系技術者と機械技術者との共同作業は日本的協力関係の技術的成果に典型的であり、複写機生産でのドラムの生産や、近年のハイブリッドシステムの開発など、日本企業の得意な製品分野を形成してきた。生産技

表1 日本流の仕事のやり方の特徴

	全体の統括	職種・契約の枠組みを超えた仕事のやり方	職種間の共同・協力による仕事の遂行	具体的成果・結果
製品開発	PMによるプロジェクトの統括	生産技術・工場との意見交換	電気・電子系技術者と機械技術者の協力による境界領域の解決	ハイブリッドコピー機商品性重視の開発
生産技術	設備設計・設備製造・ラインの設置	図面変更などの調整ジョブ・ローテーション	機械技術者と電機・電子技術者の協力	機電一体化＝メカトロニクス、設備管理システムと機械体系との接合
製造技術	IE、改善活動の統括		生産技術・製造技術・工場	環境変化に対応する継続改善
工場・製造部	市場、開発、生産技術、部品、工場のすべてを熟知した製品別の専門家の存在	現場のノウハウや経験の蓄積による設計図面の修正現場での使いこなし	工場の整理・整頓・清掃現場改善・生産効率の向上QCD管理レヴェルの向上	工場稼働率向上市場動向に応じた柔軟な生産
労働現場組合	労使協調的労働組合生産性向上運動への協力	技術革新・合理化・配置転換への協力	作業分野の広がりローテーションや応援労働力移動・多能工化	現場におけるノウハウの移転・教育柔軟な生産ノウハウの蓄積
QCD管理部門	相互に担当部署を統括ファンクショナル・ワーキング	各部門関連領域の協力職種を越えた調整	品質管理、生産管理、原価管理、購買管理	コスト・品質を軸とした全社的運動の展開、コミュニケーション向上ノウハウの組織的蓄積と管理・運用
サプライヤー	購買管理部による統括サプライヤー企業としての協力関係	全分野からのサプライヤーへの指導とサプライヤーの対応	ゲストエンジニアによるカスタマーとの調整	継続的な企業間関係開発・生産における提案継続的協力と発注継続・経営の安定

出所）筆者のインタビューノート、論文などから作成。

術では、設備機械の体系を構築する場合の、コンピュータ・ECU・アクチュエータ、センサーを組み込んだロボットの製作や設備管理システムと機械体系との接合にごく一般的に見られる。これも機械技術者と電気・電子技術者の一体化・連携の一側面であり、職種を越えた仕事の結合がうまくいっている分野の1つである。

②開発と生産技術、さらに工場部門を加えた3者の間のコミュニケーションの良さも特筆されるべきことである。例えば設計図面の展開に問題が生じた場合、日本では製造現場が設計図面に手を入れ、書き換えることがよく行われる。日常的に行われるこれらの「サポート」は設計作業の前提となり、設計技術者は場合によっては全く形式的に無意味に厳しい数値を図面上に落とすことまで行われる。日本企業は、海外現地生産を開始してはじめて、企業内に散在するこれらの必要な情報を全て明示する図面作成の必要に迫られたのである。

③日本の労働現場では、職種区分を超えた仕事のやり方はごく一般的であった。欧米においては例えば機械工は切削だけが仕事であり、切り子の清掃は清掃工の仕事であるが、日本ではごく普通に、機械工は機械周りの清掃から1日の仕事を開始するなど、整理・整頓・清掃は1日の仕事を終わる際の現場労働者の基本的な躾ともいえる態度である。「仕事」とはかかわりのない労働者の「態度」は、実は生産工程管理の最も枢要に位置する問題であり、問題を解く重要な鍵である。

④管理部門の仕事は、工場を構成する諸部門を統括し、遅滞のない生産を保証するための境界領域の接合にある。例えばサプライヤーに4時間分の欠品が生じた場合、サプライヤーでの欠品の原因と解決の見通しを確認した上で工場と連絡を取り、工場での在庫を確認、2時間を工場在庫で埋め、残り2時間を他の製品に使う部品の在庫を確認し、製造品目を切り替えて2時間の生産を行う。午前8時に発生した部品の欠品は、こうして午前中の仕事に影響を与えることなく、4時間後の12時には、再度製造品目をもとのように組み替えて不足分の生産を行う。このように、生産管理担当者と購買担当者、工場の責任者との間で調整と処理が行われて、当日の工場稼働率には何らの影響させることなく、処理が完了する。R・ドーア氏に称賛される日本の中間管理職の典型である。

以上述べた日本的な仕事のやり方に共通な特徴をあげると、個々の専門職種や熟練そのものに特徴があるというよりも、むしろこれらの各専門職種の仕事

と仕事の間をどのように結びつけるかという点にある。それは、各職種の専門領域ごとに区分し、これを組み合わせるという「分業」の領域の問題ではなく、これらの専門職種が相互に協力し合うという「協業」の具体的なあり方の分野における新しい発展を含んでいるように思われる。前出の藤本氏の定式化した「すり合わせ」という用語はこのような日本的な仕事のやり方の一面を指摘したものであり、また日本的生産システムの議論で指摘される「作りこみ」という用語もまた、このような「分業」によって作り上げた結果を、さらに再検討して最適解を求めようとする「共同作業」の1つの形であろう。この「協業」に関する理論的、実証的な研究は、今後1つの研究領域として取り上げられるべきだと考えるが、問題は、このような独特の仕事のやり方がどのような条件のもとで成立したのかにある。以下、この点について整理してみよう。

3.2 目標管理経営とその諸特徴

以上に示される日本的な仕事のやり方の効率性、あるいはパフォーマンスの高さを生み出している全体の仕組みの特徴を経営手法の側から考えると、目標を提示してその実現を求める「目標管理経営」という用語で理解することが最も適切なのではないかと思われる。「日本型目標管理経営」の全体の仕組みおよび特質は、何よりもまず、高品質の製品を大量に効率よく作る、という大目標を提示し、その上で全ての関連分野で必要な仕事を全てやりきることを要求する。この場合重要な点は、目標を達成するための個々の仕事を明示した上で、その順守を求めるというのではなく、管理する対象を製造物＝製品そのものとし、目標として提示した製品が遅滞なく、製造され続けることを目標とする点にある。すなわちよりよいアウトプットを作るために必要な仕事を従業員に考えさせ、これを目標化してその達成を求めるというスタイルだと考えることができる。日本と欧米の仕事の仕方の違いのさまざまな特徴を整理してみよう。

欧米型の積み上げ方式

　一般に欧米を始め、諸外国における製造業の管理は経営側が設備・機械体系を購入して設置し、仕事内容を確定した上で人を雇用し、個別の職種に当てはめる。この場合個々の仕事内容と賃金は決まっており、労働組合がある場合には労働の強度も事前に計測されて固定する。ここからコスト計算においても積算基準は決まっている「積み上げコスト計算」という重要な特徴が導き出される。その際、労働賃金、設備機械の償却コスト、その他全ての経営資産が明示されており、これを組み合わせて生産設備を構築し、必要な人材（エンジニア、マネージャー、ワーカーを雇用し、どのようなアウトプットを創り出すのか、これは資本の準備すべき事柄であって、欧米の企業においてはこれらが明示的に示され、その上で経営の諸手法が提示される。

日本型＝目標のブレークダウンと詳細な管理

　現代の自動車工場においては、製造工程の技術的構成そのものは、世界中どこに行っても基本的に同じである。日本型の経営でも同じように生産設備やラインの構成、品質水準でもコスト水準など、最終目標は想定され、これを実現するための働き方・手法も基本的には示されている。しかし日本型のシステムでは、そこからさらに細部に踏み込んで研究し、目標に到達するための工夫が追求される。重要な点は、「労働者の自主性が重んじられている」と評される日本システムでも、決して労働そのものの自由度は高くはなく、はるかに緻密・厳密な労働の管理が行われている点にある。「標準作業票の管理ポイントが欧米企業の２‐３倍も詳細である(9)」などの調査結果にもそれは鮮明に現われている。実は自由度が高いのは労働そのものではなく、この労働を更に緻密に管理するための研究＝改善の分野であり、雇用された労働者は目標実現のための手段・方法、働き方について、その場で工夫をしながら改善を進め、その上で詳細を極めた標準作業票の遵守が求められるのである。すなわち日本システムにおいては、さまざまな場面で労働側がインボルブされ、ワーク（製造品）を基準として、よい製品を製造するためのさまざまな「自由で自主的な」工夫が求

められる点にその特徴が見出される。

経営目標の周知

このような労働者の組織化は経営側の目標を従業員に周知し、この目標が個々の従業員の自己目標となるような思想動員を前提としないと実現できない。また、そのような思想動員を前提とすれば、日本の生産現場での仕事量の変動に応じた応援や、合理化の進展とともに仕事量の減った労働者に複数の工程を任せることはごく一般的に見られる現象も容易に理解できる。[10]間接部門では、コストと品質に関する目標を共通に認識して経営者のように考え行動するマネージャーがごく普通であり、生産現場においても生産目標をよく理解して協力する、日本に特有の従業員のものづくりへの態度が醸成される。この場合注目すべきは、ものづくりへの取り組みを利潤生産の仕組みと同一軌道上におかれるよう配慮していることであり、また同一軌道上に置かれるような改善が進められる。「トヨタ生産方式はものづくりを金の問題に置き換えた」[11]と指摘されるゆえんである。

コスト・品質・生産の管理

日本的生産方式においては、コストと品質は特別な位置に置かれる。その基本は設備稼働率を最大限に維持するために、不良による設備停止を最小限にしてコストの低減を図る点にあり、この点で品質とコストは利潤生産にとって表裏の関係にある。発生したさまざまな問題に対する解決方法は、相互に複雑に絡み合い、独自の領域を構成して「日本的ものづくりのエッセンス」としての地位を獲得する。通常、欧米企業の品質管理手法は、統計的品質管理を軸とした明示的なものであり、海外オペレーションなどでも明示的に基準が示される[12]が、日本企業の場合は品質管理こそがものづくりのノウハウのエッセンスと位置づけられており、手法的に明示できるものではない。品質・コスト管理を結合する上で特別重要な位置にあるのが生産管理である。日本企業では1970年代以降、看板方式の導入を契機として生産の平準化、設備稼働率の維持を課題

とする生産管理部門が特別に大きな力を持つことになった。欧米では、開発エンジニアを最上位においた企業内ヒエラルキーが一般的であるのに対し、日本企業では生産管理主導の下に、開発・技術・工場が対等な関係を持ち、人事交流もごく一般的に行われる稀有のシステムが成立したのである。

さまざまな「運動」の組織化

目標管理経営の仕組みはサプライヤー企業に対しても適用される。部品価格設定交渉の段階では目標価格が提示され、経営的も黒字が見通せない段階から製造を開始、生産が安定して数カ月後になってある日、利益を生み出す段階に到達する。すなわちこの間に目標（価格）実現に向けて、製造現場におけるさまざまなコスト低減活動が行われる。原価低減活動、生産性向上運動、品質向上月間など、さまざまな分野における「運動」の組織化は、本来であれば契約内容として固定化されるべき賃金や価格の水準の変更（コスト低減であり、契約の変更でもある）を可能とする特殊日本的な雇用関係と企業間取引関係を基礎に遂行される。こうして雇用者あるいはカスタマーの要請は、生産現場における労働者の末端にも、また企業間取引におけるサプライヤーの末端にも貫徹される。ちなみに、欧米企業でも原価管理は行われ、収益動向を左右される諸要因が分析されるが、それはボードメンバーに報告されるだけであり、原価低減運動などに発展することはない。

ファンクショナル・ワーキングと開発・企業間関係

従業員が経営目標を自らのものにするという日本型経営の特質は、かつてイギリスのR・ドアが日本の中間管理職の優秀さを上げた[13]ように、日本企業の中間管理職を担う大卒労働者（エンジニア、マネージャー）の驚異的・献身的な労働にもっとも良く表現される。経営目標を自らのものとし、さまざまな工夫を積み上げることによって、仕事の職種区分も、マニュアルワークも、あらゆる形式を超えて、新しい創造的な仕事のやり方を生み出す。ファンクショナル・ワーキングという用語に示されるような、部門間の調整そのものが組織の

中で受容され、市民権を持ち、人と人との間をつなぐ役割が、個々人のキャリア形成とは全く別に重要性を帯びてくる。

　この特徴は、各部門間の仕事のやり方を相互にコントロールし合いながら、別の新しい特質を生み出す。1つは、欧米の製品開発がエンジニアにおける技術オリエンテッドな性質を持っているのに対し、日本のそれは販売拡大・業績維持のための最適解として商品オリエンテッドな開発という性格を強く持つことに結びつく。もう1つは、管理職の分業関係の相互浸透は、対応する企業間取引における分業関係の相互浸透と対応しているという点にある。欧米型の契約においては、性能、品質、価格など、それぞれが個別的に管理されるだけで、それを総合した「企業の評価と管理」の側面はほとんど見られなかった。これに対し、日本では個別担当ベースで個々の評価が行われるものの、個別指標で複数回の問題が発生すると、サプライヤーの経営姿勢、協力度合に問題があると判断され、購買管理部がサプライヤーの社長を呼びつけて姿勢を糺すことが行われる。個別商品取引の枠を超えた「企業間取引関係」が前面に出てくる一例である。

熟練の解体とノウハウの組織的蓄積

　労務管理のシステムは、従来の熟練のシステムにも大きな影響を与える。通常、ドイツの工場においてはフォアマンが、熟練工のステータスで処遇され、工程の管理を行い、工程内のさまざまな問題発生に対して個々人の熟練とノウハウの蓄積をもって処理をする。その内容は決して水準が低いとはいえないものの、対応策が個々バラバラであり、「総じてドイツの熟練はいい加減で、大量生産の管理に適さない」[14]。これに対して日本の場合には、工程で発生した諸問題とその管理をノウハウとして職場に蓄積し、三交代職場のどのシフトでも最適の問題処理が可能なように管理される。この場合、日本には特に熟練工を処遇する賃金体系はなく[15]、その意味で熟練のシステムはないが、大量生産で高い管理水準、技術水準の生産を行うという意味で、熟練の要求する実質があることはいうまでもない。

現場＝ワークを基準とした管理

なお、日本的生産システムが常に立ち戻ろうとする「現場」とは、「ワーク」を基準にして全労働を管理する手法の中核に位置する言葉であり、企業内のどの「現場」においても、最終目標が与えられた状態で、それに対応して「改善」を図ろうとさまざまに工夫する態度、あるいは行動のことを指すのであって、必ずしも「製造現場」に限定されるとは限らない。ここでの「改善」活動の方向付けは、客観情勢の変化や目標とする狙いの変化に沿ってなされるものであり、客観情勢が変転するものである限り、最終到達点はありえない。それはコンピュータとネットワークのシステムが、いくら言語的論理性を持っているといっても、しょせん形式論理の範囲のことであり、現実のシステム運用の方向づけは、外部から与えられる価値観によって規定されるのと同じである。

日本型支配・従属の意味

ところで、日本的生産システムを構成する系列・下請け関係では、支配・従属という用語が使われてきた。このような指揮・命令への服従という考え方は、欧米にも明確に存在する。欧米企業の考え方は、契約に全ての基準があり、契約を原点に仕事のやり方を決め、マニュアルを遵守して仕事をするという点で明確である。ここでは、指示命令系統は明確で疑問の余地はなく、契約によって相手を拘束する仕組みが成立している。それに対して日本における支配・従属とは何か。それは、カスタマー企業が高い指導的目標を提示し、それに沿って契約内容以上にプラス α の努力を求め、これに対してサプライヤー企業は方針が明示的でなくとも努力を続けて成果を生み出し、最終的に「カスタマー企業の成功の結果として」成果の配分を受ける仕組みである。

ここではカスタマーの要請に適合する条件を作り出すためにサプライヤーが努力するという点でカスタマー主導であり、いわゆる「指し値」の延長上に形成された仕組みであると理解される。両者を比較すると、欧米的な契約関係は短期的なバランスを前提としたギブアンドテイクの関係であり、日本型の支配・従属関係は、短期的なバランスではなく、長期的な献身を続けることによって、

それなりの配分が期待される関係であるといえるかもしれない。もちろん成功しない場合は、マイナスの成果が配分される。それは系列・下請け関係の頂点である自動車メーカーに向けて力を集約する仕組みであり、成長への国民的コンセンサスの形成が背景にあってはじめて成立する。

企業間関係とは何か

このように考えると日本的な系列・下請取引の特徴的な「企業間関係」の意義が明確になる。すなわち欧米の取引関係が契約に従った個別商品取引であるのに対し、日本型の企業間取引関係はカスタマー企業の競争力強化に繋がる貢献を長期にわたって続けることを通じて、結果的に成長が担保される関係である。これは労使関係でも同様であり、労使関係において労働側が直接に自らの要求を主張するのではなく、経営側の意図を汲んで親企業の競争力強化に協力し、その結果として雇用の確保と労働条件の改善を実現するという関係が成り立つ。いわば「負けるが勝ち」という仕組みであって、成長への国民的コンセンサスを背景にしたある種の産業ファシズムともいえるような仕組みである。もちろんカスタマー企業の成功がなければサプライヤーへのリターンも保証されないのであり、その意味で片務的な関係、あるいは支配・従属的な関係といわなければならない。なお欧米においても長期の企業間取引は一般的であり、長期取引を日本的システムの特徴ということはできない。欧米の長期取引は個別商品取引の集積としての取引関係であり、また特定品目生産者どうしの取引関係であり、ここでも企業間の関係は形成される。しかしそれは日本のように総括的な取引基本契約を締結した後、個別取引ごとに目標価格を設定し、合理化・コストダウンを求めるような「企業間関係」ではない。

日本型「契約書」の非契約性

なお、このような片務的関係は、日本における契約書類の存在証明としてしばしば取り上げられる「基本取引契約書」、あるいは「品質管理契約書」のような基本契約書の中に明示されている。ここでは「不良品を納入しないこと」

などの範囲を限定しない既述が数多くあり、これがサプライヤー側の無限定の義務を求めるものとなっている。事実、1980年代にアメリカに進出した日本企業の多くは、サプライヤーにこの種の「契約書」の締結を要請した。これに対して、日本と同じであるとしてそのままサインした日系サプライヤーを除き、米系サプライヤーおよび日系でも弁護士を入れて検討したサプライヤーは、締結に同意しなかった。これらの「契約書」には、サプライヤーに過度の義務を負わせる条項が多く、しかもそれはサプライヤー企業の定款に触れるような内容であり、書面が真っ赤になってしまうほどの問題点があって、「とても締結できる内容ではなかった」のである。

4　おわりに＝日本的生産方式の将来展望

4.1　資本による社会的生産諸要素の高度な組織化

　日本的生産システムを「目標管理経営」として整理してみると、その分業と協業の仕組みの特徴が明確になってくる。それは、欧米諸国とほとんど同じ技術体系を採用しながら、生産性を引き上げるために労働者とサプライヤーをカスタマー企業のもとに最高度に組織化した資本主義ということができる。その意義は1970年代以降、福祉国家の経済政策が機能しない時代において、国家に代わって資本が直接に生産の社会的諸機能を組織する仕組みだという点にある。日本的な労使関係と系列・下請取引は、かつて「前近代的な社会関係の残滓」と呼ばれたものであるが、実は高度成長期に成長のために有用な社会システムとして選択され、拡大再編されてきた。それは欧米先進国に遅れて世界市場に参入し、アメリカの支配下で成長・発展をしようとする日本資本主義において成立した特殊な社会関係である。その際に高品質と低価格は、技術導入にもとづくコピー商品をもって世界市場に参入する上で不可欠の武器であった。すでに1960年代の欧米先進国に支配される世界市場に参入するためにこの社会シ

ステムが鍛え上げられたことを考えると、系列・下請け関係は「前近代的社会関係の残滓」ではなく、むしろ 1970 年代以降の過剰生産の時代＝新自由主義の時代を先取りした資本主義組織化の新しい手法であり、「新自由主義の時代を先取りした資本による労働者とサプライヤーの直接的掌握」と規定することが適切であるように思われる。

4.2　Mutual Trust と分業・協業のシステム

　この合理化様式は、生産に関わる全ての要素を資本のもとに直接に組織化し、それによって自らの生き残りの条件を形成してゆく。日本における産業合理化の独特のスタイルは、資本と労働の間の、またカスタマーとサプライヤーとの間の相互信頼 Mutual Trust を基礎として、技術と人間労働にかかわるものづくりの効率性を高めたということに他ならない。[16] ものづくりの効率性を生み出したのは、現代的な大量生産に最適な形で、生産工程とともに労働過程を分解し、それぞれを個別要素として確立し、再構成する「自由な技術革新」の結果である。当初は実際の労働現場における「働き方の改善」から出発した日本的生産方式であるが、時を経るに従って次第に技術的内容を充実させ、そのノウハウが機械体系に吸収され、機械化・自動化への方向を辿ることになる。ここでは資本の意思に沿った労働過程の自由な再編と設備機械体系の自由な革新とが、日本的生産方式において分かち難く結びついており、この機械化・自動化されたシステムも最終的にはコアの技術者と間接熟練労働者による人間システムによって支えられる。

　日本の企業では新卒一括採用された従業員が「入社」することによって会社に所属し、雇用関係の終了する定年までの継続的労働を想定して労働を開始する。その上で「ワーク」を基準とした管理が展開され、ものづくりにとっては最良の環境が醸成される。個々の人間の労働についていえば、往々にしてその限界を超えてより多くの労働総量が支出され、労働時間はしばしば「仕事が終わるまで」延長されがちである。労働者はその精神までをも「仕事」にインボ

ルブされ、積極的に自らの労働密度を上げ、労働量を増やし、献身的に働くことを求められる。

　留意すべきは、熟練・ノウハウの蓄積と同時に、仕事を遂行するために必要な仕事と仕事をつなぐ組織的な取り組みも行われてきたという点である。近年再び注目されているのは、本稿で問題にしてきた日本的な仕事の仕方、すなわち開発や生産における「すり合わせ」によるコストや品質の「作りこみ」、あるいは生産管理、品質管理、納期管理、購買管理など職種間をつなぐ管理の仕事、これらの日本企業に特有の仕事の仕方が、実は海外移転が極めて困難であるという現実をもたらしている。これらは日本で形成された専門職種の分業を超える「協業」のあり方が、資本主義諸国はもちろん、社会主義諸国を含めて理解不能な水準にまで「発展」してしまった成果であろう。「労働者階級が消滅してしまった資本主義」とでも言いうるような日本の現実も、グローバル資本主義の発展によってその基礎を掘り崩されるような変動に直面している。

4.3　日本的生産システムの直面する困難とその展望

　日本的生産方式の将来展望にとって重要なことは、どのようにすればこの熟練の蓄積、人間の育成が可能なのか、その枠組みが明確になっていない点にある。前出の藤本氏が指摘したように、日本的生産方式は、氏が『生産マネージメント入門』（I・II）を取りまとめるまで、体系的な生産システムとして認識されていなかった。その理由は、日本的生産方式が、確定された生産と経営の諸要素を構成して特定の目標に達するという手順を明確にして構築されたものではなく、実は時々の経営環境変化に対応して取り組んできた成果として、結果的に出来上がったものだからに他ならない。それ故に、どのようにしてこの人材育成が可能かも明示されていない。

　日本経団連は1995年に新しい日本的経営を公表して日本的生産方式を支えてきた忠実な労働者を切り捨てる方針を選択した。これと並行して、コスト削減・競争力強化のために開発や生産技術の分野でもコンピュータによる熟練労

働の置き換えが開始されている。熟練労働が蓄積された技術分野では、エンジニアや熟練工のノウハウが集積された労働過程はブラックボックスにしか見えない。多くの企業でその明示化を求めて情報化を進めるが、実はそれはものづくりのノウハウを放棄するに等しい。中国・インド市場を軸とした低価格競争は、現実にはこのような形で日本のものづくりのノウハウ＝日本的生産方式の崩壊に結びつく動きを生み出している。

　その最先進的事例が電機産業に典型的に見られる。H社T工場（従業員約3,500名）の事例を見ると、生産現場はほとんど社外請負に依存し、改善活動は10名程度の専門チームが「水澄まし」のように行い、同工場への新入社員の採用は毎年0－10名の間でしかない。このような状態ではノウハウの蓄積は不可能であり、製造業としての能力は減退する以外にない。国内生産体制の空洞化と海外工場の飛躍的な規模の拡大の中で、この技術的コアそのものが空洞化しつつある危険、そしてそれは単に自動車一車種だけではなく、部品・関連資材・鉄鋼や工作機械まで含めて、日本の産業構造全体の脆弱性にも繋がる。1960年代以降のアメリカ製造業空洞化のストーリーを顧みると、歴史は繰り返すといわざるを得ない。(17) それは日本的生産方式を支えてきたものづくりの仕組みと価値生産の仕組みとの結合が緩み、乖離を始めたということを意味しているといえるのかもしれない。

　本章のテーマに掲げた「生産方式発展のバイパス」との関連でいえば、ものづくりの仕組みとしての日本的生産方式は依然として正当性を持ち、海外生産を支える基盤としての力を持ち続けている。しかしその「ものづくりの手法」は、物的生産の手法としての正当性であっても、中国・インドなどの巨大成長市場における利益生産・価値生産の手法としてそのまま適用することは極めて困難である。

　その解決の道は恐らく日本本国で確立される開発・生産のコアと、中国・インドの社会条件とを結合した大量生産システム形成以外にないであろう。この場合、いかにして日本産業の作り上げた「日本的生産システム」を低賃金・長時間労働と労働節約的なアプローチに支えられる日本的社会システムから切り

離し、技術体系構築と人材育成の新しいヴィジョンを構築するか、その道筋を果たして切り拓けるか否か、今後の課題といわなければならない。

　企業における生産性の向上が国民経済としての生産性向上に結びつかない、すなわち企業のグローバル化と国民経済の健全性が二律背反の状況にある今日、この問題の解決に必須の要件は、この両者を切り離し、為替フリーの日本経済を作り上げる以外にない。為替レート上昇による「賃金上昇」、輸出拡大による「円高」による見せかけの豊かさではなく、むしろ輸出依存からの脱却、為替レートの低下、農林水産業や軽工業・地場産業などの脆弱な産業の復活、地域社会の再建、国際比較上は低下しても実質的に上昇する賃金、このような国民経済のバランスの回復は不可能であろうか。かつてドイツの掲げていた「高い技術水準、高い賃金、短い労働時間、豊かな生活」というヴィジョンは、「土地」・「資本」・「労働力」という生産の3要素が過剰化するなかで、「いかに豊かに衰退するか」が課題となった我々の時代の日本にとって、示唆するものが大きいように思われる。

　［注］
　（1）清［1999］。
　（2）藤本［2001］、序文 p.i － v.
　（3）このような事例の典型として、1960年代以降のアメリカを想起する必要がある。この時代、過剰生産の中で対外投資が拡大し、国内投資の過少と景気変動による人員削減などでアメリカ製造業は疲弊、1970年代の不況下でその危機的様相を露呈した。この実態は Dertouzos, Lester, Solow and The MIT Commission［1989］に詳しい。この時代の転換は、日本の発展だけではなく、アメリカの衰退によって特徴づけられる。この問題は、多くの先進諸国のものづくりの仕組みが、それぞれの時代において優れていたにもかかわらず、歴史の枠組みの変化のなかで衰退の憂き目にあっていることでも容易に察せられる。
　（4）日本的生産方式は、日本型の労働者支配、下請け支配の社会システムを武器とし、先進国では成立していた労使関係と企業間取引の安定した諸関係に対し

て、いわば無法者として、労働者と部品産業を意のままにコントロールし、自在の技術革新を推進し、世界最良の高品質と高効率生産を実現したのである。リーン生産システムのいう「相互信頼（Mutual Trust）」は、まさにそのような合理化を実現する上でのキイ概念であった。もちろん、日本的生産方式＝日本的合理化様式は、新自由主義の時代における製造業合理化のモデルとして全世界に敷衍されたことはいうまでもない。また福祉国家の時代において、国家が主導した労働者コントロールが不可能になった段階で、資本が直接的に労働者を掌握するという点で、トヨタ生産方式＝日本的生産方式は、新自由主義の時代に対応する労働者支配の様式であったことが指摘されなければならない。この問題にさらに踏み込んでいえば、1970年代後半に、社会主義国家とともに危機的な様相を呈していた世界資本主義諸国は、70年代以降の日本資本主義で実現された合理化様式＝日本的生産方式によって辛うじて支えられ、80年代末－90年代初頭の社会主義の崩壊に結びつくという経過を辿ったのではなかろうか。その意味でいえば、日本的生産方式の評価は、さらに歴史的に重要な意義を有することになる。

(5) この問題をさらに遡って考えれば、日本製造業の発展過程において系列・下請け関係が形成され、発展してきた理由として、すでに1957－8年のアメリカでの過剰生産恐慌以降、多国籍企業化が一般的傾向になる時代において、日本産業が世界市場で一定の位置を占めるためには、高品質・低コストを武器に欧米先進国と比較して遥かに効率性の高い仕組みを作り出す必要があったという事情があるように思われる。系列・下請けシステムは、過剰生産の時代を先取りする競争の様式として、日本の歴史の中に存在するわずかな痕跡をトレースし、意識的に拡大・発展せられてきたということである。本章での議論は、この仕組みが欧米先進国との競争においては有効性を発揮したが、中国・インドが歴史に登場する時代において、競争の枠組みとして果たして有効か、という問をも含んでいる。

(6) 1963年の産業構造審議会答申「規模の過小性は競争に耐え得ない」はこの認識を端的に表現している。日本の産業政策成功の典型例として示される60年代

からの「量産・コストダウン」と「産業再編成」は、この観点から再評価されなければならない。

(7) 1990年代以降の日米関係にとって、北朝鮮問題及び中国共産党の一党支配問題は、日米関係特に日米安保条約の存在意義を確認する上で重要な意義を持っている。これらはアメリカが対日関係を軸にアジアに介入する「理由」であり、日本側にとって見れば、冷戦構造が終焉した後も日本に米軍を駐留させ、日米同盟の意義を主張する最大の理由となっている。

(8) アメリカ発金融恐慌によって崩壊したが、2000年代半ばの「日本企業の一人勝ち」を作り上げてきた政策は、このような状況の中での成功の1つの形ではある。小泉・奥田路線は為替レートを110円台に維持し、アメリカのバブル景気を支えながら、対米輸出と北米現地生産を拡大し、未曾有の活況を創り出した。日米間のドル高・円安構造がもたらした1つの結果であるが、アメリカの金融主導、日本の製造業主導の分業そのものの崩壊によって、難しい事態に立ち至っている。

(9) 中国長春市に進出した日系企業からのインタビューによる。同社はドイツ企業と提携しており、かつて一汽VWに納入していたドイツサプライヤーから向上を引き継いでいる。

(10) 複数職場への労働者の配置という現象は、日本的生産方式においては多能工が配置されているという誤った理解を生み出した。しかしその労働内容をみると、複数の工程を担当してはいるものの、それは熟練作業ではなく、単なる多台もちにおける作業習熟にすぎないことがわかる。その意味で、これを多能工と考えることは誤りであろう。

(11) 門田安弘 [1989]。

(12) 日米2つのメーカーに納入している台湾サプライヤーでのインタビューによる。

(13) R・ドーア [1987]。

(14) 2010年7月3日、関東学院大学社会連携研究推進事業研究報告会、ドイツ企業の指導に関する柳生氏の報告による。

(15) 日本にも一概に熟練工を処遇する制度がないということはできない。一般に企業がメインテンスなどを外注する場合、熟練者の時間単価は 8,000 – 10,000 円、ロボット関係では 20,000 円にも達する。これに対して実際の支給賃金は通常の労働組織に中では年功序列賃金の範囲である場合が多いが、企業によって請負制度に近い運用をして高単価を出すケースもある。ある企業のケースでは現場の最高位の技師長の給与は職員の部長と同じであり、残業代を加えるとさらに高賃金になる。これらの熟練労働者の処遇は改めて研究の対象となろう。

(16) 日本は歴史上はじめて、資本と労働の対抗する資本制生産社会において、労働を自らの側に組織することによって対抗勢力としての「労働者階級」を消滅させ、世界最強の国際競争力を手に入れた。またそれゆえにこそ、19 世紀以来の近代資本主義社会における労働の主要な形態＝すなわち機械を制御する労働を自由に解体・再編し、これによって機械による機械の制御の時代に橋渡しする道筋を切り開いた。

(17) アメリカの 1960 年代は、多国籍企業の対外投資拡大と国内投資の過小、景気変動に現れる従業員のレイオフによる国内工場の空洞化に彩られている。少なくとも 80 年代以降のリーン生産方式に関する議論の中で、その衰退の原因について述べられた報告は聞いたことがない。現代日本で問題になっていることは、基本的にはこれと同じであるが、輸出比率が高く、海外市場依存が大きい分、事態は深刻である。

［参考文献］

門田安弘［1989］『トヨタシステム――トヨタ生産管理システム』講談社文庫。

清晌一郎［1999］「日本的生産システムの歴史的位相と基本要素の確立」、三井逸友編『日本的生産システムの評価と展望――国際化と技術・労働・分業構造』所収、ミネルヴァ書房。

R・ドーア［1987］『イギリスの工場・日本の工場――労使関係の比較社会学』山之内靖・永易浩一訳、筑摩書房。

藤本隆宏［2001］『生産マネージメント入門』Ⅰ・Ⅱ、日本経済新聞社。

Michael L. Dertouzos, Richard K. Lester, Robert M. Solow and The MIT Commission [1989] *Made in America,* M.I.T.

[執筆者紹介]

清晌一郎（せい・しょういちろう）
1946年生まれ。関東学院大学経済学部教授。
横浜国立大学経済学部経済学科卒業。㈶機械振興協会経済研究所研究員を経て現職。共著に『地域振興における自動車・同部品産業の役割』（小林英夫・丸川知雄編著、社会評論社、2007年）。主要論文に「価格設定方式の日本的特質とサプライヤーの成長発展」（『関東学院大学経済経営研究所年報』第13号、1992年）、「基本要素の確立による生産のシステム化」（関東学院大学『経済系』177集、1993年）、「契約の論理を放棄した『関係特殊的技能』論」（『関東学院大学経済経営研究所年報』第24号、2002年）ほか。

青木克生（あおき・かつき）
1970年生まれ。明治大学経営学部准教授。
明治大学大学院経営学研究科博士課程修了。博士（経営学）。
主要論文に "Transferring Japanese kaizen activities to overseas plants in China", International Journal of Operations & Production Management, 2008（Awarded the 2009, Outstanding Paper Prize）, Vol.28, Issue 6、"Did the Nissan Revival Plan lead to the break-up of the keiretsu system?", International Journal of Automotive Technology and Management, Vol.8, No.3、「日本的購買システムのグローバルレベルでの移転とその効果」（『中小企業と知的財産〈日本中小企業学会論集24〉』2005年）、「欧州自動車産業におけるモジュール化の批判的検討」（『日本経営学会誌』第11号、2004年）ほか。

田村豊（たむら・ゆたか）
1960年生まれ。愛知東邦大学経営学部教授。
明治大学大学院経営学研究科博士課程修了。博士（経営学）。
著書に『ボルボ生産システムの発展と転換――フォードからウッデヴァラへ』（多賀出版、2003年）、論文に "Japanese Production Management and Improvement in Standard Operations: Taylorism, Collected, or Otherwise?", *Asian Business & Management*（2006, Macmillan）。「スウェーデン企業のリーン生産導入は何を意味するか――仮説的検討」、木元進一郎監修、茂木一之、黒田謙一編著『人間らしく働く――ディーセント・ワークへの扉』（泉文堂、2008年）ほか。

小林英夫（こばやし・ひでお）
1943年生まれ。早稲田大学大学院アジア太平洋研究科教授。
東京都立大学大学院社会科学研究科博士後期課程修了。文学博士。
著書に『アジア自動車市場の変化と日本企業の課題』（社会評論社、2010年）、『BRICsの底力』（ちくま新書、2008年）。編著に『トヨタ vs 現代——トヨタが GM になる前に』（ユナイテッド・ブックス、2010年）、『地域振興における自動車・同部品産業の役割』（丸川知雄と共編著、社会評論社、2007年）、共著に『日韓自動車産業の中国展開』（小林英夫ほか、国際文献印刷社、2010年）ほか。

金英善（きん・えいぜん）
早稲田大学日本自動車部品産業研究所次席研究員。
早稲田大学大学院アジア太平洋研究科博士後期課程修了。学術博士。
共著に『日韓自動車産業の中国展開』（小林英夫ほか、国際文献印刷社、2010年）、『トヨタ vs 現代——トヨタが GM になる前に』（小林英夫編著、ユナイテッド・ブックス、2010年）。

遠山恭司（とおやま・きょうじ）
1969年生まれ。東京都立産業技術高等専門学校ものづくり工学科准教授。
中央大学大学院経済学研究科博士課程修了。
共著に『日本中小企業研究の到達点』（植田浩史ほか編、同友館、2010年）、『地場産業産地の革新』（上野和彦編、東京学芸大学出版会、2008年）、『環境激変に立ち向かう日本自動車産業』（中川洋一郎・池田正孝編、中央大学出版部、2005年）。

曹玉英（そう・ぎょくえい）
関東学院大学大学院経済学研究科博士後期課程。

自動車産業における生産・開発の現地化

2011年3月31日　初版第1刷発行

編著者＊清晌一郎
装　幀＊後藤トシノブ
発行人＊松田健二
発行所＊株式会社社会評論社
　　　　東京都文京区本郷 2-3-10
　　　　tel.03-3814-3861/fax.03-3818-2808
　　　　http://www.shahyo.com/
印刷・製本＊倉敷印刷株式会社

Printed in Japan

アジア自動車市場の変化と日本企業の課題
地球環境問題への対応を中心に
●小林英夫
A5判★2800円

いま、世界の注目を浴びているアジア自動車市場。特に中国市場はいまやアメリカを抜いて世界最大だ。日本の自動車・同部品企業は、この巨大市場とどのように向き合うのか。その現状と課題を分析する。

地域振興における自動車・同部品産業の役割
●小林英夫・丸川知雄編著
四六判★3000円

日本の産業構造でトップの位置を占めている自動車・同部品産業。国内各地とアジア的規模での自動車産業集積の実態、そして部品メーカーとの関連性の検討を相互比較の中で総体的に扱う共同研究。

現代アジアのフロンティア
グローバル化のなかで
●小林英夫編著
四六判★2000円

アメリカ主導のグローバル化の波が、日本も含めたアジアを変えている。21世紀アジアはどこへ行くのか。第一線研究者が論じる。

トヨタ・イン・フィリピン
グローバル時代の国際連帯
●金子文夫・遠野はるひ
四六判★2800円

世界の労働界では有名なフィリピントヨタ社の労働争議。労働権を侵害した世界最大級の自動車メーカーが、現地政府を脅し意のままにするという絵に描いたような構図が、争議を政治的なものにした。

〈知の成長モデル〉へのアプローチ
イノベーション創造に対する
知の創造・活用・事業化
●小坂満隆
A5判★2000円

〝知の創造〟、〝知の活用〟、〝知の事業化〟の問題に対して、システム工学のアナロジーや数理的なアプローチが有効な手段を与えてくれる。知識創造に関する分野横断的な方法論を論じる。

「産業のサービス化論」へのアプローチ
●小坂満隆・角忠夫編
A5判★2200円

製造業や情報産業といった従来のサービス業とは異なる産業分野のサービス化とは何か。北陸先端科学技術大学院大学の講師陣が、最新の検討結果をまとめた。

横断型科学技術とサービスイノベーション
●小坂満隆・舩橋誠壽編
A5判★2200円

システム工学や知識科学のように分野横断的な学問としての横断型科学技術。人を包含したサービスシステムに対する、システム論的アプローチ。

日本機械工業史
量産型機械工業の分業構造
●長尾克子
A5判★4000円

日本における戦時統制経済以来の機械工業の歴史的展開の研究。とくに戦後の家電・自動車など量産型機械工業が、社会的にいかなる分業構造を持ちつつ発展してきたかを考察する。

表示価格は税抜きです。